博碩文化

# SRE實踐與開發平台指南



從團隊協作、原則……
趨勢掌握全局，做出精準決策

[ 全方位說明軟體工程的三體問題、四維思考 ]

全台第一本結合實務與趨勢SRE專書！

- **維運難題應對策略**｜針對真實維運與協作深度分析與策略
- **維運事件有效協作**｜事件管理在組織與團隊裡的協作方法
- **開發與維運標準**｜為自動化立下憲法標準，找到真實的價值
- **SRE邁向產品化之路**｜解密開發平台的設計思路與架構實踐
- **各種企業階段的維運思路**｜不同規模的維運團隊佈局與策略

黃冠元（Rick Hwang） 著

# SRE實踐與開發平台指南

從團隊協作、原則、架構和趨勢掌握全局，做出精準決策


作　　者：黃冠元（Rick Hwang）
責任編輯：曾婉玲



董 事 長：陳來勝
總 編 輯：陳錦輝

出　　版：博碩文化股份有限公司
地　　址：221 新北市汐止區新台五路一段 112 號 10 樓 A 棟
　　　　　電話 (02) 2696-2869　傳真 (02) 2696-2867

郵撥帳號：17484299　戶名：博碩文化股份有限公司
博碩網站：http://www.drmaster.com.tw
讀者服務信箱：dr26962869@gmail.com
讀者服務專線：(02) 2696-2869 分機 238、519
（週一至週五 09:30 ～ 12:00；13:30 ～ 17:00）

版　　次：2023 年 7 月初版

建議零售價：新台幣 620 元
I S B N：978-626-333-490-8（平裝）
律師顧問：鳴權法律事務所 陳曉鳴 律師


*本書如有破損或裝訂錯誤，請寄回本公司更換*


**國家圖書館出版品預行編目資料**

SRE 實踐與開發平台指南：從團隊協作、原則、架構和趨勢掌握全局，做出精準決策 / 黃冠元 (Rick Hwang) 著 . -- 初版 . -- 新北市：博碩文化股份有限公司，2023.07
　面；　公分

ISBN 978-626-333-490-8( 平裝 )

1.CST: 系統工程 2.CST: 系統管理

312.25　　112007407

Printed in Taiwan

博 碩 粉 絲 團

# 推薦序一

「這本書就像教科書一樣，包含所有你必須知道SRE領域的基礎知識，涵蓋完整且紮實。」

在台灣，要談誰最有資格寫SRE跟開發平台主題的書，我想除了Rick之外沒有第二人了。之所以會推薦這本書，原因很簡單，因為我知道他不但熟悉SRE的領域之外，整本書的內容都是他親自實作過的紀錄啊！寫書需要有很好的思緒脈絡，也需要對內容有足夠的掌握，更難得的是有實作經驗，還要有好的文筆及組織能力，才能寫出一本好書。有機會替這本書寫推薦序，想想也算是我的榮幸吧！ :D

談到實作經驗，我想從我跟Rick共事這幾年，最有代表性的案子開始。看完這段，你就會瞭解為何我一開始就說Rick是寫這主題的不二人選了。整本書分成三個Part，而第三個Part談的是「平台工程」(Platform Engineering)，這是市場上的熱門話題，而我知道由Rick來談這主題，除了談背景知識之外，他談的是我跟他合作的一個案子的實戰經歷。你在書上看到的內容都是他親自規劃到開發推動的IDP(看內文你就會知道這是什麼：IDP，Internal Developer Platform)通通都驗證過的經驗談啊！

所有的SaaS廠商都有大量的內部系統需要開發與維運。隨著業務規模越來越大，要能有效率地維運內部系統的難度就越來越高，我隨便舉幾個要面對的難題，各位讀者們大概就能想像得出來困難度有多高了。

## 維度的挑戰

為了確保系統正常運作，並確保來自不同團隊開發的不同功能與服務，彼此能正常運作，本身就是個挑戰了。這時關注的重點在於「不同服務」之間的運作是否正常。

然而，SaaS 公司的服務模式是軟體訂閱，經濟規模來自於有大量的企業客戶來分攤開發與維運成本，講求的是規模化的經濟，讓每個客戶的運作成本降低到自己做根本不划算的地步，你的產品就能在市場上立足了。除了「不同服務之間協作正常」的挑戰之外，也有不同客戶競爭同系統、同資源的挑戰。試想一下，如果你的 A 客戶使用量過大，影響了 B 客戶的服務水準，碰到這種「惡鄰居」，該打屁股的不是惡鄰居，而是房東（對，就是你）啊！這層級的資源管控是否合理，則是高度考驗開發者平台的題目。

我跟 Rick 的合作，就是在這樣的嚴苛條件要求下，仍然要找出好的作法來替內部團隊解決這些難題，而這專案的想法就是書中提到的 IDP。我們公司的業務是開發好的系統給客戶使用，而我跟 Rick 的業務就是替這些開發團隊提供好的平台，目的是讓他們（developer）能用最低的門檻，就能無痛地運用業界的 best practices 說明的作法來解題。

## 部署的挑戰

不說別的，光是部署，就足以令人頭痛了。書上或是社群上很多專家都會講各種案例來教你該怎麼部署，例如：藍綠部署、金絲雀部署等，我就不再推薦序還在說明這些技術背後的差別了，然而這些不同版本（也許也會包含些微客戶端能察覺的功能差異），再乘上不同客戶的維度，問題的複雜度就拉高到你不可能找得到 100% 現成的 solution 能直接用的程度了，你一定得靠內部的 SRE 團隊（或是對等的角色）來開發 IDP，協助每個團隊都能容易地做好這件事，這有多難？聽看看這個例子：

> 「如果我們的某個服務有新版要上版，而我們又是 SaaS 服務商，面對 10 萬個客户（數字純屬虛構），我都希望能讓他們有個別的藍綠版本可以切換，而我又希望對開發團隊而言，我不用花額外的心力去撰寫兩個版本切換的邏輯（這樣就不叫兩個版本了啊，這樣叫做同時包含兩個版本的新版本）。」

然而，這樣的難題交到 Rick 手上，他總是有辦法靈活運用他在 SRE、Infra 及軟體開發領域的經驗，組合出一個可行的解決方案出來，漂亮的解決問題。這些經驗其實就都寫在這本書了（尤其是 Part 3）。

最後，如果要我用一段話來推薦這本書，我會說：「這本書就像教科書一樣，包含了所有你必須知道 SRE 領域的基礎知識，涵蓋完整且紮實。而在這同時，這本書也像成功人士的傳記一樣，記錄了他的作法以及如何邁向成功的祕訣」。

技術部落格「安德魯的部落格」作者

Andrew Wu

于 2023/05/21 夜

# 推薦序二

「Complete Think — 知識工作者都必須學習的專業能力。」

如果你身處在IT或軟體開發相關產業，你可能會聽過下面的這些經典問題：「星期五下班前可不可以部署？」、「為什麼老工程師要用註解的方式留下目前用不到的程式碼？」、「ＯＯＸＸ很潮，我們要不要用？」⋯，當你遇到這些經典問題時，不知道你第一時間的反應是什麼？是立即帶著（正面或負面）情緒回答呢？還是一笑置之？又或者是你會先退後兩步，釐清問題的範圍、全貌及背景資訊，然後再回答問題呢？

Rick Hwang，一位我有幸在社群中結識亦師亦友的前輩，「Complete Think」不僅是他個人技術部落格的名稱，也是他個人思考方式的最佳寫照。如果你問我什麼是現代知識工作者都必須學習的重要能力，我認為答案會是「如何思考、看透問題背後的問題（QBQ）、洞悉問題本質以及建構自己的知識（思維）體系」，而在Rick身上，我看見了這些能力的真實體現。回到前面的經典問題，如果是讓Rick來回答它們，你絕不會聽見「等到你老了，就知道為什麼要這麼做」，反之你會看到他清楚陳述問題背後的問題，並提供具有清晰前提要件和背景資訊的完整論述。

有沒有一本書，都還沒進到正文，只是閱讀作者給讀者的「如何閱讀這本書」，就令人體驗到受益無窮和開啟思維的體驗呢？有！就是Rick的這本《SRE實踐與開發平台指南》。這本書乍看是在談論如何實踐SRE，實則深入探討了能幫助團隊和組織運作順暢的各種架構和原則。

即便你不是SRE，但只要你仍在IT或軟體開發相關產業，你絕對不能錯過這本書。而如果你已經是SRE，你又不希望自己只是一位Server Reboot Engineer或Service Restart Engineer，那麼你最好說服整個團隊一起結伴細讀這本能幫助你們學習Complete Think的好書。學習作者是如何運用矩陣思維、從不同的層次來看待各種問題與現象，從更宏觀全貌的角度進行思考，明白如何依據自身的時空背景，找到適用於你們問題的「適切答案」。

最後，讓我再問一次「星期五下班前可不可以部署？」，想知道答案嗎？去找吧！Rick 已經將一切的答案都放在他的書中了！

DevOps Taiwan Community 志工 / 前 Organizer

陳正瑋（艦長）

# 推薦序三

「以 Problem Solving 重新定義 SRE。」

「Problem Solving」一詞，在整個 IT 相關從業領域中扮演了重要的指引，核心概念是「在行動前總是必須先釐清當前想要解決的是什麼考驗或問題」。什麼是「Problem Solving」(解決問題)？大抵可稱之為「解決問題是①定義問題的行為；②確定問題的原因；③識別、優先排序，並選擇解決方案的替代方案；④實施解決方案，而這就是解決問題的過程。」常見的 Problem Sovling 的具體實踐之一是「PDCA 循環」(Plan-Do-Check-Act Cycle)，而說到 PDCA，幾乎是當代的各類計畫實施的重要行動指引，從產品製作到行銷、商業活動規劃都可見其蹤影。

## 看到黑影就開槍

這幾乎是每個從業人員在職涯發展中都會經歷過的體驗，不知道你是否曾經臨時遇到緊急事件、系統異常，萬般不得其解時，忽然從某個系統日誌或者自動觸發的告警通知中得到片段訊息，你很本能地做出反應，希望立刻對當下的狀態進行止血處置，但卻發現產生了蝴蝶效應，很多非預期的其他連珠砲般的連鎖反應蜂擁而至，導致你更加無所適從。

此時捫心自問，在系統的應對實施手冊中，其實早已經由 PDCA 概念完備了 Playbook，但真的執行了應對措施之後卻造成反效果，倘若深究其根由，很可能是對於整體的「系統」理解不夠多。

在我有限的職涯領域中的體悟，始終認同著業務引領著技術(解決方案)發展，而技術(解決方案)推進支持著業務的運行，兩者之間是相輔相成的前進著。如果要能很好的對整體「系統」有全盤的認知(Context Viewpoint)，並且選擇合適的解決方案來解決業務問題，那麼關注的視角則是必須要進行延伸與到不同的利益關係人(Stakeholders)身上，從這些相應的關係人當中獲取其關注視角(Viewpoint)

與期望，這樣才能了解每一個關鍵對策的實施時，不僅不會影響到這些人的日常所需，還能有效地應對異常的問題。

## 軟體工程的三體問題

(人 × 事 × 物) × 時 (t)　(X×Y×Z) × t

在本書中，作者Rick把這個公式稱之為「軟體工程的三體模型」，主要關切在「人和事」、「事和物」、「人和物」等三維主軸，並輔以時間概念拓展開來的軟體工程模型。軟體工程的三體問題的開展，可謂是整個 Problem Solving 的實踐根底的拓墣，每一個值得去面對並解決其痛點的商務問題領域，都有著其對應的相關利益關係人、被影響或受影響的事物與流程、具體參與其中的技術選擇，以及在時間的推演過程中，不斷地調整、淬煉，使得整體提供的實施解決方案，總是能夠恰如其分的在當下滿足需要、解決問題、提供價值。

然而，在這樣廣泛的多維度的模型空間中，有著諸多可以與之對應的歸納後的總結方法論及實踐建議，都是需要深入的實踐才能有所得：

1. **人和事**：強調對於問題目標的共識與協作，近年在全球各地的實踐者們陸續地融入了在組織中合適且能被團隊理解與實施的方法，從抽象到具體、從商務目標到具體落地，包括了 Business Canvas（商業畫布）、Wardley Mapping（沃德利地圖）、Impact Mapping（影響力地圖）、Domain-Driven Design（領域驅動設計），以及大家耳熟能詳的 Extreming programming & Agile Practice 來作為最終實踐的整體指引。
2. **人和物**：關注於組織與技術面向的交集。當要面對的問題領域的複雜度過高，無法從單一視角或單一的技術選擇來解決時，在軟體工程中指導了我們可以經由分而治之（Divide & Conquer）的思考。在一個群體中，當採用了分而治之的策略進行技術實施與支援時，帶來的挑戰便是協作成本的提高、技術採用的協作契約以及領域知識傳遞的確保。這個部分在近年蔚為風潮的微服務系統架構設計中，可一窺其經精妙與高度要求約束力。

3. **事和物**：要解決的問題與技術面的交集。在建構解決方案的過程中，多數人採行的策略是①驗證可行性、②雛形製作、③產品設計，這樣的執行方針快速滿足了敏捷實踐中的快速取得回饋以及儘早進入市場的期待，先驗證功能可行性，並擱置了 Business Context（目標市場的整體要求），爾後才開始著手進行當業務市場擴展時，該如何很好調整當前的解決方案，使其彈性地應對各種不同的擴展等級。

## 解決方案上線後的考驗

作為一名解決方案架構師，幾乎每天都在面對這樣的三體問題，尤其是輔以時間(t) 這個維度來看，更讓我感覺像是一名醫生在問診時，針對患者的自述病灶，並從旁以時間軸去望、聞、問、切地理解他在過去一段時間內的經歷，從而歸納出病由。在我的日常與客戶對話中，每每討論到 SRE（Site Reliability Enginerring）網站可靠性工程，就是在面對上述這樣多維度的困難綜合體。然而，在過去幾年間從徵才名目到徵才技能範疇，可以發現幾乎沒有一家公司給出了同樣的訴求，甚至可說是沒有標準。初階的認知都是圍繞在產品與技能上，但眼尖的人很快就發現，單純把技能放在工具體系的使用上，幾乎不能長期復用且精準應對問題，因為技術變化快，而問題也沒有從根本面被解決。

如果說解決方案的設計，是在前期應對複雜的問題領域的分析、探索，並給出實踐指引，那麼可靠性工程則是具體的運行系統反饋收集器：「只有看見了全貌，我們才能理解真相。」藉由通過諸多利益關係人的視角，整理出在當前的系統當中，需要被關注的業務標的與期望，進而制定各項可靠性工程的方案搭建與觀測，這樣才能在諸多的技術解決方案選擇中，跳脫單純的技術選型泥淖，建構有溫度的可靠工程團隊；反之，我們或許只是在一堆冰冷的機器數據中，不斷地進行 CRUD（創建、讀取、更新、刪除），並未能對業務問題帶來任何幫助。

## 關注多元利益關係人

對於有志於深入網站可靠性工程的讀者們，我真心推薦本書；Rick 在本書中透過全局概覽給予「什麼是軟體工程的三體問題」作為起始點，優先喚醒了你我在心中的第一個認知：「我們想要解決什麼問題？」，再進而深入探討當要投入網站可靠性工程時，應當參與的眾多利益關係人有哪些，這些關係人關心的重點在哪裡，以及如何在不同的關係人當中串起共同的關注目標，確認系統運行時能否如預期般的「按圖施工、保證成功」。最後，則是通過了一系列的展示範例，給予讀者一個全貌了解，在上述的諸多維度的挑戰中，逐步建構良好的網站可靠性工程實施。

我與 Rick 相識早於 2018 年，在這些年間有過多次的交流在探索服務治理、團隊協作，以及複雜業務問題領域的分而治之策略。在本書中，Rick 將他近年的實踐所學全數納入，提供了從他在不同得職涯角色（Stakeholders）視角（Viewpoint）中獲得的體悟，讀者可在閱讀此書時，搭配自己當前從事的工作內容、關注點帶入，從而進行同步思考，若是你則會選擇什麼樣的方式來應對這些書中談到的挑戰，並且試著搭建屬於你與團隊的網站可靠性工程實踐，祈願你我都能從中獲益良多。

亞馬遜網路服務有限公司 資深解決方案架構師

高翊凱 Kim, Kao

(23 May 2023) - 暴雨的午後

# 推薦序四

「用實務歸納出原則，以科學應證實踐。」

SRE 這個領域的發展歷史相對短，因此自己這幾年來總是擔任部門、甚至是整個公司的第一個 SRE 員工，而對於處在不同發展階段的組織，SRE 需要做的事情也不盡相同，在人數眾多的上市櫃公司中，除了各種技術的導入之外，更重要的是要改變人們的思維，讓大家能夠接受新的文化，這是一個非常大的挑戰，也是我在這段期間最大的收穫。

而在成長中的新創公司，雖然與人溝通的成本比較低，但自己需要很清楚的知道在公司逐漸成長的過程中，身為一個 SRE 要在什麼時候導入什麼樣的技術或是制度，目標是讓公司的成長更加順利，旅途中充滿著各種意想不到的挑戰，每天都需要讓自己像是一塊乾海綿，儘可能地去吸收各種新知，因為你會一直需要跟不同領域的人一起合作完成任務，這也是我覺得最有趣的地方。

而究竟在什麼時間點該做出什麼樣的選擇呢？在技術方面，有可能因為自己的經驗不足，導致設計出來的架構不夠嚴謹，服務一上線就馬上遇到問題，但就算經驗豐富，也需要極力避免 Over Design 導致浪費過多資源去蓋所謂的蚊子館；在文化與制度方面，當人數與服務規模逐漸增加的情況之下，也要跟著改變，例如：意外事件的管理、跨團隊的溝通方式、CI / CD 等議題，這些都需要在組職內因時因地因事去制宜，因為各種不妥切的舉動都會影響到一間新創公司的存亡，但畢竟不是每個人都經歷過這些議題，所以此書提供了一個很好的參考方向，讓我們在旅途中少走一些彎路。

書中含括維運一個線上服務所必須知道的各種事情，以及如何去具體落實，並且使用科學的方式去做分析，讓讀者知其然，而且知其所以然，所以只需透過這本書就可以很快地釐清自己身處的組織所要完成任務的優先順序，以及要做到什麼樣的程度，這是一本非常實用的書籍，我相信 IT 領域的從業人員都可以從中獲益良多。

smalltown / MaiCoin Head of SRE

# 序言

電影《薩利機長：哈德遜奇蹟》改編自 2009 年 1 月真實的事件：「全美航空 1549 號班機事故」，講述了 Sally 機長在一次飛行中，遇到鳥擊事件，A320 兩具引擎同時失效，最後順利迫降在哈德遜河，拯救了全部 155 人的故事。

飛安調查委員會在調查過程中，透過電腦模擬，將過失指向人為疏失造成了這場悲劇。而 Sally 要求改用人模擬駕駛，結果負責模擬的駕駛練習 17 次，才做到完美降落。

不管是電腦模擬還是模擬駕駛員在當下，都不需要考慮機上有 155 人，同時他們已經充分知道整個事情的狀況、模擬的情境，而機長 Sally 在事故發生當下，飛機失去動力、低空飛行、機上有 155 個人，只有 208 秒的反應時間。

SRE 就是這樣的工作，每天都要有心理準備，面對這樣突如其來的緊急事件。而事件當下的每分每秒，公司的業務都在損失。而 SRE 在組織裡普遍又是稀缺資源，在人力很少、又沒有時間好好準備的狀況之下，日子過得通常都是提心吊膽。

從 2016 年開始知道 SRE 這樣的概念開始，我就在公司找了一群同事，透過讀書會的方式一起學習，正要完結讀書會的時候，社群有一群朋友也開始讀 SRE，我帶著團隊的同事走出公司，繼續跟社群的朋友一起學習與分享，開起連續四年多的 SRE 讀書會。

在經歷了這麼多年這樣的日子，在社群聽過很多朋友的分享，發現類似的狀況在每家公司都有，似乎大家都是在人力比例分配不均的狀況之下，要為面對複雜、且不知所云的系統架構，而所有的媒體、書本卻都打著「稀缺資源」來告訴社會，SRE 很寶貴、人很難找，但實際去人力銀行一找，開出的薪資條件卻又讓人哭笑不得，上面開出所要的技能與條件，更多的是讓人無言以對。

筆者這些年一直在思考，這些問題到底出在哪了？這麼多年的經驗，筆者從一家百人不到的公司，連續經歷好幾年雙十一的考驗，一直成長到 500 人規模，到 IPO

上櫃公開發行，一路走來，筆者也一直在社群裡打滾、分享，聽過很多故事，很多故事也是筆者親身經歷，這些經歷也幫助公司走到另一個階段，筆者以為這些方法或許可以幫到一些人，讓這群在外面看似風光、實際卻是無奈至極的群體有了新的方向，也讓這些不知道怎麼用 SRE 改善維運的團隊主管，基於相互尊重與合作的前提，一起與 SRE 維持系統的可靠，帶給台灣數位轉型、新的生命力。

黃居元

2023.04.28 台北文山

# 如何閱讀本書

## 整體概念：軟體工程的三體問題

用一個公式來貫穿整本書的概念：

[(產品開發團隊 + 維運團隊) × 產品線 × 系統服務] × 企業階段 (t)

這個公式看起來有點壯觀，不太容易理解，再稍微精簡一點：

(人 × 事 × 物)× 時 (t)　(X × Y × Z) × t

筆者把這個公式描述的現象稱為**軟體工程的三體問題**（Three-body Problem in Software Engineering）※1，又稱為「XYZT 模型」。這個模型除了時間 (t) 只能單向前進不能後退，其他都是可以左右發展，所以共有 3.5 個維度要思考，這個公式有以下三個基本的交乘：

1. **人和事**：也就是「組織」與「產品」的交乘，找到目標共識、良好的協作模式。
2. **事和物**：想像成「產品」與「技術」的交乘，目標是「提高生產力、降低成本、讓業務可擴展」。
3. **人和物**：是「組織」與「技術」的交乘，要面對「溝通與協作」，也就是「康威定律」及「技術管理」。

概念如下圖：

※1 三體問題是天體力學中的基本力學模型，描述的是不能精確求解或無法透過數學公式描述的天體現象。

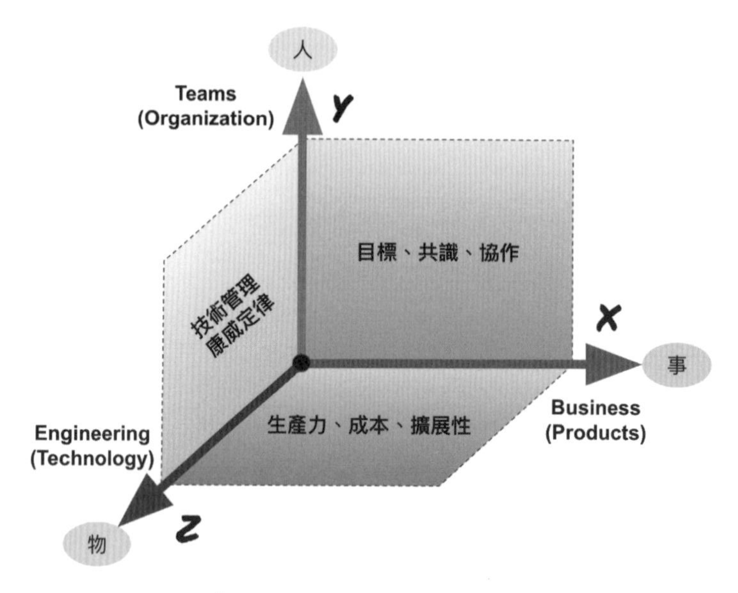


▌圖 0-1　3.5 維度的整體概念

「企業階段」是時間的概念，像是階段一、階段二、階段三等，每個階段要做的事情、要面對的問題、要突破的目標不一樣，和帶兵佈陣的局也不一樣，所以不能用一個方法打全部。

語言邏輯矛盾在日常中是很常出現的，也就是用現在的價值、觀點去否認、挑戰、評斷過去的問題。例如：現在的手機很方便，為什麼十年前沒有留下照片？現在大學生起薪都 45k，20 年前起薪 30k 好低啊！現在房價動不動就上千萬，40 年前一棟房子 100 萬不到，好便宜等，這些都是犯了語言邏輯上的矛盾。

而這整本書在閱讀的時候，要先思考自身的階段、狀況再來套用，這個概念會反覆地在文字中提醒讀者。

## 錘子現象：考慮企業階段

自從 Microservice 概念興起之後，架構設計議題這幾年被大量拿出來討論，因此這句話經常被拿出來調侃一些現象：

「拿著錘子，看到什麼都是釘子。」

筆者把這句話稱為「錘子現象」，例如：有現代計算機科學鼻祖之稱，著名《The Art of Computer Programming》的作者 Donald Knuth 說過這段名言：

> 「premature optimization is the root of all evil.」
>
> 過早進行最佳化是萬惡之源。

所以很多人看到大師說話了，就不用最佳化系統了。這段話的全文是：

> 「We should forget about small efficiencies, say about 97% of the time: premature optimization is the root of all evil.」
>
> 大約有 97% 的時間比例，我們都應該忘記提升小的效率，因爲：過早的優化是萬惡之源。

換言之，這段話的但書是「97% 的時間不需要做最佳化，但不是否認最佳化一定是萬惡之源」。這個現象在 SRE 領域，最常見的是各種 Service Mesh、監控、APM 的新工具出現，通常就是兩個極端：「完全接受」或「完全排斥」，這兩種現象就是一種二元思路，而忽略要考慮的真實場景與階段性。

過去幾年，筆者每一場演講的最後幾乎都會提到「企業階段」，代表「企業發展階段會影響技術決策，也會影響組織的運作」，不過每次演講都礙於自身表達與時間的限制，所以無法充分描述企業階段性對於 SRE 的重要。

也因此，本書嘗試把「企業階段」的概念貫穿所有章節，換言之，在閱讀這本書的時候，讀者要思考現在處在怎樣的「企業階段」、「組織架構」、「產品特性」、「工程與技術」等，嘗試看清楚整個「局」之後，然後再去理解本書的想法與觀點來做出判斷與決策，最後才是行動。

企業階段的判斷需要一些指標來量化，經過這些年的觀察及訪談了幾個朋友公司蒐集的資訊，整理出下表的規則。這張表呈現企業規模※2、產品團隊、維運團隊的人力比例，以及各個階段應該著重的維運任務，其中人力資源比例為 100：50：5 計

※2 嚴謹的「企業規模」應該從財務角度切更適合，但是 SRE 偏向工程方法，所以本書不會從企業管理角度切入討論「規模」的量化方法。

算，也就是全公司有100個人，50個人負責產品開發，其中有5個人負責系統維運，即維運與產品開發團隊比例為1：10。

| 企業規模 | 產品團隊 | 維運團隊 | 維運主要任務（堆疊） |
| --- | --- | --- | --- |
| 1~100 | 10~50 | 1~5 | 監控。 |
| 100~200 | 50~100 | 5~10 | 系統可靠度、事件管理。 |
| 200~500 | 100~250 | 10~25 | 降低系統複雜度、DRP、Cost、標準化。 |
| 500~1000 | 250~500 | 25~50 | 制度化、API、工具化。 |
| 1000~3000 | 500~1500 | 50~150 | 平台化、標準框架、規模化。 |
| 3000~10000 | 1500~5000 | 150~500 | 生態系。 |

上表呈現的規模階段有六個層次，為了後面章節能夠快速理解，筆者把這六個階段縮減成三個階段，並給這三個階段個別的名稱與建議閱讀的部分：

| 階段 | 企業規模 | 商業模式 | 獲利狀況 | 建議閱讀 |
| --- | --- | --- | --- | --- |
| 草創期 | 少於100人 | 一個產品線，驗證產品可行性階段。 | 尚未獲利 | Part 1 |
| 成長期 | 100~500人 | 一到三個產品線已經驗證可行的產品。 | 損益平衡 | Part 1、2 |
| 發展期 | 超過500人 | 至少有三個以上穩定獲利的產品線，在有餘裕的狀況下，開啟新的產品線，或者同一產品持續擴大業務範圍。 | 穩定獲利 | Part 1、2、3 |

這些階段性的概念是為了避免「鍾子現象」反覆出現，看到哪個新技術如何、或者哪一場演講介紹了什麼新的Tech Stack，就興沖沖的回去要找釘子敲，最後的結果常常會是失望的。基於這樣階段性的概念，讓鍾子在敲打之前，可以先反覆思考、歸納，最後才做出判斷，做出有意義的決策。

## 矩陣思維，而不是標準答案

這本書會用到很多「矩陣」來闡述概念，透過矩陣的排列組合，看清楚一個「局」，依照自身的時空背景刪去不適合的，然後做適當的選擇與決策。

矩陣代表至少有 X 與 Y 兩個軸，定義這兩個軸代表哪些意思以及列舉它們有什麼，例如：X 軸代表「需求」，有「內部」及「外部」；Y 軸代表「團隊」，有「產品團隊」、「維運團隊」，這樣交乘有四種排列組合。接下來，就是定義內外交乘的面積，代表著要闡述的思路，所有的思路就是一個「局」、「全貌」、「視野」的概念。

看清「局」了，接下來就是「如何做選擇」、「做決策」，更重要的是如何做「取捨」。透過矩陣思維，可以找到所有的可能與不可能，避免「錘子現象」。

## 三個層次

SRE 是為 Google 這種「大型分散式系統」及團隊所設計的，分散式系統牽涉到層面很廣泛，包含分散式理論，像是共識演算法、一致性問題；分散式系統的實踐議題，像是分散式運算、分散式網路、分散式架構、分散式交易、資料處理議題；再來則是分散式架構實踐時，衍生出相關的工程議題，像是 Kubernates、公有雲、混合雲等 Cloud Native 議題，以及可靠度工程、分散式追蹤、混沌工程等。

本書假設讀者已經看過 SRE 這本書，會儘量避免重複論述 SRE 書本的內容，必要的時候會列舉相關章節或書本給讀者參考與查閱，但本書會直接在實際案例中，說明這是分散式系統的哪些理論與概念，引導讀者未來有機會進一步探索分散式架構相關議題。

本書建立在三個層次闡述整體概念，包含：

1. **微觀**：具體描述技術的原理、詳細使用方法。
2. **中觀**：提供一個完整的框架、套路，像是方法、流程、規矩。
3. **宏觀**：說明整個未來的趨勢與動向，透過點、線、面建立概念。

其中，矩陣思維描述宏觀，架構分析則描述中觀，微觀則會有具體的程式碼，本書的比重會在「宏觀」與「中觀」兩個層次以及少量「微觀」的整理。

## 角色用詞

本書主要是維運任務觀點切入，以 SRE 這個角色與概念為主角，維運任務是協作性質很高的組織，需要經常跟其他團隊合作，加上軟體開發團隊的角色很多種，避免讓大家誤解，所以整理以下組織、角色的常見職稱。

首先是**開發業務需求**的角色，用詞是**程式師（Programmer）**，描述過程中為了避免誤解，會用英文為主。Programmer 包含有常見的「前端」（Frontend）、「後端」（Backend）以及衍生的「全端」（Fullstack），會直接開發業務需求。

再來是**測試角色**，常見職稱有 Tester、QA（Quality Assureance）、SQA（Software Quality Assureance）、SET（Software Engineer in Test，Google）、SDET（Software Development Engineer in Test，微軟）、QE（Quality Engineer）等。本書會以「QA」這個詞為主，泛指上述的各種測試角色。

最後則是**維運角色**，維運角色英文用詞是 Operator，縮寫成 OP 或 OPS。常見的職稱有 SE（System Engineer）、MIS、IT、Infrastructure、網路工程師、SysOps、SysOp、DevOps、SRE 等。有時候，資料庫管理師（Database Administrator，DBA）、資安工程師（Security）也會被歸類在維運角色中。書中會以「OP」及「維運團隊」這兩個詞泛稱，特別提到和 SRE 有關時，則會直接用 SRE 說明。

另外，**維運**與**營運**這兩個中文用詞則分別代表著**系統維運（SysOps）**與**業務營運（BizOps）**概念，當提到「營運」這個詞則表示更多業務問題，像是處理客服、扮演客戶與工程溝通的橋樑，有些營運單位甚至需要背業績、有業績目標。而系統維運則通常專注在技術與工程面相，少部分會直接接觸客戶，實際上則依照組織的分工。

大家常見的**工程師（Engineer）**一詞則用來通稱「Programmer」、「QA」、「OP」三大角色，他們所處的單位統稱**工程團隊（Engineering Team）**或**資訊**

**技術部門**（Information Technology Division）等，最高職務是工程副總（VP of Engineering）、技術長（CTO）、資訊長（CIO）。

除了上述角色，另外一群角色是規劃者（Planner），包含了PO（Product Owner）、專案經理（Project Manager，PjM）、產品經理（Product Manager，PdM）、使用者介面與體驗設計師（UI / UX Designer）、架構師（Architect）、系統分析師（System Analysis、SA）、系統設計師（System Design，SD）、開發者（Developer）等，均為前期規劃者的角色，負責前期探索與規劃。

定義好常見的職稱與角色，接下來則是組織與團隊的概念。

**產品開發團隊**（Product Development Team）指的是負責執行業務需求的開發團隊，書中會用**產品團隊**稱之，相對應的則是**維運團隊**。產品團隊背後的概念就是Scrum Team 的結構，成員有一個 PO + 數個工程師，這些工程師組成包含「Backend」、「Frontend」、「QA」三種角色，大多的Scrum Team不會包含維運角色，他們需要自己維運自己的產品。也有組織的Product Team會包含一個到多個DevOps角色，這個角色專注於CI / CD的處理，然後和Infra Team或SRE Team介接，組織的成員的組成，取決於公司的規模與預算。

## 環境用詞

本書提到「環境」一詞指的是維運過程會接觸到的IT資源名稱，常見的有實驗環境（Lab）、開發環境（Development）、測試環境（Test）、正式環境（Production），對應的則是上一段提到的Developer、Programmer、QA、OP四大角色。環境的本質具備「目的性」，用來滿足特定目的資源，稱為一個環境，所以本書會用「測試環境」而不是「QA環境」，QA是個職務名稱，測試則是目的。Production的目的是生產或者給客戶正式使用的地方，本書會以「正式環境」或「Production」稱之。

## 次序

Part 1的章節沒有先後序的概念，可以獨立閱讀，讀者可以隨意翻閱；Part 2與3則是直接有關係，Part 2是為Part 3的知識做儲備，Part 3則直接跳入實作。

## 圖說

為了方便讀者閱讀，大多的章節中都會有概念圖，寫作過程以圖為主、看圖說故事的方式。讀者可以嘗試直接看概念圖來自行想像與理解，再去看文字描述；反之，如果圖看不懂，那就直接看文章內容的說明。

# 目錄



## Part 01 真實世界的普遍問題

# Part 02 開發維運治理

# Part 03 開發平台與平台工程

# 01 PART

# 真實世界的普遍問題

在組織裡，有很多上線前中後的維運問題是需要疏理清楚之後，配上適當的工程方法，才有辦法讓 SRE 的概念逐步落地。實務上，常常遇到非技術的問題或現象，這些問題無論企業規模、組織結構，都不斷反覆地出現在工程師們的茶餘飯後、在社群活動中流傳與八卦、在各個研討會中反覆出現。

這本書的第一部分用幾個角度切入，把這些問題做一系列的分析與探討，**討論問題背後的問題**（The Question Behind The Question，QBQ）※1，從**提問**（Questions）分析出真正的**核心問題**（Problems），最後提出一些觀點與可能的方法，更多的是期望透過這本書的誘發而有更多的討論。所有維運問題的解決方案，從來不會是單一個標準答案或最佳解法，而是根據「組織關係」（人）、「產品特性」（事）、「系統架構」（物）三者，以及「時空背景」（階段）四個維度的綜合因素。

另外是維運任務本身很需要透過制度化，才有辦法讓事情可以往下進行，可以進行之後，接下來是變得更好過，也就是「先求有、再求好」，或者是「先蹲後跳」。往往沒有良好的制度的組織，只要遇到真實的炸鍋事件（異常），越是緊急、越是直接影響業務、越是沒有清楚的 R&R、沒有清楚的流程等「制度」，往往就會造成有人需要先站出來「背鍋」，SRE 往往就是這個在一線擔任背鍋任務的角色，造成很多 SRE 疲於奔命、勞心勞累。

這裡直接分享如何透過建立制度，找出維運團隊與產品團隊雙方的那把尺，逐漸改善團隊的運作，透過「制度」的起手式，讓技術能力與工程團隊尚未就緒之前，雙方能夠有效協作，以讓事情可以持續往下走，然後才是逐步用「技術」改善效率、降低溝通成本，最後形成飛輪效應 ※2，達成雙贏。

---

※1 《問題背後的問題》（The Question Behind the Question）作者 John G. Miller 透過指導原則：「問題問對，答案就出來了」的概念，引導讀者探討問題背後的本質。

※2 飛輪效應（Flywheel Effect）是由《A 到 A+》作者 James Collins 提出，在亞馬遜導入後擴大影響整個企業。飛輪是一種很重的旋轉輪，從靜止到啟動需要花費許多精力才能轉動，但是當有了動力之後，其慣性加上後續的少量的推力，會讓它越轉越快，形成「良性循環」。

# 維運團隊的普遍現象



2016年Google免費開放SRE這本書之後，加上公有雲及各種大流量的Web Services產品興起，例如：電商系統（eCommerce）、製造執行系統（MES）、串流直播（Streaming）、超大社群（Social Media）、區塊鏈與高頻交易所、去中心化NFT / Web3等服務，如雨後春筍般地出現，「系統維運」這個角色因而突然變得非常重要。

大約在同一個時間點（2015），DevOps與敏捷開發的概念瘋狂地席捲整個軟體開發產業，國內外各大研討會、各種社群活動都在討論，而SRE夾帶Google這種超大、超級成功軟體企業的光環，又以「class SRE implements DevOps」這種軟體工程硬核概念描述核心理念，讓大家對於SRE充滿著無限想像與期待，在還沒來得及搞清楚SRE到底是什麼以及組織是否需這樣的職務的時候，人力銀行SRE的職缺已經開始越來越多，大家都覺得只要有SRE，產品就可以支撐更大的流量、網站更可靠，從此高枕無憂。

SRE的**技能**（Skill）與**能力**（Ability）要求與傳統維運工程師相比，在表面上看起來很類似，甚至有人會覺得他們就是一樣的，也因此SRE這種新概念出現的時候，一窩蜂的現象[※1]間接導致這群在一線的維運工程師對於實際在「類SRE」職務的角

※1 新名詞帶來的衝擊，除了本文提到的SRE，其他經典的例子還有DevOps、微服務、DDD與敏捷開發等，都有類似的現象。

色，以及對工作與職涯開始感到疑惑，甚至是懷疑。而負責經營企業的管理團隊對於新名詞也從「產生疑惑與不解」到了「產生質疑與懷疑」，勞資雙方間接埋下了**隱形衝突**，隨之而來的就是更多的亂象。

這種新概念產生的**流行語**（Buzzwords），在軟體資訊產業屢見不鮮，一段時間就會出現一次，所以本書整理這些常見的現象以及可能十年後依舊會存在的問題，來逐一討論與分析，並提出可能的思路與策略，讓求職者、用人者可以有所啟發：



1. 招募傳統的維運工程師做 SRE 的工作。
2. 自動化其實是個錯覺？
3. 維運需求與價值的選擇。
4. 包山包海的 SRE，但卻只能獲得香蕉？
5. 星期五不應該部署？

除了上述現象，還有更多值得討論與深思，留在最後總結羅列。

## 1.1 現象：招募傳統維運工程師做 SRE 的工作

「維運」這個職務的工作內容一直以來都很有爭議，隨著時代的推演變化也隨之演化出很多不同的名稱，因為工作的範圍、職務的名稱、需要的技能（Skills）與技術棧（Tech Stack），每家公司都有自己的一套說法，然後相關的名稱有哪些？專有名詞應該是什麼？他們通常又要負責哪一些任務？求職者與用人單位往往就變成羅生門，隨後就引發更多可以討（ㄔㄠˇ）論（ㄐㄧㄚˋ）的題目。

圖 1-1 整理了「維運」整個概念，包含常見的職位名稱、職責、角色、任務（事）及它們的分布。

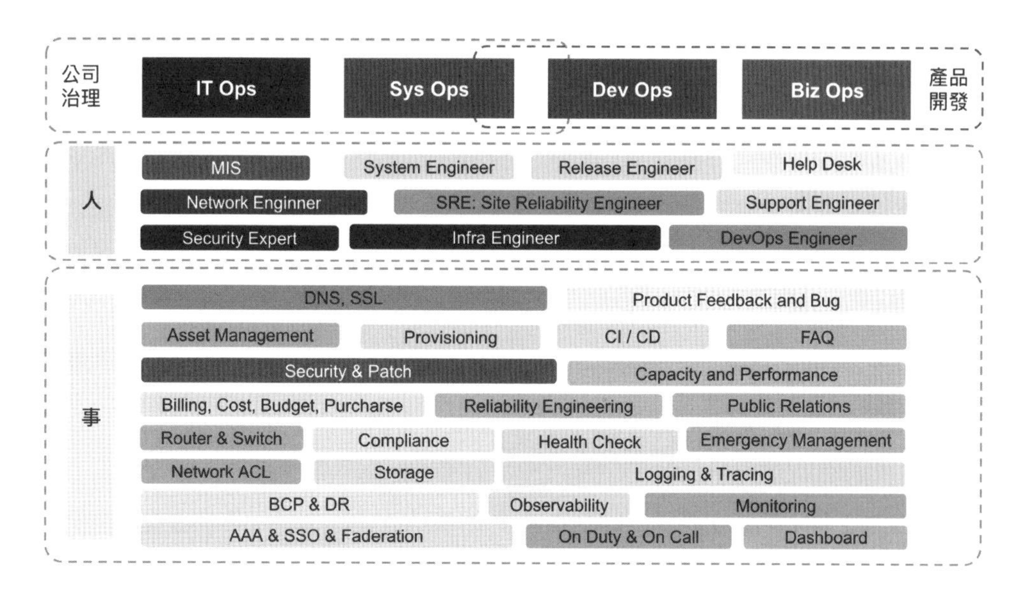


▍圖 1-1　維運的職責、角色與任務結構圖

「維運」一詞的任務，以服務的角度來看有兩個面向：第一個是**企業內資訊服務**（Enterprise Information Service），第二個則是**產品開發與維運**（Product Development and Operations）。

## 企業內資訊服務

「企業內資訊服務」的單位常被稱為「MIS」或者「IT」，職能角色會被稱為「SE」（System Engineer）、MIS、IT 等，服務的對象是「企業內部員工」，負責維持企業內部資訊系統正常運作。主要任務包含（但不限於）企業內部網路系統的規劃與維護、內部資訊設備資產管理（包含員工電腦、網路設備、軟硬體設備）、內部資訊系統的維護與建制（ERP）、內部員工資訊問題處理（IT Helpdesk）、處理內部資安需求、成本控制等。

因為上述內容在「企業治理」的過程，隨著時間的前進，這些任務會不斷地增長出來。例如：內部資安管控，因為需要降低員工電腦被駭客入侵資安風險，所以需要進行設備採購；員工教育訓練，提高個人資訊設備的管理等需求，所以這個過程需要做設備採購、資安風險管理、導入全公司設備、企業網路的管控等。設備採購又需要與外部廠商合作，除了成本考量，也需要專業的資安技術支援，甚至需要客製化開發到這裡，光是內部資安的需求就可以衍生出很多的任務。

再來一個常見的例子，是企業內部作業效率化的需求，像是內部的簽核工作流程系統，或者稱**業務流程管理**（Business Process Management，BPM）。基層單位因一個任務需求，需要採購一批設備，這個過程的紙筆作業改成系統化，從基層單位、經過一線、單位主管，到會簽單位財務、MIS、人事，最後是總經理簽核等。「流程的標準化、效率化」是這種工作流程任務的主要目的，這種系統通常也是 MIS 在處理，有些會採購現成的系統自己安裝，有些則會訂閱外面現成的 SaaS 服務，有些公司甚至會自己投入人力開發專屬的 BPM。

類似這些工作，都是企業內部的 MIS 或 IT 單位的工作。這些工作在老闆的眼中，都是屬於成本性質，換言之，這些任務不會有直接的業務貢獻，能做到節流已經是謝天謝地了。

## 產品開發與維運

「產品開發與維運」的單位常被稱為「DevOps、Operation、SRE、Infrastructure」等，不管叫什麼，服務對象是**產品開發團隊**（Product Development Teams）以及**產品的客戶**（Customers）。工作內容不外乎 CI / CD、環境建置（Provisioning）、系統監控（Monitoring）、事件管理（Incident Management）等，SRE 則增加了系統開發（自動化）與架構設計部分。

這些單位負責的內容直接與產品有關係，也就是負責的產品會直接影響公司的營運。像是改善交付流水線的部署速度，每次部署上線的時間從一天變成三個小時可以完成，過程還提供藍綠部署機制，降低部署失敗的風險；透過定義 SLO / SLI，協助團隊提高系統可靠度、降低異常事故風險。

更常見的例子則是「自動化環境建置」，因為效能測試需求，可以透過 API 自動快速建立出一套完整的架構，讓產品團隊快速完成效能測試，並且在完成任務後，可以馬上回收資源，讓整個效能測試在效率與成本之間有著絕佳的平衡。

針對產品開發維運來講，上述兩種任務背後的本質都是維持系統的穩定運行、風險與成本的管控，SRE 概念出來之後，把維運風險管理的概念，透過軟體工程與架構可靠性落實，同時也提高維運效率。

## 1.1.1 問題一：對 SRE 職能的錯誤期待



2016 年 Google 提出屬於 Google 系統規模的維運觀點，稱為「SRE」，像是關鍵指導原則提到擁抱風險、錯誤預算（Error Budget）、服務水準目標，帶出 SLIs、SLOs、SLAs 等概念；減少瑣事，透過時間槓桿，用 50% 的時間，開發自動化維運工作，製造出飛輪效應。利用軟體工程實踐維運工作，更是 SRE 跟一般維運工程師、系統工程師不一樣，重點在於「Ops as Code」※2 的概念，也就是用軟體工程提高系統維運任務的效率。

除了指導原則，**事件管理**（Incident Management）是 SRE 非常重要、也很實際的部分，像是①從事件發生之前，如何平衡值班與 On-Call 的工作；②探討事件當下，如何有效地故障排除技巧；③整理了緊急事件處理的案例及面對的方法；④事件管理的方法，當下的角色、協作、作業、程序、溝通；⑤建立如何從錯誤中學習的文化、不究責等。無論是指導原則還是事件管理，都是很好的總結。

一個新名詞出來，如果沒有去深究理解，很容易遭到誤解。最經典的例子就是：

> 「導入敏捷開發，可以『加速』軟體開發。」

了解敏捷開發的人，對這句話很反感，因為敏捷開發不是加速開發，而是透過固定週期迭代的持續改善，進而讓軟體開發這個複雜的過程穩健前進，最後產生速度感。其中隱含最重要的概念就是「固定週期、刻意練習、反饋迴路」，最後的成果是「持續改善」，但是在不明瞭核心概念的前提下，這種錯誤的理解透過網路這種

※2 筆者在 2018 年在社群研討會提出來的概念，背後核心概念是用雲服務的 Serverless 取代維運的程序任務，詳細內容請參閱：URL https://rickhw.github.io/2018/03/29/About/2018-Serverless-All-Star/。

八卦式[※3]的散播，很容易就變成從眾的集體現象，最後就是二分法，把世界分成兩派非黑即白的論述，整天對幹著彼此。

SRE的核心概念針對「產品開發與維運」，專注的事情是產品、服務，用的方法則是軟體工程。而中小型企業在發展過程中往往因為成本因素，SRE通常也都要負責產品以外的任務，除了產品維運，大部分也都要處理MIS。剛好SRE也要具備網路設備知識、經驗，處理內部資訊服務聽起來也是理所當然。在中小企業人力資源尚不完備的狀態，讓SRE處理MIS聽起來也是合情合理的，但弔詭的是開發團隊的工程師比較少會被叫去做MIS相關的工作，除非這任務是產品相關的。

SRE去做MIS本身不是對錯問題，而是把人放錯地方的時候，會讓人感到困惑，因為SRE能做的事情是A、B、C，但是公司卻要他做1、2、3，進而影響的是人員對於企業的信任，增加對於職涯的困惑。

## 1.1.2 問題二：讓OP直接擔任SRE

負責企業內資訊服務的MIS，有傳統的系統工程師（System Engineer，SE）或者維運工程師（System Operator，SysOps、SysOp，或簡稱OP）的工作內容，分成**規劃與設計**及**執行標準作業程序**（Standard Operating Procedures，SOP）兩大類。

### 規劃與設計

負責「規劃與設計」這兩項工作，需要具備獨立思考、跨部門協作、格局視野、溝通技巧、有技術含量，屬於直接貢獻者。像是規劃一套三個辦公室的網路架構、串接VPN、網路出／入口（Ingress / Egress）設計、內部AD（Active Directory）認證授權規劃、網路架構高可用（HA）的規劃設計、內部共用儲存空間規劃、定義作業流程等。這些在設計過程就需要較高的技術門檻，也需要獨立思考規劃的未來性、可用性、安全性、擴展性等。

※3 分散式一致性演算法（Gossip Protocol）又稱為「流行病協議」（Epidemic Protocol），基於流行病傳播方式做訊息交換，背後是基於「六度分隔理論」（Six Degrees of Separation）的實現。

## 執行標準作業程序

後者則是執行SOP的人，也就是依照前者規劃的成果，接手後續的**維護**（Maintenance）任務，像是增刪帳號、資料備份、維護企業內部的AD、執行AD高可用（HA）演練、防火牆規則增減等，這類任務往往因為已經被標準化過，所以門檻通常不高、技術含量低、執行過程較少獨立思考、舉一反三的機會。

經過很多年的觀察，習慣執行SOP這類的OP大概有以下的共同特質：

1. **定型心態**※4：只想在自己的舒適圈，排斥外在變化。
2. **缺乏獨立思考能力**：無法舉一反三。
3. **缺乏應變能力**：無法處理突發事件。
4. **普遍不喜歡寫程式**：懼怕沒有圖形介面的環境，像是黑壓壓的Terminal。

這類的OP往往在企業內部擔任的任務像是IT Helpdesk，協助員工排除電腦或者資訊設備問題、企業內部AD的維護、電腦設備的維修與採購，比較有網路背景的則會負責防火牆、路由器、交換器等設備維護。這些都屬於企業內固定的任務，對企業而言，並不會帶來直接的收入與價值，普遍屬於成本單位。

大約從2010年開始，超大流量的企業如Google、Amazon、Youtube、Facebook等高流量的Web Services興起，讓各個網站無一不往這樣的目標前進，無論是電商領域、加密貨幣、Web3、製造業、直播影音串流等，加上敏捷開發的流行，使得「如何處理系統異常」變成維運團隊的挑戰。加上現代Web Services幾乎都是「分散式架構」，不管是建構在公有雲、Kubernates、還是自建機房，架構的複雜度、基礎設施的廣度都遠遠超過傳統OP能處理的任務與能力。

這些現代化的Web Services背後往往帶來的都是基於「分散式架構」的各種複雜概念，像是Public Cloud（AWS / GCP / Azure）、Microservices、Cloud Native、Kubernates、Service Mesh、API First、Chaos Engineering、SRE、DevOps、DevSecOps、SaaS、Domain-Driven Design（DDD）、CQRS、Serverless、Infra as

※4 參閱《心態致勝》一書的「定型心態」與「成長心態」理論。

Code（IaC）、Observability as Code 等新興的軟體工程與平台概念，這些名詞往往列出來，連很多開發後端的工程師都不見得能搞清楚，更別提要理解他們怎麼用。

這幾年**平台工程**（Platform Engineering）則是直接把維運的概念，從可靠度變成可規模化了，衍生出**內部開發平台**（Internal Developer Platform，IDP）的概念，基於 SRE 概念又更上一個層次，這些概念別說 OP，就連很多 Backend 工程師、架構師都不見得有能力適應。



當整個 Web Service 已經演化到超大分散式系統，或者系統架構起手式就是「分散式架構」，招募 SRE 似乎就變得更理所當然，但普遍公司招募 SRE 還是用 OP 的標準找，上進的 OP 會不斷地努力學習新技術，滿足企業需求，停滯在原地的 OP 很快就會被這波浪潮淘汰。

### 1.1.3 招募的策略

不管是 SRE、DevOps、OP、Infra，對於企業而言，聘用一個人目的都是解決問題、帶來產能。前述的問題一、二呈現的是普遍存在的現象，其實也是企業用人過程中避免不了的過程。

一家只有 5 人的新創公司，則 CTO 要會什麼呢？大概要會寫後端、前端、Mobile APP、搞網路架構、弄機房，然後可能辦公室的水電都要自己處理。小公司人力財力有限，每個人都必須是 E 型人[※5]，也就是十八樣武藝至少要精通兩三樣，剩下的雖然不是精通，但卻也可以從無到有做起來。

而一家規模 500 人的公司，MIS 與 SRE 依照人力資源比例來看，可能是同一個組、也有可能拆分兩個組，但是回報給同一個主管。因為 500 人規模所要需要的內部資訊系統需求與產品維運需求，通常已經具備一定量體，不管 MIS 要處理內部工單的數量，還是 SRE 要處理產品維運的任務，這時候需要的人才大多會是 T 型人，也就是具備專業領域的深度以及橫向溝通能力的人。

※5 人才類型，常見有 I、T、E 型三種。①I 型代表單一專業技能與專業的深度；②T 型代表除了具備單一專業領域，同時對於其他領域也略知一二；③E 型則代表具備兩個以上的專業領域。

換言之，對用人主管而言，找怎樣的角色加入，跟組織發展階段有直接關係，包含組織規模、分工、產品架構，直接反應的就是分工的細膩度。所以新創要找的人才通常會是全端人才，也就是除了寫程式之外，也要懂網路設備、維修水電之類的。

### 1.1.4 選擇機會的思路

延續「招募策略」的思路，回應到求職角色身上，對於自己的屬性是 IT / OP 還是 SRE ？要依照自己的職涯規劃先去設想，想往 IT / OP 發展，這樣位置的天花板及成長幅度想要有比較大的跨度，那麼找工作就是往分工較細緻的中大型企業；通常這種位置新創事業比較沒有發揮的空間，新創往往都還在求生存的階段，不會把資源投放在這種輔助性質的職位，所以不難發現到現在有很多專門處理中小企業的專業 IT 服務，透過租賃的方式，直接處理一兩百人的網路、基本的郵件、DNS、內部儲存等，以減少新創的成本。

想往 SRE 發展，則可以依照產品特性去找，對於大流量的產品系統，SRE 比較有發揮的空間。與 IT / OP 不一樣的是，SRE 本身就具備軟體工程能力、寫程式能力，所以可塑性也比較高，除了可以在 SRE 領域深根，包含監控領域、事件處理、系統架構、效能、容量、容器架構、網路架構等，範圍可深可廣，所以天花板位置非常高。加上如果要轉跳其他角色，像是 Architect、Backend、DBA、QA 等，基本上都沒問題。

總體來說，這兩個都是不錯的選擇，因為他們都有領域的至高點，都很有發展空間，但是選擇的前提是需要保持學習、持續總結，讓自己更有競爭力，機會來了才有選擇的基礎條件。

不管是 IT / SRE 哪種角色，其實這個到處都是軟體的時代，兩者實際上已經越來越靠近，也就是會越來越像前面提到的新創企業找的 E 型人，因為企業是要面對變化的，而招募的人如果定型在同一個領域，而沒有適應變化的能力，那麼終究還是會被淘汰。

### 1.1.5 小結

招募傳統維運工程師做 SRE 的工作其實是可以的，但需要花額外的時間，去引導 OP 開始調整心態，讓他從定型心態轉換成長心態需要循循善誘，以具體的誘因來引導他思考自己的生涯規劃，而企業要承擔的則是這些投資成本以及可能失敗的風險。



## 1.2 現象：自動化其實是個錯覺？

SRE 強調自動化概念，透過軟體工程解決維運問題。自動化背後有幾個動機：

1. 降低人為疏失，提高 SOP 效率、系統的的可靠性。
2. 提高執行效率，降低人力成本與系統金錢成本。
3. 軟體工程提高**可複用性**（Reusable），增加產能。

用一句話來講：

「人管系統，系統管機器。」

這些是花時間寫程式背後的動機，但自動化有更深一層的意義，特別是對於 SRE 而言是：

「透過自動化提升系統的可靠度。」

不過一般口語上說的**自動化**（Automation）程式，大部分實質上做的是把**程序**（Procedure）或者**步驟**（Steps）用程式碼串起來，透過**排程器**（Scheduler）觸發，或者其他觸發方式跑起來，所以大部分的自動化其實是把「程序」與「步驟」變成程式碼，也就是說：

Automation = Procedure or Steps

其實這是個弔詭的文字遊戲，如同跟中文的「監控」※6 一詞意思，片面的理解只有**監**（Monitor）的語意，大部分缺乏了**控**（Control）的意涵。

首先我們先來聊聊，什麼是「自動控制」？

### 1.2.1 關鍵因子：負反饋迴路



自動化最經典的案例是電機工程的**自動控制**（Automation Control）這門學科提到的：

「火箭發射是透過『負反饋』不斷修正自己的軌道，以確保抵達最終目標。」

火箭、太空梭、飛機的控制在航太科技稱為**強韌控制**（Rubust Control），關鍵就是讓飛行裝置維持在飛行員設定的狀態，像是速度、飛行方位。背後就是各種感測器（Sensors）取樣各種外在因素（溫度、風速、氣壓）轉換成訊號，回授（Feedback）給輸入與處理單元（Process），達到系統的設定的狀態，如圖 1-2 所示。

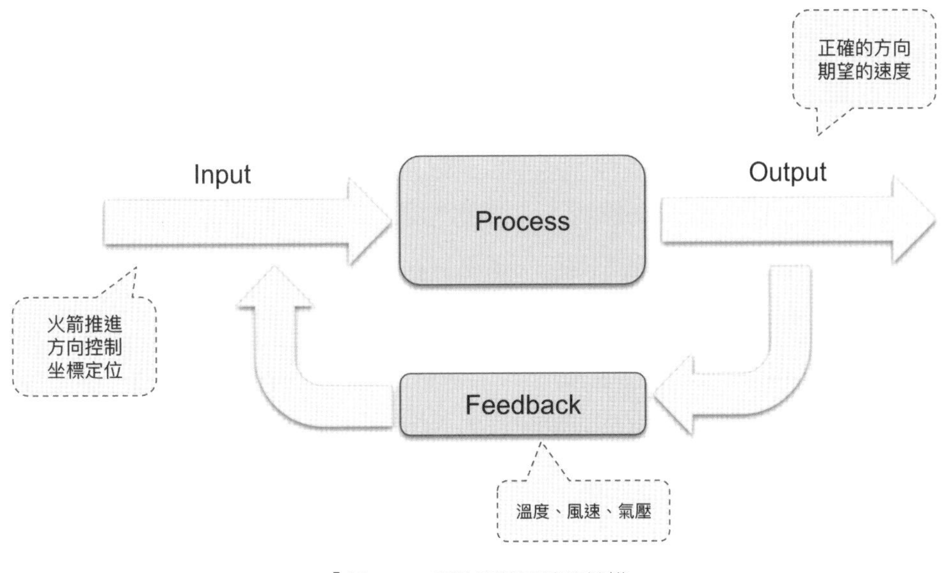


圖 1-2　自動控制系統的結構

※6　國文老師說這叫做「偏義副詞」，兩個名詞放在一起。

其中**回授迴路（或稱為「負反饋」）**是決定這個系統是否是能夠「自動」的「被控制」，是自動化系統的關鍵因子。

類似的概念如 Kubernates（K8s）的**宣告式（Declarative）**※7 設計，像是：

「使用者宣告期望有 8 個 Pod，K8s Cluster 持續維持期望值。」



使用者宣告想要達成期望值（8 個 Pod），而 K8s Cluster 透過負反饋機制 Liveness、Readiness 所產生的資訊，無論現在的系統狀況怎麼樣，都會不斷調整 Pod 的數量，直到滿足 8 個為止。

「自動化」與「程序化」是兩個不同領域，「自動化」因為有負反饋迴路影響輸入，進而形成**封閉迴路系統（Closed-Loop Control System）**；「程序化」則沒有負反饋，它是個**開放迴路控制系統（Open-Loop Control System）**，在生活中常見的就是家裡的自來水輸配管線系統，在企業裡最常見的則是**公單流程系統（Business Process Management，BPM）**，其核心概念是**狀態機（Finite State Machine）**，像是人事系統、IT 工單系統、軟體開發團隊的**任務追蹤系統（Issue Tracking System）**，都屬於開放迴路系統。

常見被冠上自動化前綴的程式，大部分都只是程序化而已，因為大部分程式的輸出不容易轉換成負反饋資訊，然後整合到輸入，變成封閉迴路系統。在系統維運裡，普遍的自動化程式的動機都是為了提高效率、降低人為失誤、降低成本。像是處理 HA 切換的腳本程式、處理備份與還原資料庫的腳本程式、檢查系統健康狀況的程式、串接編譯程序的腳本程式等，這些其實都屬於程序程式，而不是自動化程式。

接下來，用監控系統來討論：怎樣才算是「自動化」監控系統。

※7 宣告式（Declarative）設計相對的概念是命令式（Imperative）設計，輸入給的是條件資訊，執行後是否如預期，需要自行處理。一般的 CLI、Libraries、SDK 都是命令式設計。因為 Imperative 通常要透過寫程式，所以又稱為「Programmatic」。Declarative 輸入是預期結果，不管透過怎樣的方式執行，都要符合預期結果，K8s 的設計就是這樣的概念。

## 1.2.2 理想：怎樣才是「自動化」監控系統

監控除了**監**（Watch）之外，更重要的是**控**（Control），「控」就是透過負反饋迴路觸發的行為。有了控，才能提高監控的效率，透過控制驅動行為，進而提高系統的可靠度。系統監控不外乎透過**指標**（Metric）的數據，以及設定的**觸發條件**（Condition），發動**警報**（Alert）事件，透過這個事件觸發後續的動作，形成自動化的封閉迴路系統，概念如圖 1-3 所示。

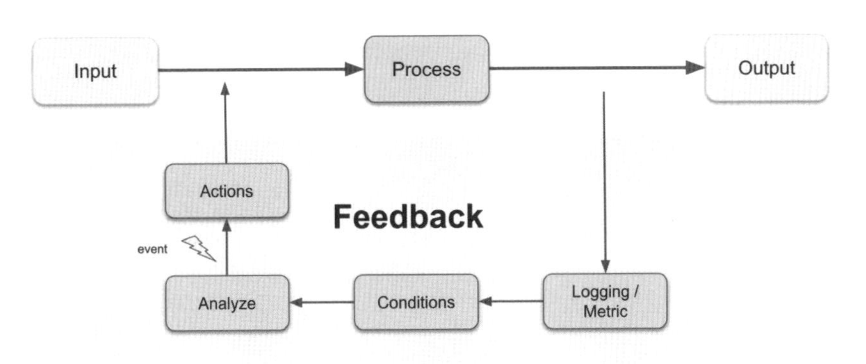


圖 1-3 自動化監控系統

其中最不易的是「分析」（Analyze）與「條件」（Conditions）的部分，因為分析需要人為判斷及量化，然後才能設定條件，最後決定怎樣的「行動」（Actions），這段負反饋是 AI 取代的著力點。

舉例來說，一個跑在 K8s 上的 Web Service 的 API，整個流程如圖 1-4 所示。

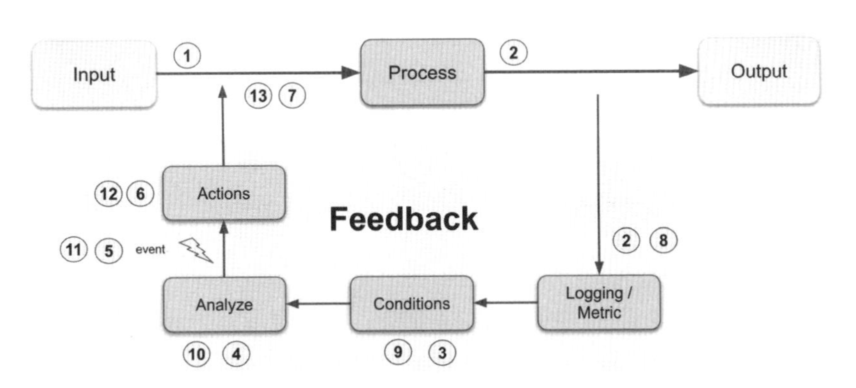


圖 1-4 自動化監控系統流程

依照先後次序說明如下：

1. 收到了瞬間 500 RPS 的需求。
2. 完成業務邏輯，同時也造成 10 個 Pod 的平均 CPU 衝到了 99%。
3. 讀取已經設定的條件：CPU 80% 過載。
4. 分析 CPU 使用率是否超過設定條件，結果是已經過載。
5. 產生事件（Event），送出事件訊息（Event Message）。
6. 依照過載的條件，產生行為：調整 Pod 的數量。
7. K8s Cluster 執行 Pod 橫向擴展（HPA）。
   - 每分鐘擴展 2 個 Pod，觀察 1 分鐘。
   - 這一分鐘之內，告訴 Analyze 暫時不要送出 Event。

第二次的反饋與修正：

8. 一分鐘之後，指標數據進來，CPU 使用率變成 85%。
9. 讀取已經設定的條件：CPU 80% 過載。
10. 分析 CPU 使用率是否超過設定條件，結果是已經過載。
11. 產生事件（Event），送出事件訊息（Event Message）。
12. 依照過載的條件，產生行為：調整 Pod 的數量。
13. K8s Cluster 執行 Pod 橫向擴展（HPA）
    - 每分鐘擴展 2 個 Pod，觀察 1 分鐘。
    - 這一分鐘之內，告訴 Analyze 暫時不要送出 Event。

第三次的反饋，因為擴展之後 CPU 已經降到 70%，經過分析沒有滿足條件，所以停止發送事件。到此，完成了整個完整的封閉迴路自動化流程。

可靠的系統其實是靠這樣的方式建構出來。維運其實做的事情分兩種大類，一種屬於標準流程（SOP），這種事情就是「程序化」，像是每天固定的資料備份、系統建置、應用程式的部署、檢查作業系統是否有資安更新等，都是程序化的。而「自動化」往往都帶有「決策」意涵，需要經過計算或者有歷史數據做參照，像是前述的自動化監控。而歷史數據背後隱含的是經驗，所以這段可以透過機器學習（ML）方式訓練出模型，做更智慧的 AIOps，概念是這樣來的。

### 1.2.3 目的：自動化是為了讓系統具備可靠度

「程序化」能達到的好處是提高效率，減少人力成本、人為失誤，可以降低人為疏失的風險，但當系統發生非預期異常的時候，是無法提高系統的可靠度的。

而真正的「自動化」的目的應該是透過負反饋迴路消弭系統風險。SRE 這個字的「Reliability」的本質是把風險透過自動化的方式，做到可靠的效果。換言之，當系統發生不確定因素的時候，透過負反饋迴路消除異常及系統的抖動，讓系統維持穩定狀態，甚至修復異常。

要做好上述的「自動化程式」，需要具備嚴謹的軟體工程工法，包含以下：

1. **需求定義**：期望的關鍵成效、服務水平協定（SLA）、服務目標（SLO）、服務指標（SLI）。
2. **系統分析**：明確定義使用者、輸入、輸出，使用者情境。
3. **系統設計**：包含 API 設計、Configuration / IoC、架構設計、部署策略、可靠度設計、監控指標設計等。
4. **程式開發**：物件導向、單元測試、開發規範、系統架構。
5. **測試策略**：測試方法、系統架構、功能測試、非功能測試、整合測試。
6. **監控與異常**：設計監控指標與警報、事件管理、異常處理。
7. **品質**：品質是整個過程，有效率的演算法、良好的工程習慣以及對品質的堅持。

這些觀點都是開發一個程式該具備的工程實踐方法。

### 1.2.4 小結

「維運」最重要的就是透過反饋持續改善，不管是技術上的自動化，還是組織行為上的。SRE 具備軟體工程能力，基於這樣的條件是下，看透系統負反饋的本質，也就是真正的「自動化」，價值會從中逐漸體現出來。

# 1.3 現象：維運需求與價值的選擇

維運任務的特性，在圖 1-1 的整理中，不管是重要的、不重要的任務，做過的人都會覺得只有兩個字：「雜、亂」，特別是在規模不大的公司裡，這種現象更是常見。

雜就是任務有七八成都沒有章法、結構、組織，之前沒有人做過或沒有人知道怎麼做，而且任務必須在很短的時間之內交付，通常也沒得商量。例如：明天有個系統要上線，今天收到通知，明天前要完成環境建置，然後執行部署，而且部署過程系統不能夠停機。

同一時間，維運人員可能還要處理辦公室網路的需求，例如：有個業務人員的電腦故障，需要有人去幫他備份、還原、更換電腦，業務人員普遍會很直接、很急，很希望電腦趕快弄好；或者總經理的手機突然連不到網路等。

這種沒有章法、沒有優先序、沒有邊界、沒有足夠的資訊，衍生的現象就是亂、緊急、苦力、壓力，產生的問題如債、負面情緒、搗亂結構、破壞章法，最後是增加熵值[※8]。

在這樣需求紊亂，事情沒有輕重緩急的狀況下，往往會衍生很多問題。我們來分析這些問題背後的成因與現象。

## 1.3.1 問題一：需求數量分布

圖 1-5 表達的是「需求來源」與「需求價值」的矩陣，筆者把這個矩陣稱為「需求價值矩陣」，圖 1-5 中的面積代表著「需求數量」的分布比例。

※8 熱力學第二定律（Second law of Thermodynamics）：表述熱力學過程的不可逆性—孤立系統自發地朝著熱力學平衡方向—最大熵狀態演化。

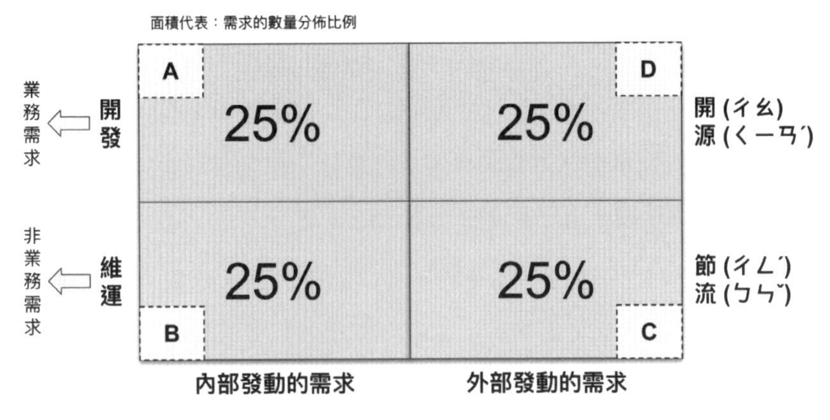


▎圖 1-5　理想的需求價值矩陣，以及需求數量分布比例

產品團隊的開發人員執行的需求任務，大多屬於「業務需求」(或稱「功能需求」)，做的任務直接貢獻於業務需求，企業財報角度來看是「開源單位」[※9]；相對應的維運團隊執行的需求任務，大多屬於「非業務需求」(或稱「非功能需求」)，從企業財報來看，多屬於「成本單位」。圖中的面積代表需求的數量，圖 1-5 描述的是很平衡的狀況，四個象限的需求數量都很平均。

但真實的世界不是這樣運作的，大多會像是圖 1-6 的樣子：

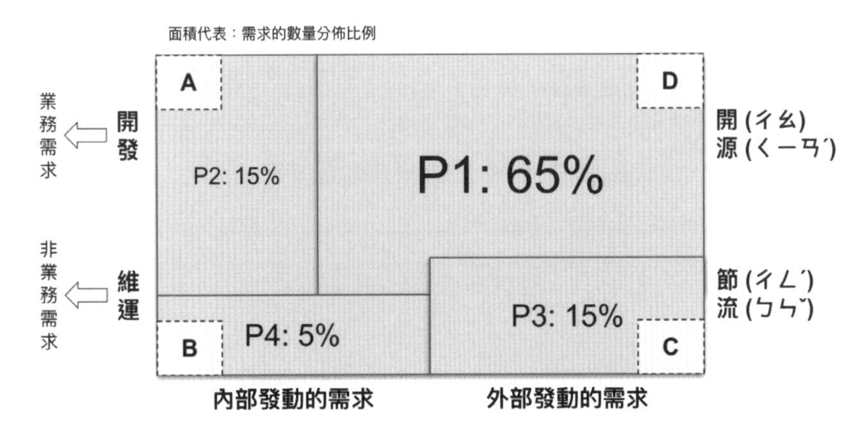


▎圖 1-6　實際的需求數量分布比例

---

※9　也有人會覺得只有業務單位才是開源單位，其他都是成本單位。

圖中的P1~P4代表「優先序」(Priority),反映普遍的真實狀況,通常外部需求優先序會最高,客戶至上、大客戶要的,優先處理;搞定客戶需求,針對業務的需求,通常是已經排隊排很久的、從客戶蒐集來的、放在業務單位清單裡的,這些需求也是很重要的,但比重依舊不會大於客戶。最後則是客戶發動的非業務需求,像是系統不穩定、反應很慢,這種需求也是重要的。

這樣交乘下來的優先序是D→A→C,其中D會占最大比重。而內部發動的需求,往往會被排擠,甚至是被忽略的,象限B就是典型維運團隊的任務區塊。

而這張圖背後也代表原本A / B / C象限中的面積變小了,但需求量如果是一樣多的,那些被排擠的需求去哪了?所以實際的需求排擠衍生的問題:「技術債」,就是原本該做、但是被排擠出去的面積,隨著時間越來越久,債務累積的也越來越多,如圖1-7所示的虛線區塊。

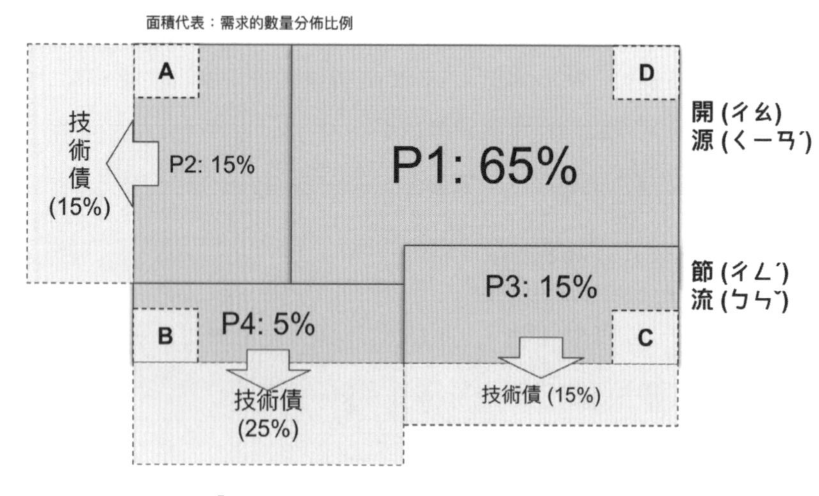


圖1-7 實際的需求分布與產生的技術債

這些原本該做的、被無限延後而排擠的，通常就是時間管理象限中的「重要、不急」的事情，這現象在《系統性思維》[※10]中稱為「飲鴆止渴」[※11]，短期有效，但對長期而言，會有越來越嚴重且複雜的後遺症，久了就會變成這樣：

「重要、不急但不做，時間久了，就會變成『重要、緊急』。」

這些事情通常是**硬核（Hardcore）**、需要磨練、經年累月養成。常見的現象就是用短期解填補，然後，就再也沒有然後了，所以系統性思維的飲鴆止渴現象又出來了。通常這時候就要提出什麼解決方案，都是需要非常巨大成本的，所以時間越久，就會越有這樣的感覺：

「千金難買早知道；早知道，值千金。」

這時候，通常都要透過政治手段或引入外力介入，透過「組織變革」[※12]的方式才有辦法改變。這種狀況通常已經不是單純工程的問題，更多的是政治角力的問題，也因此 DevOps 及敏捷開發在討論很多人性、軟性議題[※13]或者組織變革的問題，是其來有自的。

## 1.3.2 問題二：人力比例配置

談完了需求分布與排擠問題衍生的技術債，接下來就是對應到人力資源分布的問題了。同樣的用需求價值矩陣描述這個現象，只是面積從「需求數量」改成「人力比例」。圖 1-8 表述的是普遍的人力資源分布的實際概況。

※10 相關內容請參閱 Donella H. Meadows 著作的《系統性思維》（Thinking in Systems）一書。

※11 系統思考的九大基模（Arche Type）之一，原文為「fixes that fail or fixes that backfire」，中文翻譯成「飲鴆止渴」。

※12 哈佛大學商學院教授 John Kotter 提出「八步驟變革模型」：①建立急需變革的危機感；②建立領導變革的團隊；③制定願景與戰略性計畫；④溝通變革的願景；⑤移除障礙；⑥產生短期勝利；⑦鞏固效果不斷改進；⑧將變革精神植入企業文化裡。

※13 更多軟體開發的軟性議題請參閱《Effective DevOps》一書，有很多章節在討論這個題目。

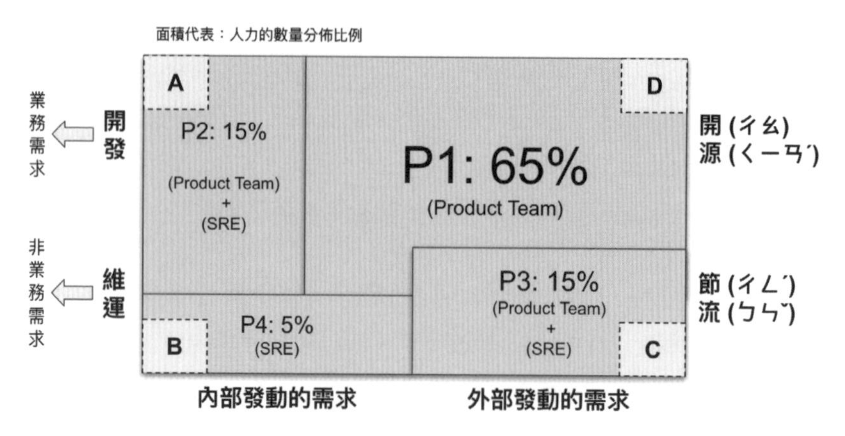


圖 1-8　實際的人力數量分布比例

圖中四個象限的面積代表人力分布，SRE 負責的範圍會落在 A + B + C，產品團隊大多會落在 A + C + D，雙方重疊的地方會落在 C 與 A 兩個區塊。圖 1-8 描述了需求的比例，背後隱含著人力比例也會跟著這樣分布，換言之，D 區的人力會最多，也就是開發客戶需求。這不是對或錯，而是企業實際上運作狀況，大概有七八成的比例都是這樣。更具體的數字「產品團隊」與「維運團隊」的比例是 10：1 或 20：1，一個 100 人的產品團隊最多會有 10 個維運人員，通常只會有 5 個或不到。

有些公司的維運包含 A / B / C 之外的系統維運需求，也要負責企業內部的 IT / MIS，在人力與需求不平衡的狀況下，會是團隊士氣的硬傷。

## 1.3.3 疊加問題：1+2 衍生的問題

需求優先序的比重，加上人力資源不均狀況，這兩個條件交疊在一起，經常產生以下的狀況：

1. **任務無法有效執行**：系統經常性炸鍋，問題往往只能處理表面問題而無法根解，維運人員在每次的異常與事件中，無法累積經驗，進而成長。累積更多的是負面情緒、投機的方法。
2. **人力與管理問題**：團隊人員爆肝、士氣低落、看不到自己的職涯願景、人力出走。
3. **技術債直線上升**：技術債沒有機會處理，也沒有資源處理，對組織與公司沒有認同感與向心力。

這樣的現象造成很多維運背景的人員都有以下特徵：

1. 曾經接觸過的技能很多，或者有很多張證照，但鮮少能昇華核心技能與能力。
2. 頻繁換工作，每個時間都不長。
3. 比較少能講述自己具體的貢獻與價值。
4. 對於整體產業的抱怨遠多於期待。
5. 整體來說，薪資偏低。

這樣普遍性的現象在維運人員身上打轉著，SRE 的出現似乎給了他們一絲希望，但卻踩到了「1.1 現象：招募傳統維運工程師做 SRE 的工作」描述的問題，掉入死亡迴旋，不如去擺攤賣雞排、煮麵、賣肉圓好了。

## 1.3.4 站穩腳步，持續改善

實際上，不管企業規模、發展階段到哪裡，產品團隊與維運團隊實際的人力比例數字大約都是 10：1，甚至是 20：1，也就是一個產品團隊如果有 50 個人，維運團隊最多會有 3~5 個，有這樣比例的上線人數算是幸運的。人數比例的現象是個不容易改變的狀況，也是大多數企業的真實狀況。而需求的比例與優先序也往往是這樣差距極大的，主導優先序的權責往往也不會落在維運團隊上。不管是人力比例、任務優先序的比例，其實都是無法改變的外在因素，如果要改變這些外在因素，大多要透過政治手段或去衝撞體制，才有可能敲動一些事，這過程往往就像革命一樣，經常會讓滿腔熱血的人最後對人性失去信任。

維運人員想在企業裡站穩腳步、有主導權，可以嘗試的方式是這樣：

「把自己和團隊當作一家公司來經營，把產品開發團隊當作客戶。」

想像自己所處的團隊是一家 5 人公司，客戶是一家 50~100 人的公司，用經營自己企業的角度來看待這件事情，當心態轉變後，很多事就變了。

經營一家公司首要條件，自己要夠強大，能夠滿足客戶需求、解決客戶的問題，當心態上這樣思考的時候，維運團隊人員要努力的東西就很多了，光是分散式系統相關知識與技術的學習，就足以讓很多維運人員跟 Backend 並駕齊驅，甚至超越更多。

而面對壓力慎大的產品開發團隊，軟技能「溝通」則是必要的能力，具備良好的溝通能力，才有機會說服產品團隊，去改變他們的作法。



當維運團隊把自己當作一家公司經營的時候，就會開始有**業務思維**（Sale Thinking）、**商業思維**（Business Thinking），也就是：

1. 我們到底能為產品團隊帶來什麼好處？這些好處能否複製？擴展？
2. 我們有花時間去了解使用者？使用者是後端工程師？還是測試工程師？還是 PO ？
3. 我們怎麼看待自己提供的服務？他在我職涯上有怎樣的地位？
4. 我們的服務能否再幫忙更多人？讓大家工作更輕鬆？體驗更好？
5. 我們的服務效率能更好嗎？要怎麼做會更好？
6. 我們的服務可以制度化嗎？可以規格化？系統化？如果可以，應該怎麼做？

當把自己的團隊當作一家公司來經營的時候，把上面這些問題想過一次，並且嘗試長線思考，讓維運這件事情透過類似 OGSM[※14] 或 PDCA[※15] 等方法，持續迭代與改善，找到屬於自己的指導方針。

例如：大多 CI / CD 背後探討的是工程上怎麼做的問題，談的是「How」的問題、工程問題。工程問題是獨立領域專業，值得深入探討與研究。至於交付了什麼價值，則是「What」的問題，這東西有什麼價值？ SRE 開發出來的工具，對團隊帶來怎樣的價值？改善怎樣的效率？這談的是目的問題，是業務思維、服務思維。

只要對大家有幫助、有改善的，就是「價值」。過程中，要記住這個「大家」指的是誰？這個思考過程就是「業務思維」。

---

※14 稱為「一頁計畫表」，為「最終目的」（Objective）、「具體目標」（Goal）、「策略」（Strategy）、「檢核」（Measure）的縮寫。

※15 Plan、Do、Check、Action 的縮寫，是由品質管理大師 Edwards Deming（愛德華茲 戴明）提出的概念，故又稱為「戴明環」。

## 1.3.5 小結

維運需求與價值的選擇是個千古難題，筆者相信這個問題還會持續發酵很多年。寫下這段是因為看過很多案例，不管是在面試過程中候選人描述前一個工作的狀況，還是去朋友公司討論相關問題，都一再地發現「需求」及「價值」是大家都很在乎的，但如果沒有一點政治手段、甚至是主場優勢（元老、老爸是總經理），通常過程是辛苦，且結果令人沮喪的。

而「業務思維」是筆者自己最後找到的方法與作法，要做到這樣，需要有很穩健的技術能力，以及願意聆聽客戶聲音的業務姿態，這樣既能夠讓自己在技能上有所精進，同時也能取得客戶的信任，進而做到雙贏的局面。



# 1.4 現象：SRE 會包山包海，卻只能獲得香蕉？

維運團隊的任務性質，如果沒有經過妥善的整理，任務清單列出來大概就像打雜的一樣。用人的時候需要在**職務需求**（Job Description，**以下簡稱** JD）都會詳述職務的**責任義務**（Responsibilities and Duties）與**條件技能**（Qualifications and Skills），透過這兩個資訊尋求適當的 SRE 人才，但是如同圖 1-1 列出來的「事」以及整個技術快速的變化，加上「1.3 現象：維運需求與價值的選擇」分析的現象，SRE 看似很重要，看似是「稀缺資源」，但開出來的薪資往往讓人覺得不如歸去。

## 1.4.1 問題一：求職市場，包山包海的 SRE 的技能

SRE 要處理的任務很多，主要是產品服務的維運工作，但沒有經過深思與理解，很容易把 MIS 的工作混進來，瑣碎且多得不像話；加上又把傳統維運和 SRE 混在一起，沒有經過審慎的思考與組織，很常出現 JD 列出包山包海的責任與義務。

因為責任與義務很紊亂，直接影響的就是條件與技能。條件與技能通常會寫的是軟硬技能，維運大多都會針對硬技能列舉，像是 Windows Server / Linux、AD /

LDAP、了解 Layer 3 / 4 設備、懂防火牆、使用過特定廠牌的網路設備、Linux、K8s、Cloud、Grafana、Script、Golang 等。這硬技能列一列，整頁 JD 就會變得非常的「豐富」且「壯觀」，然後薪水開 25k / 38k 這種水準。這個從需求到期待的落差之大，讓很多「維運工程師」常常感覺到懷疑人生，甚至有了想轉行的念頭。



SRE 出現了，因為 Google 說「維運」很重要，夾帶 Google 的光環，大家以為努力就會有回報，紛紛去找 SRE 的職缺，但往往看到一樣的狀況。底下這些問題是反覆、經常出現，且值得深思與討論的：

1. 跟 SRE 相關的技能，經常在人力銀行相關的需求看到這樣的描述：「AWS VPC / EKS + GCP GKE + ArgoCD + Terrform + Vault + GoLang」※16。
2. 或者，需要開始一個新服務開發，技能需求變成：「AWS VPC + ECS + EKS + Jenkins + PowerShell + Grafana + Windows Server」。
3. 除了會這些技能之外，通常也要負責這些：「架構設計、部署應用程式、監控系統建置、值班、On-Call」。

簡單來說，業務需求以外的全都是維運的工作，所以產品開發的 Programmer 有所謂的「全端工程師」（Fullstack Engineer），同時也會 SRE / DevOps 技能的，則被戲稱為「全環工程師」（Full Cycle Engineer），但實際上的狀況是維運工程師要會的不會比 Programmer 少。

這是一個講求 C / P 值的年代，求職的過程本身是個買賣交易。資方出的多寡，代表著這個任務的重要性，甚至是可取代性；而勞方會多少，代表背後投入的時間成本與可複用的經驗價值。人力銀行上的人力需求寫出不合理的需求與價碼，背後隱含的問題其實是管理者的技術管理問題，我們往下繼續說明。

### 1.4.2 問題二：缺乏技術管理的決策

延續問題一，之所以會有那麼多複雜的技術棧，背後本質的問題是**技術管理**問題，也就是組織裡誰來做「技術決策」？筆者這樣定義技術決策：

※16 因為篇幅與排版關係，這裡只是列舉幾個做代表，實際的狀況會比這多兩到三倍左右。

決定組織「如何選擇」團隊技術方向的過程，此決策須：

①解決並滿足企業的需求；

②滿足團隊「現在」與「未來」的「技術方向」。

這段話聽起來是要位階很高的人才能做，有人覺得應該是技術長（CTO）、工程副總（VP of Engineering）、架構師（Architect），或者現場會最多的那個人、最資深的人，到底誰來做這個決策、確立技術清單、放在人力銀行及寫在 JD 上？由下往上還是由上往下決策？

技術選擇的決策思路是這樣：

1. 企業現在與未來的需求。

2. 團隊現在駕馭的能力、與未來的需求。

這兩個思路，其實只有兩個因素：

1. 很了解自己的需求、不了解自己的需求。

2. 能駕馭工具、不能駕馭工具。

當搞清楚決策思路之後，接下來才能做好判斷。

再來的問題是「誰來做決策」，很多企業都是官大學問大，不過這個狀況可以透過另一個方式取代：「影響力」，也就是組織裡有真正能夠解決問題、引導並帶領大家改變、可以影響其他人願意一起前進的人，這樣的角色才是最適合的技術決策者。以權力來講，最理想的是 CTO、Architect，但實務上是這樣嗎？

這年代的系統架構都是分散式架構，所以 SRE 也要懂分散式儲存系統（Distirbuted Storage）、分散式快取（Distributed Cached）、資料庫的高可用，這些每個 CTO 都懂嗎？如果是新創企業的 CTO 可能會懂，也可能不會懂；那中大型組織的架構師會懂嗎？可能會懂、也可能不懂。但是只要能夠利用這些技能解決問題的人，甚至引導團隊如何進行架構改善者，其實就是適當的技術決策者。

回到人力銀行的需求現象，為什麼會常常列出一堆技術？其實背後就是缺乏技術管理的過程，導致技術決策變得隨意與沒有章法，最後看到的是把所有看到、聽到的名詞全部列上去。

## 1.4.3 維持自身的優勢

維運人員不管是 OP 或 SRE，其實都免不了要持續精進自己，讓自己維持一定程度的競爭優勢，同時在這個過程中於組織裡能持續做有價值的貢獻，讓彼此雙贏。



怎樣在組織裡維持自身的優勢？舉個例子，K8s 在 2018 年之後大爆發，大家都在討論這個分散式架構、Cloud Native，組織裡也在猶豫是否要導入。在當時的風頭上，這種新技術的投資都是值得的（當時還有敗陣下來的 Docker Swarm、以及 AWS 獨有的 ECS），不管投資哪個，不管有沒有變成最後的趨勢，只要願意學習裡面核心的技能與想法，只要能用自己的技能去證明可行，那就會讓自己處在一個不敗的優勢。

K8s 剛開始很多人會質疑，因為太複雜了，筆者在當時的組織內部中有同仁已經先行，但是遇到了一些問題，後來筆者帶領自己的團隊，協助產品團隊把系統從原本自架的 Cluster 轉到 AWS 剛發表的 EKS 上，這個過程中筆者與自己的維運團隊一起學習 K8s、EKS，然後協助產品團隊移轉原有的服務到 EKS，並且提出完整監控、蒐集日誌等策略，除了消弭公司對於 K8s 的疑慮，也改善產品團隊的工作壓力，這個過程雖然辛苦，卻實實在在地達成雙贏。

筆者與自己的團隊精進了 K8s 技能，然後起草一份 K8s Platform 架構與維運管理政策，後來變成全公司使用 K8s 的最佳實踐。K8s Platfrom 架構除了 K8s 自己本身之外，還包含給開發者使用的管理平台、監控標準介面、部署實踐、成本管理政策等，是整個完整的配套措施。

就產品團隊而言，雖然還是需要了解 K8s 基本概念，但是已經省去在 K8s 部署、監控的複雜度，更能專注在產品開發、監控等工作。對公司而言，因為導入 K8s 平台化的概念，讓資源更有效利用，IT 成本也逐步降低，同時也誘發更多工程師願意學習容器化技術，提升公司內部工程團隊的整體技能。

這整個配套措施背後就已經隱含技術管理成分，直接將未來公司技術決策做了方向與導航，未來公司開出來的職務，其所需要的技能就不會太過發散，而且是市場顯學。這個過程中，讓筆者深刻體會到「雖然過程辛苦，但紮實地走過這段路，從維運團隊、產品團隊、整個公司，最後都有所得，甚至改變了整個作法」。

### 1.4.4 小結

不管是怎樣的職務，不是會越多，就越有價值。實際上，更重要的是能夠解決怎樣的問題，能夠怎樣幫助團隊，才是要關注的。這其中對於維運團隊而言，如何看待任務，其實是心態的轉換。



## 1.5 現象：星期五不應該部署？

在軟體業界，有個普遍不成文的共識：「星期五不要部署、更版」。大部分是為了避免因為星期五部署影響系統的穩定性，造成週末要加班處理問題，出發點是風險管理。這議題在研討會上，業界專家提出前衛的思考：「Testing in Production, Deploy on Fridays」※17，隨後引發很多討論。

贊成可以星期五部署的人說：「一個團隊當要能夠在任何時間部署，這跟哪一天沒關係，理由是敏捷團隊應該如何、身為一個開發者應該如何（省略 3000 字）…」；反對在星期五部署的大部分出發點：「會以風險角度考慮事情，普遍認為時間會影響之後的生活或者士氣（省略 30000 字）…」。

雙方各有各的立場，各有各的道理，誰也不想退讓，最後變成是非題或比拳頭大小。

### 1.5.1 典型的現象

這樣的討論反映出一個典型的現象：

※17 URL https://s.itho.me/modernweb/2020/Slides/d501.pdf。

「把『能不能』（Can Be）和『應不應該』（Should Be）混在一起談。」

因為這個問題在討論時，負責執行的「主詞」完全不一樣，如立場、觀點、著眼點、背景都不一樣，所以結果當然不一樣。在戲劇與文學裡最常見的說法是：

「每個反派在自己的故事裡，都是英雄。」



體現的是立場不同形成觀點的落差，最後形成衝突，結果就是所謂的「史詩」、「悲愴」。

這樣的現象在「維運」領域中還有其他類似的案例，像是：

1. 資料庫能不能在 Internet 裸奔？資料庫應不應該在 Internet 裸奔？
2. 程式碼（輪子）能不能提高可重用性？程式碼（輪子）應不應該高可重用性？
3. 系統架構能不能微服務化？系統架構應不應該微服務化？
4. 上班日能不能在辦公室喝酒？上班日應不應該在辦公室喝酒？
5. 系統能不能有多個認證機制？系統應不應該有多個認證機制？
6. 省略 100 條…

## 1.5.2 衝突點

「星期五能不能部署」這樣的問題，贊同者的背景大多是敏捷團隊（團隊不分開發、測試、維運角色）、高階技術主管、團隊管理者、技術傳教士，這些角色大多認為部署時間不能被時間限制，而這些角色大多也能做到這樣，隨時隨地都具備能夠部署的能力，甚至以一天能部署的次數當作關鍵指標，然後因此感到自豪，**他們在乎的是「能不能」，理所當然的也就「應該要」**。

反對的背景大多都是開發與維運分開的維運團隊，這種狀況的維運團隊在組織裡大多屬於開發流程的下游、承擔風險的那一方、資訊落差很大的一端，更多的是比較缺乏軟體工程能力與專業知識，在這些因素的考量之下，會以降低風險、提高可靠度考量為第一，**他們在乎的是「應不應該」，而不是「能不能」**。

當雙方的層次不在同一個認知水平線上，加上沒有背景資訊，這個問題很容易陷入筆戰，就像產品團隊與業務團隊也常會有類似的狀況，業務團隊更在乎的是業績目標，產品團隊在乎的是功能交付的價值。

這個現象把理想、現實兩個對立面的問題點出來：

1. **理想派**：期待理想能實踐，但忽略現實派長期的感受。
2. **現實派**：被困在現實無法突破，對理想失去信心。

雙方的想法則是基於「是與非」的出發點，最後不是你死就是我亡。



## 1.5.3 觀點與看法

筆者的經驗來看，真實狀況會是比例原則，不是零或一的問題。基於八二法則概念是這樣的：

> 「儘量（80%）不要在星期五部署，但需要時（20%）團隊也不會擔心，因爲團隊有能力駕馭自己負責系統的能力與信心。」

實務經驗也是如此，必要的時候星期五也會部署，依照該次部署功能的範圍、大小，判斷是否需要有額外的配套措施，像是隔天必須加強監控、週末需要有人排班定時回報狀況。

另外，要看團隊運作的模式，例如：成熟的敏捷團隊，「理所當然」就是自己的服務自己部署、自己服務炸鍋自己扛，做好決定、想清楚風險承擔能力就好。因為對於一個成熟的敏捷團隊，往往不只是裡子（能力）問題，更多的是面子（榮譽）問題，因為不能部署代表「不夠敏捷」，那就沒資格叫「敏捷團隊」，所以這是面子問題，背後更深層的是人性問題。

如果團隊運作是傳統的開發、維運分開，通常會選擇儘量避免，因為星期五部署的風險是衝突的來源，而開發團隊不是承擔責任的一方，維運團隊卻要去背負這種責任，累積到最後就是雙方失去信任，結果就是勢不兩立。這種狀況下，因為維運是下游單位，資訊落差與風險往往會造成團隊的壓力鍋，最後人心不定。維運方通常不會有面子問題，基於責任都會默默地吞下，但大多都有長期不平造成的心理壓力問題。

筆者觀察到的現象：「說贊成的人，往往無法體會反對的人長期累積的壓力鍋，累積出來的厭世感。反對的人，也無法了解那種被需求壓著時程，然後學習不完的新技術，卻要如期交付的心理壓力」。



## 1.5.4 理解彼此

回到一開說的「能不能」與「應不應該」兩個，前者是**技能**（Skills）問題，像是駕馭某個系統架構、程式熟練等；後者是**能力**（Ability）問題，更多的是掌握「局勢」的決策與判斷力問題，與時空背景（Timeline）、政策（Policy）與態度（Attitude）有關係。

做軟體設計、架構設計要做到及要滿足的是「能不能」的問題，能不能很有彈性的滿足業務需求、能不能有很高的擴展性、能不能達到安全管理、能不能節省成本？但做設計出來的東西怎麼運用，則是政策問題、階段性問題。架構有很高的擴展性，但是現階段基於成本考量，先不使用；業務發展到下個階段，應該要能高擴展的能力。

「資料庫能不能在 Internet 裸奔？資料庫應不應該在 Internet 裸奔？」理論上不應該在 Internet 裸奔，它會有資安的問題。能不能裸奔？很多開發團隊（特別是剛草創階段的新創團隊）沒有自己的專屬 SRE，也沒時間去規劃資訊網路架構，為了讓大家方便存取 AWS RDS，都是直接讓 RDS 裸奔，這是很常見的實際案例。能啊，當然能，應不應該？看狀況。所有的問題都不是零或一這種是非題，問題都需要具備前提與背景，然後依照當下狀況，有最適合的作法。

關於「資料庫能不能裸奔？應不應該裸奔？星期五能不能部署？應不應該部署？」要先問問主詞是誰，並問問時空背景，再來下定論。沒有這些**背景資訊**（Context）的討論，其實是沒有意義的。

### 1.5.5 小結：非黑即白的二元論

這問題其實跟「Agile 是否一定比 Waterfall 好」差不多。Agile 約莫從 2015 年開始被廣泛推廣，但總是拿著 Waterfall 打，推廣一個理念時，找個墊背的也是理所當然的，這是典型的「拿著錘子，看到什麼都是釘子」的現象。但後來發現好像不太對，不能用一套方法論，然後從頭吃到尾，所以這幾年也看到一些敏捷的人說法有所改變。另外，類似的 Scrum 及看板這兩個方法也是一樣，不能一套從頭吃到尾。

所以，「星期五能不能部署」的問題不應該落入二元論、非黑即白，而是從了解彼此的背景、困難來換位思考，然後相互諒解與學習，這才是「DevOps」要強調的合作精神，不是嗎？

網路上的論點、筆戰很容易以自己環境的背景或自己的立場切入，但是討論時沒有了解彼此的背景與經驗，直接這樣二元論的討論，並不容易找到平衡點，也不太會有交集。再多的列舉與論證，都不會有交集。

「星期五應不應該部署」的問題通常需要從組織結構、團隊運作、系統架構等層次來切入，然後再來討論「是否、應不應該」的問題。

## 1.6 本章回顧

台灣因為整個世界的局勢，讓台灣的人才有更多嶄露頭角的機會，但台灣軟體產業正在起步，從 2015 年左右開始興起的大量研討會、社群活動，漸漸敲動一些在辦公室裡的工程師走到戶外，一起相互分享，才漸漸了解「原來彼此並不孤單」。

Google 提出的 SRE 概念讓這群維運工程師有了不一樣的視野，但也發現「我們與天花板的距離」是多遠。也因為這樣的觀念開始被大家接受，加上研討會的推波助瀾，很多深藏在企業裡的現象都漸漸被拿到檯面上討論，各種犀利的演講標題、讀書會裡的神鬼傳奇、鬼笑話，都在大家的笑聲與同溫層中得到釋放。

第 1 章整理這些經常釋放在同溫層的議題、個人覺得有意思的觀點，透過這些現象的整理，讓更多人可以更重視維運團隊的價值與未來，「了解彼此」是合作的開始。SRE 不只是高大上的技術方法，還有更多考慮人性的層面。

# 維運時間殺！SRE 需要制度！



維運工作並不像針對商業需求開發程式那樣，規則都依循業務情境設計，如果有好的系統分析與設計，剩下會是寫程式上的挑戰。維運任務分兩大類，如果是線上系統發生異常，任務的時間會非常隨機，可能在上班的路上，也可能在三更半夜，或者發生在會議進行中；但除了極端的隨機任務，卻也有週期性的特徵現象、很固定的模式。

對於初次執行維運任務的人或團隊，如果不了解整個週期，很容易因為經常被臨時插斷或線上異常事件，造成正在進行的工作被中斷。如果正在做的事情需要深度思考，像是寫程式、做系統設計，那麼頻繁的中斷往往會造成工作效能低下、產能低落。

> 「國有國法，家有家規。自來任何門派幫會，宗族寺院，都難免有不肖弟子。清名令譽之保全，不在求永遠無人犯規，在求事事按律懲處，不稍假借。」※1

※1　出處：金庸小說《天龍八部》少林方丈的口諭。

制度的存在，不在於期望每個人都成為維運專家，或者每次都能順利處理好異常，更不是要限制團隊的發展與創意，而是讓整個團隊能夠有基本的規則與章法可以依循，然後透過 PDCA[※2] 循環不斷改善。

建立制度不容易，要讓制度落地需要時間的發酵，更需要透過自組織方式建立起來。本章將探討維運團隊內部應該具備哪些制度，讓團隊的成員減少因為非預期任務帶來的時間破碎性，然後影響個人工作產能，團隊也因此無法發揮更大的內聚力，變成散沙一盤。

本章探討以下制度問題：

1. 需求管理與價值。
2. 維運團隊的自組織制度框架。
3. 專案管理方法。
4. 值班與待命的制度。

除了這幾個之外，還有更多議題屬於維運團隊內部的題目，但一個團隊要能夠持續運作及成員要能夠穩定成長，這幾個課題是所有維運團隊要面對的。筆者將一一分析與討論這些課題背後的想法與設計制度的脈絡。

## 2.1 制度：為何而戰，談需求與價值

### 2.1.1 需求矩陣

在「1.3 現象：維運需求與價值的選擇」中談到「需求價值矩陣」，描述組織裡常見的現象。對於 SRE 而言，存在於組織裡，就要自己明白為何而戰，然後把這些需求的 Why 變成有章法、有陣法的制度，我們先了解需求從哪裡來，然後進而了解其帶來的價值是非常重要的。

※2 Plan、Do、Check、Action 的縮寫，由品質管理大師愛德華茲．戴明（Edwards Deming）提出的概念，故又稱為「戴明環」。

需求描述的是動機，不一樣的需求者會造就需求背後的行動與設計。從業務團隊來的需求，都會基於業績目標，來達到季度的業績目標；從客戶提出的需求，要的可能是提高流程效率、改善使用體驗；從內部發起的需求，可能是改善開發效率，像是改善持續交付的流程、改善開發效率、提升系統可靠度，進而滿足高流量的穩定性率等。

因為需求者出發的動機不一樣，而造就不一樣的需求角度，圖 2-1 用需求特性：**功能**（Functional Requirement）、**非功能**（Non-Functional Requirement），以及觸發需求的角度：**內部需求**（Internal）、**外部需求**（External）兩個面向所組成的四個象限代表需求的種類，筆者稱為「**需求功能矩陣**」。

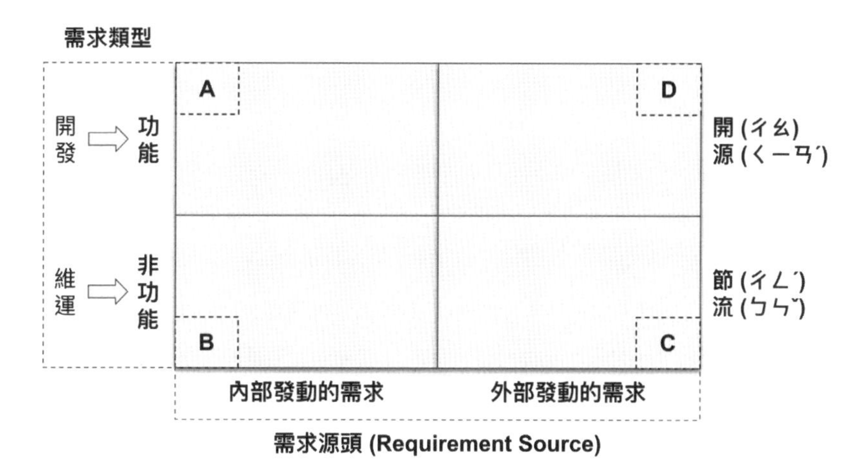


圖 2-1　需求功能矩陣

## 2.1.2 需求類型

### 功能需求

**功能需求**（Functional Requirement，FR）泛指「對使用者（客戶）直接帶來價值的功能，直接影響使用者購買意願」。

以購物網站為例，最基本、最核心的功能就是購物，滿足購物的最基本功能有「商品資訊」、「完成訂單」、「完成交易」。「商品資訊」提供產品的資訊，像是一支手機的規格、照片、價格等；「訂單」則是提供客戶可以下單，與賣家完成一筆消費的合約，讓雙方知道這筆消費有哪些商品以及金額，在法律上形成雙方契約關係的依據；「交易」則是整個訂單的進度，例如：是否已經完成信用卡扣款、庫存是否足夠、出貨狀態等，交易依據狀態會決定整個是否完成，且依據便利性、流暢性會決定使用者體驗，或者說消費體驗。



購物網站除了購物功能，其他很多屬於行銷類別的功能，可以提高業績、轉換率、導流等，也都屬於功能需求。很多企業其實是以「行銷」為主要題目，像是 MarTech[※3]、AI 行銷等。

功能需求在商業上的主要目的是**「把客戶帶進來」**，直接提供價值給客戶、為企業帶來收入的源頭，屬於「開源」。

## 非功能需求

**非功能需求**（Non-Functional Requirement，NFR）指的是「不是直接能給使用者帶來價值功能，但卻會影響使用者使用意願的功能」。

同樣以購物網站為例，除了前述提到的核心功能，舉凡影響網站的可靠性、效能、資訊安全、規模化等，都是非功能。像是①電商流行的購物節搶購，瞬間幾十倍的流量搶購，高併發的流量，讓系統不會崩潰的可靠性工程；②防禦大規模的分散式阻斷攻擊（DDoS[※4]）的防禦型工程；③針對自然流量的增長，自動調整系統容量的容量調度機制：「Auto Scaling」；④因應硬體故障，需要對資料庫、快取、運算單元所設計的高可用架構（Highly Available，HA）；⑤導入可以提高系統可靠度的 Kubernates；⑥提高系統容錯（Resilience）而進行的混沌工程（Chaos Engineering）；⑦提高系統使用率，節省 IT 費用等。

※3 MarTech 為「Marketing」與「Technology」的結合，意即「行銷科技」。

※4 阻斷服務攻擊（Denial-of-Service Attack，簡稱「DoS 攻擊」）是一種網路攻擊手法，目的在於使目標系統的網路或運算資源耗盡，使服務暫時中斷或停止，導致其正常使用者無法存取。分散式阻斷服務攻擊（Distributed Denial-of-Service Attack，簡稱「DDoS」）亦稱「洪水攻擊」，則是多台電腦對同一個系統發動 DoS 的方法。

非功能需求在商業上的主要目的是**「把客戶留下來」**，間接影響客戶長期使用的滿意度與意願、為企業維持良好商譽與穩定的收入，屬於「節流」。不管是開源還是節流，其實兩者是相輔相成的，開源最後也會幫助節流，節流會變成開源形成閉環。

### 2.1.3 需求源頭

**需求源頭**（Requirement Source）指的是「誰提出的（或者說要解決誰的困難）」。這分為內、外兩個源頭，對內指的是「企業內部」，像是維運團隊的客戶為產品團隊或者對客戶；對外指的是「企業以外」，像是客戶、合作夥伴等。

**內部驅動需求**（Internal Requirement Source）指的是「由企業內部團隊自己發起，由下往上（Bottom-up）」。像是① SRE 會提出導入 K8s 這樣的容器編排系統，藉以改善部署的方式、提高系統的可靠度；②產品開發團隊的開發者可能會提出透過 SpecFlow[※5] 這樣的方法，來改善與 PO 溝通的標準化作法；③ Cloud Engineer 會希望導入 Auto Scaling 機制節省雲成本；④開發團隊會希望導入平台工程（Platform Engineering）概念的方法，提高開發效率；⑤測試團隊希望導入 UI 自動化測試，提高測試涵蓋率，降低人力成本等，這些看起來跟業務目標沒有直接關係，但都會間接改善開發效率、節流任務。

**外部驅動需求**（External Requirment Source）指的是「由客戶端發起的，由外而內（Top-down）」。大部分的業務需求是這一類型，屬於功能需求，但外部驅動的需求也有可能是非功能性的，例如：電商網站的客戶要做促銷活動，因為經驗知道促銷可能會造成網站不穩定，所以要求提供服務的電商系統執行容量量測以及壓力測試。

圖 2-2 整理了文中的範例，以供參考。

※5 .NET 實踐 BDD 測試框架。

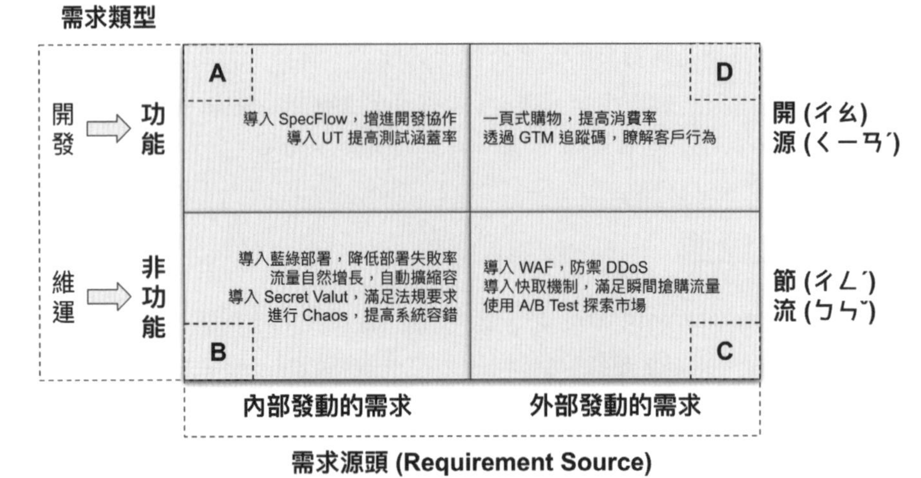


圖 2-2　需求功能矩陣：案例

## 2.1.4 SRE 的需求功能

需求功能矩陣描述了類型與源頭的交乘，那 SRE 的任務應該落在哪一些區塊呢？整理如下：

1. **服務企業的客戶**：提供系統的可靠度，滿足 SLA 的需求。
2. **服務企業內部的產品開發團隊**：提高系統架構的可靠性與維運效率。
3. **服務自己的團隊**：提升維運的效能與降低成本。
4. **服務企業**：常態的例行性任務。

### 服務企業的客戶

首先是「服務客戶」，這會是 SRE 存在的最主要目的。每次系統出現異常的時候，SRE 應該在最短時間之內止血，讓系統恢復正常運作，同時協助開發團隊找問題。以購物網站來說，客戶點選商品頁卻反應很慢，也就是延遲（Latency）過高，導致客戶無法完成交易行為。SRE 首要確認系統整個請求鏈路（Request Chain）的哪裡出現問題，這經常是 I/O Blocking（阻塞）造成的，像是資料庫查詢效能不好、存取檔案時磁碟反應很慢、棘手 Deadlock 資源競爭。

SRE 需要具備了解整個系統架構，系統架構每個環節的依賴關係、先後續，從上帝視角在短時間之內，根據請求反應的現象，以及監控指標的數據做出判斷。如果發現 Disk I/O 有異常，可能是因為 Disk 本身的 IOPS[※6] 已經用完。

##  服務企業內部的產品開發團隊

再來是「服務產品開發團隊」。產品開發團隊通常會專注在外部的功能需求，這些商業情境的考量往往不會把系統架構與非功能需求一起考量。這時候 SRE 可以扮演顧問的角色，協助釐清系統架構，找出架構結構上的問題，像是內部與外部的依賴關係、依賴關係的通訊協定、應用程式的配置（Config）的設計、日誌配置（Logging）、資料溫度的存取設計等。詳細作法請參閱「第 5 章 系統架構之大樓理論」的介紹。

## 服務自己的團隊或企業

服務了客戶與產品團隊，SRE 團隊的更多任務是服務自己（或者說服務企業），也就是讓系統透過軟體工程方法，變得更加可靠的任務。這些任務像是導入 K8s 的 Helm Chart，提高團隊部署流程的**可複用性（Reusable）**，這個任務除了有服務到產品團隊，其實也是改善了 SRE 團隊自己的工作效率。

開發 API 讓團隊可以自助式的改善 CI / CD 流程，像是提供藍綠部署的 API，讓開發團隊可以依照實際狀況，透過 CI Server（GitLab / Jenkins）決定什麼時間點執行藍綠切換或回滾（Rollback）；或者指定部署的版本、甚至指定版本後部署的地區（Region）等。

這些作法都是可以讓產品團隊與 SRE 具備高內聚、低耦合的特性，雙方有一致的介面可以協作，又不會彼此強依賴，而是透過 API 的方式執行任務。當 API 無法滿足需求的時候，則由雙方共同協調 API 規格，然後 SRE 團隊進行開發。更多進行的細節，在「第 3 篇 開發平台與平台工程」有更完整的介紹。

※6 IOPS 全名為「Input / Output Operations Per Second」，每秒可以存取的次數，代表磁碟存取效能或網路存取的關鍵指標。

最後，SRE 依舊是個維運團隊，維運本身就有很多固定週期的任務，如每天、每週、每月、每季、每年…要做的事情。

1. **每天**：資料庫完整備份、Log 備份、重要的虛擬機備份、刪除舊的備份。
2. **每週**：了解系統狀況，各個指標是否異常，不符合 SLO 定義的，備份狀況檢查。
3. **每月**：系統監控趨勢複查、成本複查、軟體系統更新、網路流量複查。
4. **每季**：作業系統資安更新、軟體套件資安更新、Public IP 管制列表、資料還原演練、系統異常演練、架構複查、權限複查等。
5. **每年**：災難演練、網路防火牆複查、資源使用政策調整、防火牆政策、網路拓撲架構復盤。

在上述的例子中，其實每個公司對於週期的密度定義與要求會有所不同，產業也會有所差異，但是要認知到這些「週期需求」的頻率及執行的方法，來配置固定的時間與會議、定期複查，或者透過開發系統，提高效率。

像是有些產品會有很多對外網站，每個網站都要支援 HTTPS，每個域名（Domain Name）也都要採購 SSL 憑證，但是憑證有時效性，往往是一年起跳，如果沒有一個好的方法或系統化作法，此時網站數量如果又多，例如：上千個域名要維護，那麼就會三不五時出現網站憑證過期的問題，造成維運經常性中斷，而這種任務最適合透過標準程序，然後用程式系統化後保護起來。

透過「需求價值」與「需求功能矩陣」兩個概念，來了解需求的核心價值、功能的目的、SRE 服務的對象，當了解需求全貌之後，可讓 SRE 更能明白為何而戰。

## 2.1.5 小結

「價值」是驅動每個團隊前進的主因，因為要解決問題、創造價值，團隊才有存在的意義。本章節透過「需求矩陣」分析需求的內外在因素、流動性，讓讀者可以自行用這個方法去判斷任務所在的方位；再來透過「需求類型」分析組織裡常見的需求樣態，最後則是「需求源頭」，分析到底是為誰忙錄、為誰活，從這三個角度，讀者可以嘗試分析自己所處的組織或團隊的現況，進而找到下一個推動價值的槓桿，讓自己和團隊都能夠逐步獲得能見度。

## 2.2 制度：讓維運團隊自主運作的制度框架

了解需求的種類與分法，接下來需要一個框架，讓團隊可以自己動起來。不管企業在怎樣的階段，都要面對如何有效做好系統維運的工作，但是這類工作在維運團隊人力還很精簡的狀況之下，做起來往往是勞心且勞力的，根本就還不需要用到 SRE 的技能，就足以讓團隊成員精神與體力燃燒殆盡。

制度的目的主要是「能夠逐步執行維運系統的任務」，特別是整個團隊如何在有限的人力之下（像是只有三個人以內），同時維運眾多服務。不管是主管還是 Lead，都需要透過制度讓團隊往下走。

對個人、團隊、企業來說，制度的設計原則如下：

1. **個人**：做可以積累的、重複使用的、每次跌倒都是一次成長。
2. **團隊**：
   - 在有限的人力資源下，滿足 On Call 需求，大家才能安心放假，避免公車指數※7 的影響。
   - 有章法、有組織性、有陣型地執行任務，才可以規模化、系統化。
   - Design for Operation 不是口號，是平常就在做了。
   - 可以傳承、知識共享。
3. **企業**：減少成本、提升可靠度、擴展業務。

### 2.2.1 制度與框架

圖 2-3 是整個維運制度框架的全貌，利用 X、Y、Z 軸描述整個架構。

※7 巴士因子、公車指數（Bus Factor），軟體專案成員中不可或缺的資源。像是某個關鍵人員因為意外事件、交通事故，造成專案癱瘓或者無法進行。

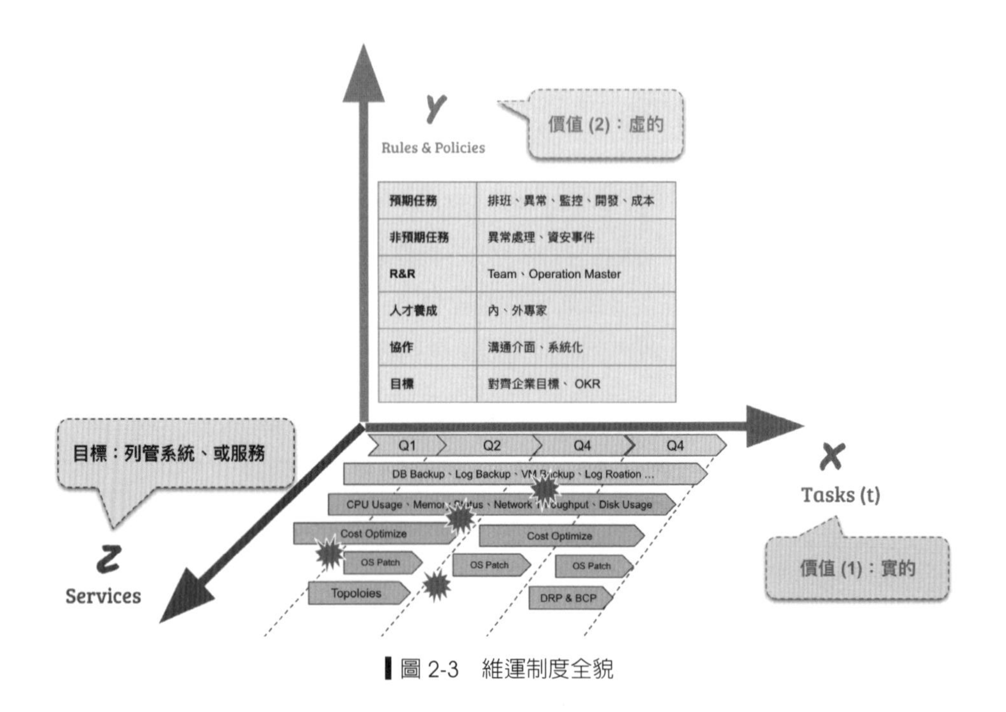


▌圖 2-3　維運制度全貌

## X 軸

這個框架定義了三個象限，X 軸代表具體的**任務**（Tasks），也間接在時間軸上表達了每個**里程碑**（Milestone）的概念。任務分為「預期」與「非預期」兩大類，「預期」的任務大多都是在 2.1 描述週期性的，也有直接跟產品團隊的專案有關係；「非預期」的任務通常是異常處理或者臨時性的任務，由圖中的爆炸區塊代表。

## Y 軸

Y 軸代表**制度與政策**（Rules and Policies），覆蓋了維運所有範圍，整理如下：

1. **任務**：舉凡維運的週期性任務、預期任務、非預期任務、開發工作等。
   - 週期性任務，通常已經是 SOP。
   - 第一次做的週期性任務，除了完成任務，也要產生新的 SOP。
   - 重複做的 SOP，除了完成任務，也要檢視是否需要重構 SOP 或改善 SOP。
   - 非預期任務，像是異常處理，就要整理異常報告，詳述異常發生的始末。

2. **Roles and Responsiblity（角色與責任，R&R）定義：**

- 內部團隊，整個是一個 Pool，所有人都要做維運任務。
- 定義 Operation Master 輪流擔任的協調者，負責協調任務與資源。
- 負責開發自動化的 SRE：利用 50% 的時間來開發程式，提高維運效能。

3. **每次任務角色的配置：**

- 有人負責規劃，有人負責執行，有人負責檢驗，有人負責後勤支援，大家一起產生行動，攻守並重。
- 每次任務都需要有明確的時間軸、行動、下次檢核的時間點。
- 每次任務都遵循 Plan-Do-Check-Action（PDCA）的品質原則。

4. **人才養成：**

- 每個領域知識（Domain Knowledge）中，內部都至少要有兩位以上的專家（Domain Expert）。
- 每個專業知識（Technical Knowledge）中，內部都至少要有兩位以上的專家（Technical Specialist），降低巴士因子，以提高組織運作的可靠性。
- 每個專業知識中，最好外部都有兩位以上的支援專家。
- 掌握領域知識與專業知識清單，然後掌握滿足與不滿足的，進行團隊人員的培養。

5. **協作：**

- 明確 SRE 團隊與其他團隊關係人（Stakeholders）的定義，確保他們之間已經建立關係（Connect）。
- 確保與其他團隊關係人的溝通方式是順暢且透明的，像是透過 Issue Tracking System 這種公開的系統管理，而不是 Email 或即時通訊。

6. **目標：**

- 確保團隊的目標與公司的目標一致。
- 確保團隊的目標與其他產品團隊的目標的關係是能夠掛鉤的。
- 確保團隊的目標與團隊成員個人的目標一致。

X 軸是很具體的任務，可以很容易定義成敗；Y 軸定義的遊戲規則，比較偏向管理面，但卻是讓團隊能夠長久運作及組織可以增長的方法。前者是實的，後者則是虛的，虛實融合才能讓團隊可以走得長久，同時具備面對改變的能力。

## 2.2.2 維運範圍



最後是 Z 軸，定義的是「系統」或「服務」(以下用「服務」統稱)，其實就是「維運的範圍」，通常要跟 X 軸一起看。一個產品通常會有很多服務 ※8 組成，每個服務都有自己的要處理的維運任務，所以算起來會有非常多的組合。用電商來說，一個電商系統常見會有這些服務：商品、購物車、結帳、會員、通知、點數等組成，這些在系統架構裡都需要被維運的。

服務清單中，又分為「已列管」及「未列管」。「已列管」的服務表示大家都知道的，有明確的系統架構資訊、監控機制、服務依賴關係、權責定義等。「未列管」的服務則是還在規劃中、尚未被確立，短時間之內不會出現在列管清單。新服務需要透過新服務上線流程，讓所有相關的團隊知道，同時持續了解新服務的定位、系統架構、服務依賴關係、上線後的權責、部署範圍、監控機制等。

而服務被實際部署的次數會隨著不同產品的需求有不同特性，像是著名電商亞馬遜（Amazon）就分成美國、日本、印度、荷蘭等不同市場地區，這些背後都可以看成是**一個系統**（Single Codebase）、**多個部署**（Multiple Deployment）的概念，換言之，要維運的範圍會更複雜，可以用圖 2-4 的公式描述維運範圍。

▌圖 2-4　Z 軸的全部

※8　這裡定義的「服務」，在技術上可以想像是有自己的 API、DB、Endpoint、Computing Resource…，在業務上就是一個獨立的業務領域，像是訂單服務、商品服務等，是由一個獨立團隊負責開發。

圖 2-4 描述了 Z 軸的全貌計算公式，不管是產品性質或企業在不同的發展階段，都可以用這個公式找出複雜度及維運範圍。

這個概念除了維運團隊負責的線上系統，也包含了團隊內部使用的測試環境。測試環境的部署依照團隊組織與分工的差異會有不同的權責，可能是由 SRE 或 DevOps 負責，也有可能是由產品開發團隊負責，也有測試團隊自行負責等。不管是由哪個團隊負責，總之它在結構上來看，也是需要被管理，只是比重跟線上會有所差異。

看清系統範圍、部署數量，才能掌握維運的全貌，接下來是「SRE 與產品團隊的分工」。依照組織與企業階段的差異，在企業發展初期，SRE 會負責全部系統的維運，從上線中到上線，包含部署前的環境建置、網路架構、資料庫建置；上線中的部署策略規劃，像是藍綠部署、Rolling Update、Auto Scaling 等；上線後監控系統、異常處理等。

「第 6 章 服務治理」會從技術及管理層次來深度討論 Z 軸的種種概念。

有了制度與框架，也具備範圍定義，接下來將維運團隊實際上要面對的任務用時間點來看，怎麼讓任務到制度後有效地動起來。制度需要有脈絡地引導團隊，讓團隊在一定的基礎上持續轉動，然後才會形成飛輪效應。SRE 針對系統的上線前、中、後需要有制度的運作，讓整個過程轉動起來。

## 2.2.3 上線前的充分準備

首先，「上線前」指的是第一次上線的服務或每次迭代更新的服務。這些服務需要 SRE 直接處理或間接協助。不管是直接或間接，實務上依照狀況需要準備的工作有人員訓練、系統架構、團隊溝通。

針對已經上線的服務，訓練的方式是從「系統架構」來了解現況、關鍵指標與趨勢，並從過往的「異常報告」來了解事件歷史。這個概念就像做健康檢查，醫師首先需要具備的專業知識是了解「人體結構」，不管是骨骼、肌肉、消化、呼吸、神經等，這些都是醫師需要具備的人體「系統架構」知識；接下來醫師針對受檢者提供的生理檢測資訊、蒐集的生理樣本來做深度的了解與分析，也就是身體檢查報告；

最後是過去的病史，如發生的時間、背景、處理過程等。總結這三個訊息，當受檢者真的發生不適的時候，才有辦法做病因正確的判斷。

SRE 在服務上線前，需要了解服務的「系統架構」、「服務關鍵指標」及「過去事件報告」。系統架構是一個固定的結構體，Web Services 不外乎 API、Database、Cache、Load Balancer 等角色構成，除了這些角色（Roles），也會有內外部依賴，像是依賴外部的支付系統、通知系統，依賴內部的 Message Bus、會員服務等，如圖 2-5 所示。



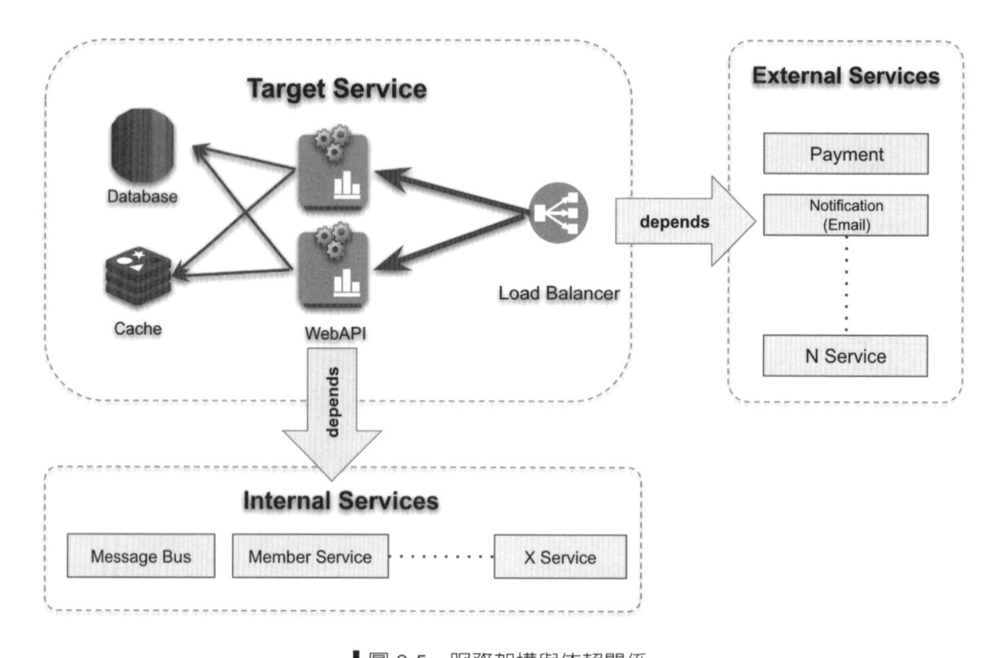


▍圖 2-5　服務架構與依賴關係

系統架構隨著「服務」的特性會有不同差異，也隨著「需求功能」或「需求價值」而有所改變，有些會有高可用需求，有些會因為維運需求調整。

服務的關鍵指標是整個系統的外在資訊，依照服務特性，在**設計階段**（System Design，SD）就需要定義**業務關鍵指標**（Domain Key Metrics，DKM）以及**系統關鍵指標**（System Key Metrics，SKM）。以電商的「訂單服務」為例，每一張訂單都有其狀態，簡單概念圖如圖 2-6 所示。

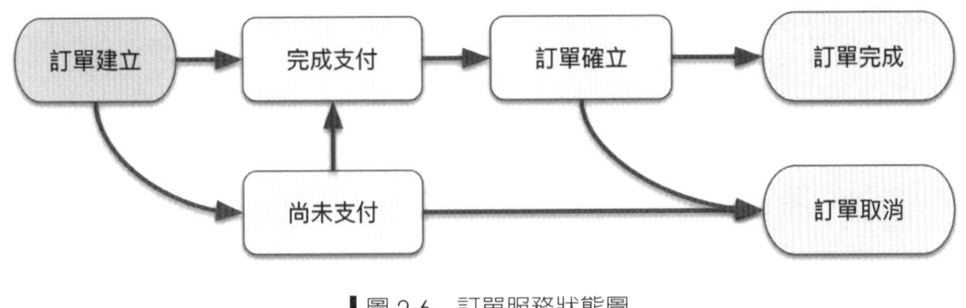


▍圖 2-6　訂單服務狀態圖



圖 2-6 中簡化了訂單服務的完整狀態與領域需求[※9]，但是完整表述了一張訂單的生命週期。

透過狀態機可以找到整個訂單服務的業務關鍵指標，像是訂單建立的總數（Order Quantity）、完成與未完成支付各別的數量（Paid Quantity、Unpaid Quantity）、訂單確立（Order Confirmed）、訂單完成（Order Completed）、訂單取消（Canceled）。這些指標除了直接表列，也可以透過聚合計算的方式產生新的指標，像是完成與未完成支付的加總等於訂單總數。

有了「業務關鍵指標」，剩下的則是「系統關鍵指標」，依照系統架構圖的定義，分成幾大類：

1. **資源使用率**：CPU Usage、Memory、Disk Size。
2. **I/O 狀態**：Network I/O Throughput、Disk 的 IOPS。
3. **網路層**：Load Balancer 的 HTTP 5XX、4XX、3XX、2XX 的數量。
4. **服務內部的通訊**：API 對 DB 的 QPS（Query Per Second）、對 Queue 的操作請求。
5. **服務對外的通訊**：RPS（Request Per Second）、HTTP 5XX、4XX、3XX、2XX 的數量。

這些有點像是人體血液循環的狀態，如各種動脈、靜脈的流動往返，在上線前儘可能都要預先準備好，做好蒐集資料的準備，未來才有辦法觀察整體系統狀態的趨勢。系統架構的資訊中，大部分現代化的觀測工具（Obserivatiliby），不管是公有

※9　訂單成立在電商產業定義有所差異，有些定義是完成結帳算成立訂單，有些則允許事後結帳也算成立訂單，其流程與狀態設計也有很大差異。

雲提供的，如AWS CloudWatch全家桶、GCP的Stackdriver、Azure Monitor，還是CNCF生態系的工具，如Prometheus、Grafana、Loki等，都已經非常完備。

上線前了解服務的系統架構，也掌握關鍵指標，如果不是第一次上線的服務，且曾經發生過異常事件，那麼這就像是人曾經生過病一樣，就會有病例報告，對服務而言就是有異常報告。



異常報告有異常的始末，從異常的現象、系統狀況、關鍵指標的狀況、對於業務的影響、當下處理的方法、事後改善的任務等。從事件中學習如何與真實系統相處，每次的異常都是一個痛點，但是每次的痛都是一次的成長，不只是服務系統的成長，同時團隊也會跟著成長與茁壯。

親自處理系統異常的經歷，不是每個團隊成員都有，但是卻是讓團隊得以快速成長的最佳方法。因此，去了解與研究異常事件報告，是讓沒有經驗的SRE成員最快累積經驗的方法。

上線前的整個核心概念，除了透過人體的健康角度，從軍事角度來看，上線前就像打仗之前的準備工作（如情報蒐集），而情報的確立與正確性就很重要，戰爭過程中，往往差異就是在情資的狀況各有不同，因此下了不同的決策。

## 2.2.4 上線中的穩健節奏

服務從產品團隊針對業務需求來開發，直到完成上線，這中間會有很多的準備工作以及將要執行的工作。從制度面來看，首先軟體系統的交付（Delivery），不管是Web Service的部署（Deployment）、Desktop App與Mobile的發布（Publish），都有以下這幾大類：

1. **常規性交付（Normal Delivery）、計畫性交付、預期：**

- Major Change：大版號改動，通常是Breaking Change、整體系統架構改動，週期大多會是以年為單位。
- Minor Change：小版號改動，通常是增減功能，整體架構沒有改動，更新週期從月、週、日不等。

2. **非常規性交付（Abnormal Delivery）、非計畫、非預期：**

- 嚴重的異常與事件，需要緊急處理的，像是資安問題、嚴重的商業邏輯錯誤。
- Web Services 會用 Hotfix 流程處理。

3. **常規性維護、預期停機、計畫性維護、週期性：**

- 像是 Database Migration、作業系統升級、網路硬體升級等。
- 因為異動影響大、風險高，這種交付異動會選擇離峰時段作業，以電商而言，夜間作業是最適合的。



系統服務上線中的首要建立制度是，SRE 與產品團隊對於上述各種「交付」的理解，進而達成溝通的標準。最理想的方式就是以服務為單位，定義常規性的交付時間點，讓每個產品團隊能夠有節奏地前進，SRE 也可以依照這個節奏，協助準備工作。不管企業是在草創、開發、還是拓展階段，都可以有一致的溝通協議。

不難發現，上述的交付分類都有非常明確的時間節奏概念，所以透過公開的行事曆來表述整個部署節奏，是非常有效且公開透明的方式，圖 2-7 是個範例。

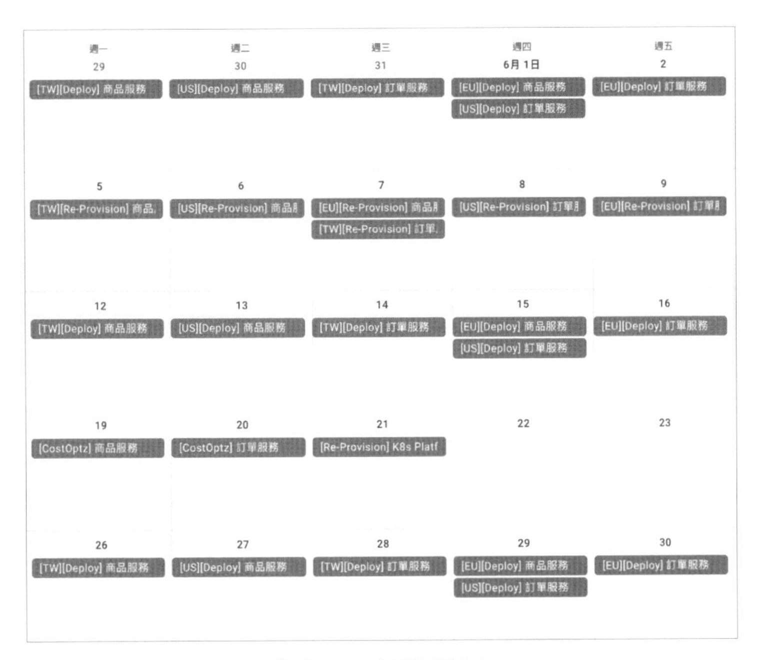


圖 2-7　部署行事曆

這張圖透過行事曆的方式，標記了不同系統的服務及每個部署的時間點，這個行事曆是大家都可以去訂閱，或者透過 API 串接的方式來知道這些資訊及狀態。

定義好部署的節奏，接下來就是「執行部署」這件事情。每個系統服務、每次的部署考量不一樣，同樣也會考量不同的部署策略。



## 2.2.5 上線後的持續改善

服務上線了，接下來就是進入「持續改善」的階段。上線後預期要做的事情至少有三個，首先是「週期性複查關鍵指標」的狀況，再來是依照指標實際的數字狀況來「調整系統警報水位」，最後則是當發生異常的時候，「處理異常事件」的流程與分工。

上線前準備工作有很大部分在定義關鍵指標，包含「業務」與「系統」。這時候系統上線了，流量進來了，這些指標就會開始「活起來」，數字不是靜態的，而是動態的。隨著時間的前進，這些指標會漸漸有個趨勢，而週期性複查了解，就是要了解系統的整理趨勢，從中找到洞見。

「複查關鍵指標」的趨勢非常重要，指標通常會有兩種狀況，95% 的狀況都是所謂「自然增長」，如圖 2-8 所示。

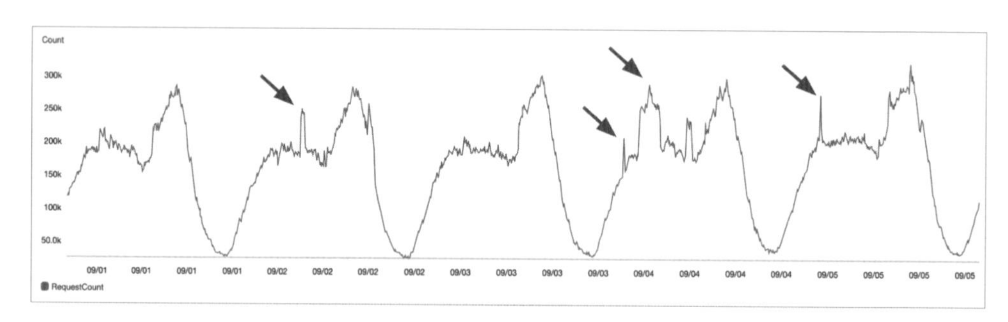


▌圖 2-8　自然增長流量

「自然增長」的趨勢都會有週期性、每個週期的峰值及低谷，從圖 2-8 中不難發現，其中也有一些時間區段（箭頭處），出現與其他時間不一樣的凸波，這些凸波往往需要透過定期的複查來找到長時間的趨勢或判斷是否有異常。每週複查是一個穩定的節奏，一年 52 週反覆持續複查系統指標狀況，就像觀察一個人體整年的各項心跳、脈搏、血壓、體重，或者觀察股票整年的趨勢、走向一樣，團隊對系統的「狀況」才會有真實的掌握。

透過週期性的複查關鍵指標，最重要的是透過長期趨勢了解系統的「正常」是什麼，接下來才有辦法定義「不正常」是什麼。當出現不正常的現象，就可以觸發警報，這就是系統的報警水位。觸發警報的水位，短期看來是靜態的，但長期來看卻是動態的，會隨著系統流量的增長、業績改變而改變。

複查關鍵指標狀況及調整報警水位都是維運日常的工作，也是讓維運團隊掌握系統的關鍵習慣。而這兩件事情，不管是人工還是透過程式去持續了解及掌握，則對於處理緊急事件會很有幫助。第 4 章會詳細討論緊急事件的處理。

## 2.2.6 Operation Master

整個制度的內容都不是一次到位的，都是少量的增加與持續迭代，讓飛輪轉起來。這整個框架與制度的背後都需要有一個人來主導，通常不是主管就是 Tech Lead。

但實務上維運團隊的「團隊」協作性往往比產品團隊弱，換言之，「團隊」本身的概念是不存在的，他們往往是獨立貢獻者（Individual Contributor），也往往是各做各的，發揮不了團隊的綜效。如果沒有當權者時時刻刻在旁邊督促，很容易變成鬆散的一群人，根本不用談什麼團隊協作或飛輪效應。

而實務上主管往往又是組織裡的瓶頸，因為他會因職務、組織架構而變得異常忙碌，整天開會開會開會，所以很難協助團隊自主運作，這該怎麼辦呢？整個方法就變成架空的空想與幻想了嗎？

所以，基於這樣的因素，需要有一個角色代替主管來推動維運制度的運作，筆者在當時借用敏捷方法「Scurm Master」一詞，稱為「Operation Master」（以下簡稱「OM」），這個角色要完成代理主管的工作，推動自組織運作，把前面章節提到的方法與制度，透過自組織的方式來形成一個有框架依據（前面的描述），但也可以依據團隊成員特性，長出更適合、更實際的方法。前面的描述提供了骨架與核心概念，透過 OM 與團隊循著骨架，長肉長胖。這個過程的背後也是在培養下一個 Lead、甚至是主管。

OM的工作是要引導維運團隊進行例行性任務，也就是前面提到上線前中後的各種準備，更重要的是擔任團隊的協調角色，確立每個任務的範圍、輕重緩急，以逐步修正、調整維運運作的框架，把「維運制度框架」提到的XYZ逐步定義出來，並透過每個月的迭代、改善，最後統整出屬於這個團隊適合的制度。這是個**當責**（Accountability）與**賦能**（Empowerment）的過程，目的是探索出可培養人才，同時培養個體的團隊意識。



OM實際執行是透過小組內部輪流擔任，讓每個人都可以站上Master※10的位置，從制高點看整個小組的運作，賦予權力、給予責任，**有責任就有義務，有義務就有權利。**當經過幾次的輪替之後，就可以看出每個人對於任務的積極度、做事的手段、協調任務的方法等，進而培養出下一個Lead或主管候選人。

### 2.2.7 小結

讓團隊自主的維運框架是這個小節的核心概念，也是讓維運團隊成為一個團隊的關鍵過程。透過這樣的飛輪效應，團隊可以自己轉起來，自己訓練自己，給彼此相互承諾及砥礪。這個制度是筆者自身親自運作過很多年，培養出幾位優秀的Lead，最後有幾位也真的有能力勝任主管的位置。

## 2.3 制度：維運團隊該用 Scurm、Kanban、Waterfall？

維運團隊在運作過程中需要一個框架，讓任務可以有效的進行，現代軟體開發有很多現成的框架，從敏捷開發流行的Scrum、看板（Kanban），到傳統的瀑布模式

※10 碩士的學位名稱叫「Master」，中文可以翻成「大師」，理想是可以解決專業領域問題的「專家」（Specialist、Domain Expert），筆者是利用人對於名譽的承諾心裡，先給予稱號，再透過解決實務問題的過程，進行「賦能」（Empowerment）。

（Waterfall）。SRE 有一半的時間要專注在「開發」，另一半的時間專注在「處理維運任務」，那麼應該用那一個方法呢？

## 2.3.1 Scrum、Kanban、Waterfall

###  Scrum

Scrum 是敏捷方法之一，其本質是在固定的週期之內、穩定交付、快速失敗、快速修正，就像音樂的樂譜上都會標明固定節奏、固定段落，基於節奏與段落，然後很多樂手一起演奏音符（任務）。

Scrum 以固定的衝刺（Sprint）週期為單位，每次 Sprint 的長度可以從一週到兩週不等，由團隊成員共同決定。Sprint 進行過程中舉行固定的幾個會議，包含每日站立（Standup）、衝刺計畫（Sprint Planning）、衝刺檢討（Sprint Review）、回顧會議（Retrospective）、改進會議（Sprint Refinement），如圖 2-9 所示。

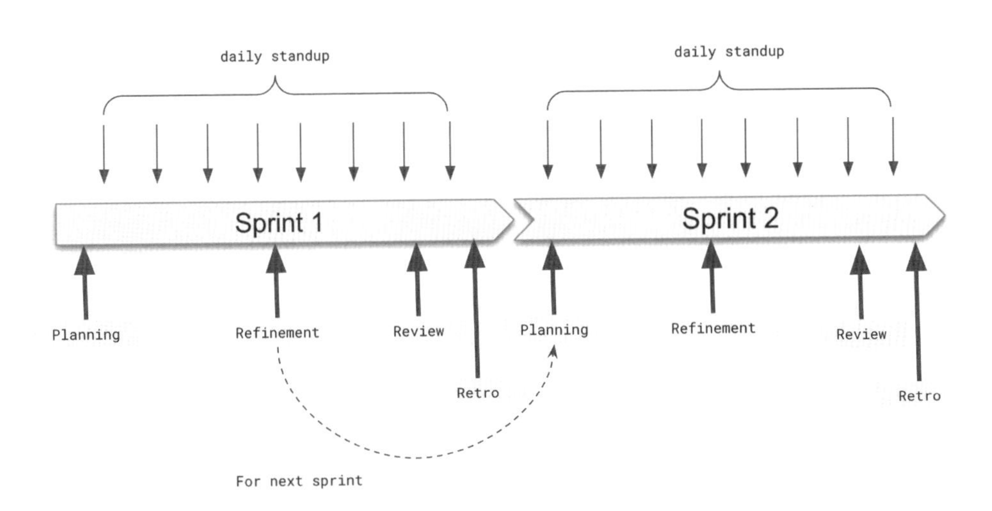


圖 2-9 Scrum Sprint Cycle

Scrum 每個會議的重點如下：

1. **每日站立會議**（Daily Standup Meeting）：通常為 5~10 分之內完成，每個成員回報三個重點：昨日進度、今日預計項目、需要大家協助的。站立會議的目的在於即時反映問題，即時讓團隊一起消弭問題點。

2. **計畫會議**（Planning Meeting）：PO 會設定 Sprint 要做的工作項目與目標，以及為什麼要做這個任務、相關的利害關係人（Stakeholder）是誰、這個時間團隊已經知道要做的項目有什麼、針對工作內容用點數（Story Point）估算工作量、能否滿足 PO 設定的目標。

3. **檢討會議**（Review Meeting）：目的是回應 Planning 設定的目標，用 Demo 具體的方式呈現成果，通常也會邀請 Stakeholder 參加，直接給予回饋。

4. **回顧會議**（Retrospective Meeting）：針對上一個 Sprint 的優缺點，讓團隊成員回顧與討論，如何讓下一個 Sprint 更好。結論會是具體的行動項目。

5. **精煉會議**（Refinement）：目的是具體化要做的任務內容，像是 SA / SD 內容、架構、UI / UX 內容等具體實踐的規格，確立開發者都已經知道要做什麼。通常應該在 Planning 之前開。

Scrum 跑法設計是給已經有具體規劃的任務，在角色配置上有 PO 與 Team 兩個為主，Scrum Master 為輔。整個設計重點在於，Sprint 這個時間區段之內能夠有穩定的產出，要達到這樣的目的，則有明確的目標與團隊協作，是必要的前提。

## Kanban

不同於 Scrum 是以時間區段穩定產出的概念，看板方法（Kanban）則是要處理無法基於時間穩定產出的管理方法，Kanban 更重要的是基於視覺上，對於任務進行的流動原理，讓團隊進入任務執行的品質本身。看板基本的特點有以下：

1. **視覺化**（Visualize）：所有人對於任務訊息有一致的理解。

2. **限制進行中任務**（Work in Progress，WIP）：也就是每個人同時不應該做太多事，通常是三件事為上限。

3. **團隊共同定義與管理流程（Define and Manage Flow）**：工作流程由團隊共同定義，每個任務狀態的移動都是一個階段性完成。

4. **直接回饋（Feedback）**：透過每日站立過程，即時回饋。

5. **成果具體化**：每個完成的成果都可以從看板上具體看到。



看板的重點在於「任務的流動感」，也就是「團隊可以看到任務每天在進行時的狀態改變」。看板的流程則是類似於狀態機，但實務上通常狀態不要超過五個以上，最簡單的狀態是「Todo」、「Doing」、「Done」三個。

而看板最重要的就是「控制 WIP 的數量」，背後的本質是個**生產消費模式（Producer-Consumer Pattern）**，類似概念請參閱「3.1 溝通介面：時間在哪，成就就在哪」。其核心思想考慮的是，人類大腦在處理事情的本質上是單一執行緒（Single Thread），一個人如果同時進行多個任務（就是一心多用），會因為頻繁切換思緒，造成頻繁**情境切換（Context Switch）**※11，而導致產能下降。最理想的狀況是控制 WIP 數量，讓人可以專注在單一任務，進入**心流狀態（Flow）**※12，這時候產能會是最高，同時品質也會最好。

看板的本質不同於 Scrum 有固定的時間區塊（Time Slot），更多的是讓團隊可專注高品質的產出，過程會更透明與具體。

## Waterfall

最後是 Waterfall 開發，其本質是流水線，每個環節都要確保穩定品質，整體品質會最好，概念就像是製造業工廠的組裝生產線，每個工作站的任務都需要做好，下一棒才能接續。Waterfall 最著名的是「V-Model」，從需求分析（Requirement Analysis）、設計（Design）、實作（Implementation）、整合與測試（Integration）、到最後維護（Maintenance）。設計出發點也是確保品質優先，也因此時間通常會拉得很長。

---

※11 Context Switch 翻譯成「情境切換」，是指因為儲存和重建 CPU 狀態的過程，讓多個行程（process）可以共享單一 CPU 計算能力，這個切換過程造成額外的開銷，進而造成不必要的浪費。

※12 匈牙利籍心理學家奇克森特米哈伊（Mihaly Csikszentmihalyi）在 1975 年提出「心流（Flow）理論」，一種專注或完全沉浸在當下活動和事情的狀態，他因此被稱為「正向心理學之父」。

不管是哪個方法，背後目的都是專案管理。從專案管理的三個約束：**時間**（Time）、**品質**（Quality）、**成本**（Cost）※13 來看，這三個方法的比重如下：

1. Scrum：Time > Quality。
2. Kanban：Quality > Time。
3. Waterfall：Quality > Time。



了解它們基本特性之後，回到維運團隊身上，哪一個才是適合的？在「2.1 制度：為何而戰，談需求與價值」已經探討過維運團隊的任務特性，了解常見的跑法與維運團隊的任務特性，接下來我們來看看應該選擇哪一個？或者全都要？

## 2.3.2 選擇策略

維運團隊的任務從「時間可控性」來說，可以分為「預期」與「非預期」兩大類；而從「需求來源」來說，則分成「內部發動」與「外部驅動」，搭配前面提及的方法，可整理出如圖 2-10 所示的四個象限。

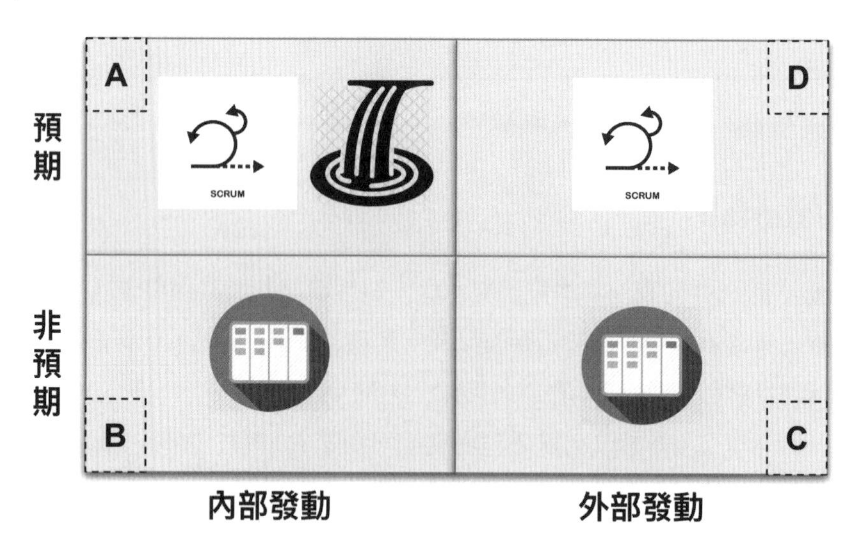


圖 2-10　任務可預測性的選擇策略

※13 專案管理三角形：URL https://en.wikipedia.org/wiki/Project_management_triangle。

圖 2-10 描述了可能的選擇策略，首先整理其定義如下：

## X 軸

X 軸表示「需求來源」，分為「內部發動」、「外部驅動」。

1. **內部發動**：是指維運團隊自己，像是 Infra、SRE、Ops、DevOps 自行提出的需求。
2. **外部驅動**：是指維運團隊以外，像是產品團隊、功能性團隊等。



## Y 軸

Y 軸表示「預期任務」與「非預期任務」，其實重點就是「時間的可預測性」。

1. **預期任務**：有明確的時程目標，像是配合某個產品團隊，提高系統效能。或者團隊自行驅動，像是導入 K8s / Service Mesh、導入 IPv6、導入 Service Discovery、主動監控預警系統、動態流量監控系統等。
2. **非預期任務**：臨時性任務、插件，像是系統發生故障、臨時出現的搶購任務、臨時部署任務失敗的處理等。

## 四個象限

依據前面提及的 TQC（Time、Quality、Cost）的優先序，整理如下：

1. **象限 A 為內部發動、可預期任務**：可以用 Scrum 或者 Waterfall。
2. **象限 B 為內部發動、非預期任務**：適合用 Kanban。
3. **象限 C 為外部發動、非預期任務**：適合用 Kanban。
4. **象限 D 為外部發動、可預期任務**：可以用 Scrum。

這種思路的前提就是要把任務類型抓清楚，才有辦法決定用哪一個方法。讀者可以依照這樣的脈絡，重新繪製決策矩陣，根據現在組織任務的狀況、自己對於管理方法的理解，來找到適合自己的方法。

如果無法掌握太多或者對於方法論操作不熟悉，建議先以看板為優先，它最容易上手，短時間也可以看出效果。

## 2.3.3 階段性

前面用決策矩陣的方式，來引導讀者找到適合自己的方法，除了用可預期的角度，也可以從更大的時間軸切入，也就是「企業發展階段」。

### 草創期



如同前面提及，在無法掌握任務性質與專案管理方法，建議先從看板切入。特別在草創期的時候，團隊還沒有成形、百廢待舉的狀況之下，並沒有太多的時間與精神處理這種相對沒產能的任務。更務實的是，怎麼透過簡單的方法快速管理手上的任務。

看板具備這樣的特性，自己一個人的時候，幾張便利貼（postit）放在自己桌上或牆壁上，就可以快速的掌握自己的狀況；人數三個人以內的小團隊也可以用同樣的概念，找個白板或一面牆就可以進行。

而有一些任務需要長時間討論、設計、驗證，像是在既有架構導入 MySQL 複本機制（Replication），目的是讓後端可以做到讀寫分離，進而提高服務整體效能。這樣的任務可以用 Scrum 或者 Waterfall 推進。

### 成長期

接下來進入成長期，維運團隊可能有 5~10 個人，這時候可以開始分小組，讓小組成員各自有專注的點，但是切記不可以用是否預期當作分組的標的，會造成一組人一直在處理非預期任務，另一組則都在處理預期任務，兩組最後會變成極度不平衡狀態。

維運小組分組可以用「內部需求」與「外部需求」做區別，這樣分法會發現 Scrum 與 Kanban 並行。目的是讓預期與非預期任務在進行過程中，小組內部可以自行循環，人力資源可以有效調度，輪流做好做的與不好做的，形成內部正向的循環。成長期維運團隊需要有這樣的循環，成員才會對整體團隊的運作有所認識，最後則是「2.2 讓維運團隊自主運作的制度框架」提及的目的：「自主性運作」。

有了自主性運作，當組織進入成長期，這時候專業分工會更明顯，甚至會有明確的 SRE Team、Cloud Engineering Team、DBA Team、Network Team 等專業分工，甚至會出現 Platform Engineering Team 這樣先進概念的小組，這時候就仰賴成長期建立的自主運作，因為每個小組一樣都要面對預期與非預期任務，也都要面對內部與外部發動的任務，實際上運作就要有 Kanban + Scrum 搭配著跑。有些架構性的題目，像是開發 CLI 整合工具等，則適合用 Waterfall 做深度的精煉。

文字描述的想法，整理成下表：

| 階段 | 維運團隊人數 | 專案管理方法 |
|---|---|---|
| 草創期 | 1~5 人 | Kanban |
| 成長期 | 5~10 人 | Kanban + Scrum |
| 發展期 | >10 人 | Kanban + Scrum + Waterfall |

不過，還是要強調這些都不是標準答案，更多的是分析過程，因為所有的概念都要配合當時的「組織結構」、「短中長期目標」、「產品特性」、「系統架構」四個角度來與時俱進地調整，才能找到最適當的方法。

## 2.3.4 小結

不管是哪一個專案管理方法，這些概念在組織裡會使用的通常會是產品開發團隊，而維運團隊在組織裡很容易被邊緣化而忽略掉，導致其實很多維運團隊對於這些方法是沒有概念的。可能有人懂 PMP 的概念，但是實際上團隊怎麼運作卻是沒有實際經驗的，導致維運團隊中大部分的工程師雖然身在一個團隊裡，卻每個都是單兵作戰，自己玩自己的。即使外面世界已經是鋪天蓋地在宣揚敏捷方法、看板概念，但是對於這群人而言，卻彷彿是不同的世界。

筆者特別整理提及這三個方法（當然還有其他更多），是因為這些專案管理可以讓維運團隊更有效率地執行任務，同時也讓 SRE 這個宣稱有軟體工程概念的方法論，在執行面可以更加務實。

# 2.4 制度：值班還是待命？

維運團隊一定都要遇到這個問題，我們是要**值班**（On Duty）還是**待命**（On Call）？公司有沒有補助？補休？那產品團隊應該也需要On Call吧？那雙方怎麼協作？一樣的，答案不是二元論、是非題，也不是選擇題。這個章節將討論制度到底應該怎樣會比較好。

## 2.4.1 定義值班與待命

首先定義這兩個名詞的差異：「值班」（On Duty）、「待命」（On Call）。值班大部分的印象是24小時運作的產線、醫院、電廠、工廠這種條件，需要至少三班制的人力，把時間填滿。目的是隨時隨地都有能可以處理線上的狀況，這一類的角色是**一線**（Level One，L1），如果狀況很複雜，則需要往**二線**（Level Two，L2）請求支援。

對於Web Service的維運來說，實際狀況的值班或待命所指的時間區段，會依照公司對於產品服務的SLA要求，而有不一樣的定義，底下的討論以7×24小時為主。

基本的定義如下：

> 「對客户承諾的SLA時間範圍之內，處理『非預期』事件的一線人員稱爲『值班』（On Duty），而第二線人員稱爲『待命』（On Call）。」

一線人員的範圍很廣泛，除了系統維運人員，也包含客服。客服依照產品性質，有5×8，也有7×24（三班制），取決於組織對於服務品質帶來的效益。系統維運的特點在於「主動監控」，也就是針對系統的狀況，包含請求流量、客戶活躍狀況、訂單狀況、系統資源狀況等，屬於主動了解狀況，然後主動採取行動的。這裡強調的是主動性，而非被動，目的是縮減「發生到發現」的時間差[※14]，如果真的發現問

※14 更多內容請參閱「4.3 非預期事件與異常處理方法」的介紹。

題，需要主動介入處理，權責範圍內，可以處理的就處理掉，像是資源不足、出現記憶體不夠、某一台機器發生異常等，這些屬於尚未透過自動化改善的，就是一線人員可以處理的。

無法處理的問題，像是出現增加機器 CPU 還是很高，或者延遲時間（Latency）掉不下來，這就需要第二線人員協助處理。這時候待命角色才會出現，屬於被動通知的狀況。二線工程師被調來處理任務，要面對的通常是程式本身例外處理沒做好，或者有一些商業邏輯上的錯誤，這種需要判斷、甚至需要改程式才能修復的 Bug，無法透過增減資源、調度資源可以止血的，都是二線人員要處理的。

「值班」與「待命」兩者的差異在於「主動監控」與「被動通知」。不管差異在哪裡，導入值班與待命經常會面對一些問題，這些問題不管是團隊成員、還是管理階層，都要共同面對的，接下來我們來討論這些常見的問題。

### 2.4.2 常見問題

維運團隊通常值班、待命兩個都要，但也因為全都要，經常發生以下的問題：

1. 沒有溝通就要開始 On Call、On Duty。
2. 缺乏配套的制度就要開始 On Call、On Duty。
3. 缺乏訓練就讓人員上線處理非預期任務。
4. 維運與產品團隊缺乏協作流程。

這四個問題是很常發生的，實際上針對每個問題都有不同背景條件的考量。

首先要考量的是 SLA 承諾的「服務時間範圍」，舉例來說，產品服務是台灣地區，團隊在台灣，是否需要夜間值班？以電商或串流直播而言，台灣大約凌晨兩點之後就沒有流量了，所以值班時間可以是下班時間（1800）到凌晨 02:00 這個區間，必須具體地宣告這區間。如果是銀行金融相關，有些銀行會在夜間做結算，可以直接承諾非核心業務服務時段在 09:00~18:00，核心業務（轉帳、交易）則是 7×24 都要能夠正常運作。

如果產品服務是美東地區，團隊在台灣，是否需要夜間值班？這種會直接牽涉組織怎麼運作，初期會是由台灣團隊負責維運，那就需要配合時差，但是長久來看，一定是在當地找員工或委外處理，這是普遍比較實際的作法。

所以確立服務時間範圍之後，接下來要確立的是「組織內部的分工」，定義誰是一線（L1）、誰是二線（L2）。前面筆者已經先定義好一個版本，但實際上還是要看產品性質與公司組織的分工，有些公司客服是 L1，維運團隊是 L2，產品團隊是第三線（L3）。

一線的維運人員理應是有能力直接處理前面提到的系統資源問題，要能夠處理這些問題，則最基本的是透過訓練，比較理想的是有系統圖形介面可以直接操作。另一種一線職責就是「處理前面提到的業務需求」，這種大多需要有圖形介面或所謂的管理後台可以操作，這就很需要產品團隊在規劃階段就包含管理後台的部分。

圖 2-11 是一個實際案例，以電商為主要業務、服務地區是台灣，把 L1 值班的時間攤開。

| | Sun | Mon | Tue | Wed | Thu | Fri | Sat |
|---|---|---|---|---|---|---|---|
| 00:00 | v | v | v | v | v | v | v |
| 01:00 | v | v | v | v | v | v | v |
| 02:00 | v | v | v | v | v | v | v |
| 03:00 | | | | | | v | v |
| 04:00 | | | | | | | |
| 05:00 | | | | | | | |
| 06:00 | | | | | | | |
| 07:00 | | | | | | | |
| 08:00 | | | | | | | |
| 09:00 | v | | | | | | v |
| 10:00 | v | | | | | | v |
| 11:00 | v | | | | | | v |
| 12:00 | v | | | | | | v |
| 13:00 | v | | | | | | v |
| 14:00 | v | | | | | | v |
| 15:00 | v | | | | | | v |
| 16:00 | v | | | | | | v |
| 17:00 | v | | | | | | v |
| 18:00 | v | v | v | v | v | v | v |
| 19:00 | v | v | v | v | v | v | v |
| 20:00 | v | v | v | v | v | v | v |
| 23:00 | v | v | v | v | v | v | v |
| 22:00 | v | v | v | v | v | v | v |

圖 2-11　值班時刻表

圖 2-11 裡打上 v 的格子，代表 L1 必須主動監控的時間範圍，也代表當 L1 需要 L2 支援的時候，L2 需要找得到人。在制度上，L1 會是維運團隊、L2 會是產品團隊，雙方對於這樣的協議需要達成一致的理解。

L1 在人力調度上需要考慮實際的狀況，因為只要值班期間，理論上 L1 可以不需要做其他正事，也不可以再額外做其他主管交辦的任務。再來是需要基於法規上的限制，例如：台灣勞基法有規定一例一休，代表不能連續工作七天，設計值班制度需要基於這些前提做設計。對於 L2 而言，職務上的安排會是兩個以上的待命人員，同樣的也要配合當地政府的相關法規。



## 2.4.3 階段性制度

最後筆者用三個角色以及三個階段角度來看，整理以下的階段性制度的建立：

| | 維運團隊（執行者）角度 | 管理者角度 | 產品團隊 |
|---|---|---|---|
| 草創期 | 初期人力資源不夠，產品還在驗證階段，先不要討論 SLA，異常發生的時候，透過加班費處理。 | | |
| 成長期 | • 學習系統架構，了解產品核心功能。<br>• 透過異常認識產品。 | 主要建立制度：<br>• 包含加班費、補休制度。<br>• 建立協作流程。 | • 建立快速驗證的方法。<br>• 了解系統架構。 |
| 發展期 | 提供整合平台給產品團隊，引導產品團隊自助式維運自己的產品。 | 把人力擺在建立平台，讓平台管系統，減少人力介入，提供自助式報告功能給產品團隊使用。 | 透過整合平台，自動化、自助式維運自己的產品。 |

同樣的，這也是個參考範例，表中的內容實際上都要考慮自身的狀況，依此延伸做適度的調整，來找到適合自己團隊的框架。讀者可以用這樣的結構，與團隊或主管討論，應該如何做好值班與待命的配置，在符合實際的狀況之下，找到當下可以執行的策略。

特別是草創期，從零到一的階段，通常組織人數不會太多，業務也都還在探索方向的階段，所以切記避免隨意導入很複雜的流程與方法，一切先以「可支撐必要業務目標為主」即可。

### 2.4.4 小結

本小節針對「值班」與「待命」這個命題做了整理與分析。這個題目不只是很多維運工程師不想要做的，通常產品團隊的工程師也是避之唯恐不及，加上往往組織與企業的管理者，並沒有對應的配套措施，但因為業務需求而直接下了指令，彷彿是要一個連槍怎麼拿、怎麼開火都還搞不清楚的士兵上前線，不管是生理還是心理，都會有很大的阻力。對於個人與組織，都埋下很負面的因子。

筆者藉由自身的經驗，從零到一、從一到十這樣的過程，來建立整個維運團隊的制度，過程中對上對下都要溝通，對上要有方法說服，讓高層願意信任，對下則讓團隊自主運作，形成正向循環。這個框架提供的整體概念，可讓讀者可以有章法、有步調地找到適合自己的制度。

## 2.5 本章回顧

本章以維運團隊的角度，探討內部應該有怎樣的制度，從需求與價值、自主運作的框架、專案管理的方法以及最後棘手的值班與待命，這些命題都是一個維運團隊必須面對的核心議題。這些題目也關係到一個維運工程師能否在一個陌生環境中獨立漸進式成長，整個團隊能否有穩健的內聚力，進而能夠面對外在的各種變化，這些題目都占有絕對重要的位置。

筆者透過自身實務經驗，更多提供的是背後思路以及在各種狀況應該如何應對的分析策略，有了這些策略，讀者可以依據自身狀況來找到適合的處理方法，進而改善工作狀況，取得自我的成就與成長。

其他也很重要的題目，像是維運團隊的技術決策、人才養成等，也是值得深究的課題，讀者也可以使用文中類似的決策矩陣分析與時間軸分析，進而找到取捨，避免掉入二元論與非黑即白的思維，建立屬於自己團隊的穩固根基。

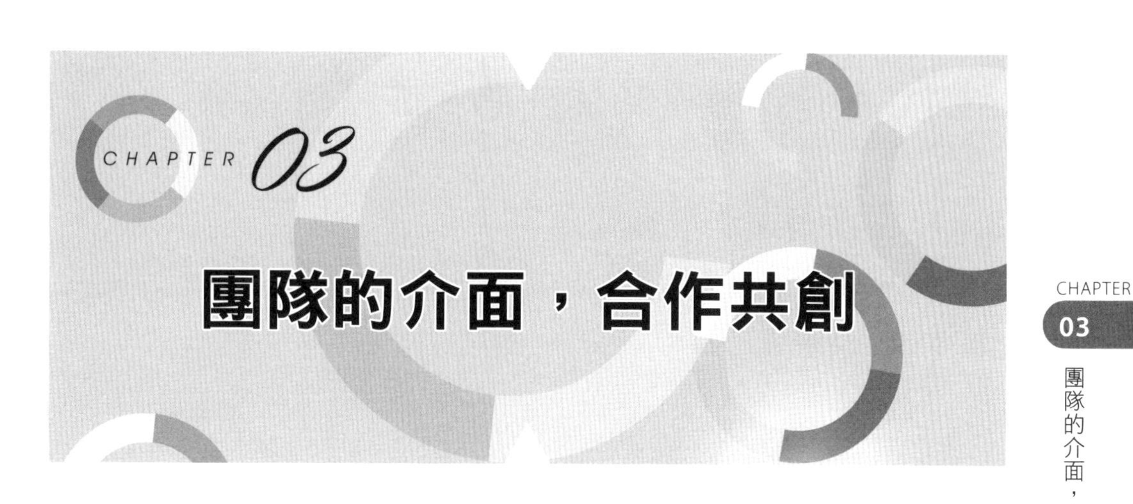




第 2 章從維運團隊本身出發，討論團隊內部制度的建立以及設計制度背後的脈絡與思路，也就是團隊透過制度掌握自己的時間，進而才會有產能，然後才有機會創造價值。

維運團隊最大的利害關係者就是產品團隊，所以當維運團隊有了建立內部制度的脈絡之後，接下來就是「與產品團隊之間協作」的制度建立，透過定義開發與維運的介面定義，才有機會合作、共創，最後才是雙贏。

同樣的，兩個屬性迥異的團隊合作，需要有很多協議，本章節將探討最核心的問題，如下：

1. 時間在哪，成就就在哪。

2. Go Live。

3. 需要專職的 SRE 負責部署？

4. 版本管理。

實務上的相關課題不會只有這些，同樣的透過本章節的分析方法，讀者可以舉一反三，把實際遇到的問題拿來分析與梳理，以找到適合的合作介面。

# 3.1 溝通介面：時間在哪，成就就在哪

## 3.1.1 生產者與消費者問題



**生產者消費者問題**（Producer-consumer problem）※1 是計算機科學中非常經典的問題，概念如圖 3-1 所示。

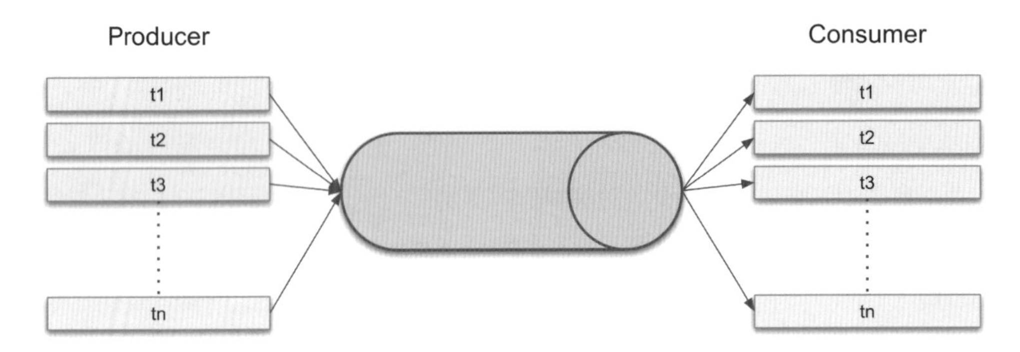


▎圖 3-1 Producer-consumer problem

最基本的概念是左邊的**生產者**（Producer）負責製造出產品，經過中間的通道，然後讓右邊的**消費者**（Consumer）從通道中取出產品使用。在最簡單的原則狀況之下，假設每個 Producer 和 Consumer 生產與消費的速度都一樣，最理想狀態是左邊同時產生 n 個產品，右邊就隨即消費 n 個，在這個理想狀態下，理論上中間的通道不會**阻塞**（Blocking）。

真實世界裡的「Producer-Consumer」案例中，最典型的是負責生產便當的工廠是 Producer，而購買便當食用的是 Consumer。便當 Producer 生產的速度會大於 Consumer，中間的通道則是利用冰箱冷藏做緩衝。冰箱冷藏庫雖然可以擴增，但不是經常性的改變，所以當 Producer 生產速度過快，普遍的解法就是想辦法加速消費的速度，例如：降價促銷、贈與、回收做肥料。

※1 又稱為「有限緩衝問題」（Bounded-buffer problem），詳細原理請參閱《Operating System Concepts》的「第 3 章 行程管理（Process Management）」的介紹。

## 3.1.2 有效的溝通介面

在「1.3 現象：維運需求與價值的選擇」中提到了實際產品開發團隊與維運團隊的人力比例問題，這個問題無論在規模怎樣的公司，都是差不多的比例。因為人力比例的落差，就會造成產品開發團隊與維運團隊的需求就會有所落差。想像需求任務就是要被處理的產品，而產品團隊類比於 Producer，維運團隊則是 Consumer，Producer 生產的則是需求任務，Consumer 要負責消耗需求任務。需求任務本質上還是由人提出來，所以兩邊的人數規模比就會直接影響雙方的運作模式。在很多新創團隊的狀況，雙方的運作通常會如圖 3-2 所示的樣子。

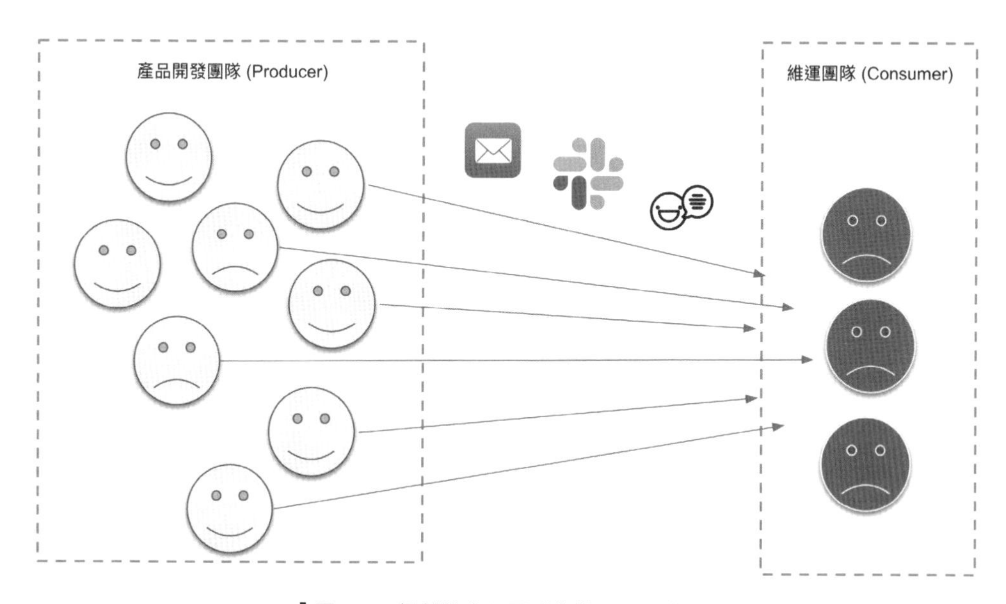


▍圖 3-2　新創的產品團隊與維運團隊溝通

左邊的 Producer 所提出的需求任務，無論任務的規模大小、任務的難易度、優先序，都會透過各種管道（如 Email、Instant Message、口述、聽說、傳說等）丟給維運團隊，如果沒有適當的角色協調，像是 PM 或者 Lead 處理，這種狀況通常沒有多久，就會讓維運團隊成員疲於奔命，然後士氣大落，根本不用討論「SRE 保留 50% 的時間寫程式」這樣的理想，就不會軟體工程解決維運問題的後續了。很明顯的問題，就在於中間缺少了「溝通」的緩衝。

怎麼讓開發團隊提出的需求，在這樣雙方人力資源懸殊的比例下，同時彼此又可以順暢的溝通，是很重要的。其實無論組織規模大小，都要做好這樣的準備，「讓雙方有一致的溝通介面」是第一件要做的事情。

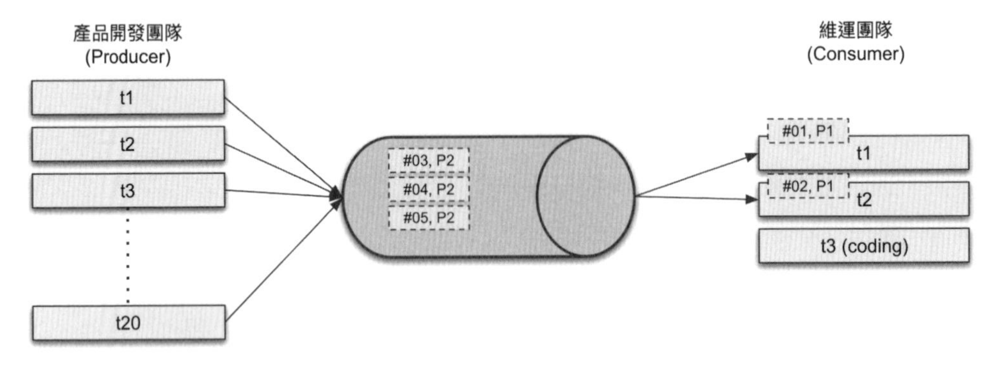


圖 3-3　產品團隊與維運團隊的需求任務

圖 3-3 利用生產者消費者問題的概念，在雙方置入緩衝，這個緩衝普遍的作法就是個**議題管理系統**（Issue Tracking System），利用它記錄工作項目、調整優先序，同時由雙方適當的角色共同協調實際進行的任務序列。

建立這樣的共識之後，讓維運團隊有足夠的時間去專注處理問題，甚至是內部有機會調整人力資源的配置，先讓一些人開始用程式的方式，把部分任務程序化，提高效率。當這個飛輪被轉動了，整個團隊就有機會運轉得越來越快，「用程式提高維運效率」才有機會。

當維運團隊有人可以寫程式改善的時候，要先做什麼？可以做的像是把「開需求單」這個過程變成 API，整合內部的即時通訊工具（像是 Slack），讓開單蒐集需求資訊更容易。

有些人說：「開需求工單到工單系統，會降低工作效率，應該要自動化…」，實際上這是個因噎廢食的說法，本質上「需求」是雙方梳理清楚的，把問題、預期成果、成本、時程、優先序談清楚，這件事情的資訊蒐集與判斷，不是自動化這麼簡單粗暴可以解決的，工單系統的重點在於讓雙方可以對焦在「事情」上，然後開始釐清需求，本質上類似於**合約**（Contract）的概念。至於自動化無法加速梳理需求，但是可以有效率的蒐集並彙整需求的訊息。

### 3.1.3 小結

時間在哪，成就就在哪。維運團隊在沒有制度協助的狀況之下，往往容易成為爛好人或濫好人，前者是做事做得不好，很爛；後者是沒有原則，什麼東西都吃。這樣的情境只會累死自己，也會讓團隊士氣低落。

透過「議題管理系統」並不是最佳解，卻是個平衡的方法，因為每個需求就代表需要做需求分析，了解需求的必要性、成本、優先序等，越是資源有限的狀況，越需要去拿捏這些分寸，如果沒有事情清單、也沒有先後序、每個都是「全都要」，那麼註定會變成「時間不知道在哪，成就也不會在哪」，導入議題管理系統或看板是可以緩衝的方式，讓產品團隊與維運團隊雙方可以有個共同介面的開始。



## 3.2 介面：Go Live

軟體交付實際的過程使用「Go Live」，代表「把產品服務提供給使用者使用」，簡單來說，就是「上線」，也有人會用「Go Production」這樣的用詞，通常指的是「新功能上線」、「新產品上線」、「常規更版上線」。不管是哪一種上線，都和系統的「環境」有關係，這個環境對於開發團隊、SRE 都是影響甚鉅的，環境是靜態的，配上產品及使用者，就會變成動態的「現場」。

「Go Live」這一詞在每個領域都有各自的想像，筆者自以為是從音樂領域過來的，所以先聊聊音樂領域的「Go Live」。

### 3.2.1 不同領域的現場：音樂樂團

樂團表演時，樂團成員的樂手（鼓手、鍵盤手、吉他手、貝斯手）都要經過很多的練習，每次練習當作一次的現場（Live），每個 Live 因為狀況、環境的變化，就會有不同層次的狀況。樂手在各種環境演奏的狀況是這樣：

1. 在家自己和 MP3 練，可以練到 90 分。

2. 到練團室和團員搭歌，可能會變成 70 分。

3. 到現場表演的時候，變成 60 分。

4. 進錄音室，只剩下 20 分或者 0 分。

很多人都會有同樣的感覺，有人乾脆不練琴了，去唱 KTV，馬上變成 120 分。不難發現，就是環境由簡單到複雜的轉換，所以「現場」也改變了。



在家自己練，是最舒適的環境，在沒有人監督的狀況下，只要能夠照著譜彈出來，不要出太大的錯，加上音量夠大聲，搭配原曲 MP3 的呼攏，要做到「自我感覺良好」是不難的。

到練團室，要面對團員、練團室音場、練團室設備造成音色和原曲差異、樂團和原曲編制、編曲差異等問題，以及主唱音色與唱法的差異、歌詞唱錯、團員彈錯、那天生理狀況（肚子餓、沒睡飽、天冷）、鼓手過門打得和原曲不一樣、鼓手拍子不穩、鍵盤手沒有做弦樂、或者根本沒有鍵盤手等問題，以上是在家練習時都不會發生的問題，而在練團室就會突然都冒出來，但這些還不是最糟的。

到表演現場的問題會更多，像是：到了現場發現忘了帶譜、吉他弦斷了且沒有備用的、場地下過雨、外場沒有棚子（風很大或者正在下雨）、現場沒有舞台監聽、沒有吉他音箱必須 Line-In、麥克風不夠、舞台太大或太小、另一個吉他手或鍵盤手臨時不來、或者來的吉他手是代班的，以及聽眾只有三個人，兩個是員工，另一個是路過停下來的、現場沒有鼓、臨時說要改成不插電（Unplugged），最慘的是錢領不到，還要自己想辦法付車馬費。

錄音室、練團室、現場等三者是一個極端的情況，練團室現場有很多外在不可抗拒的干擾因素，但是錄音室是什麼都沒有，很乾淨的狀況，乾淨到聽到自己的血液流動聲，手指的每個動作、呼吸、節拍、彈奏的力度，在錄音室裡面會完全見光死。但是，卻有其他無形的狀況，像是其他還有製作人給你的時間壓力、錄音師酸言酸語、助理不給力等很多和錄音沒啥關係的事。很多樂手去錄音室一趟回來的結論就是「放棄吉他」或者「砍掉重練」。聽節拍器（click）在錄音室是基本的，要對節拍器對到很「自然」就是真功夫，其他像是彈奏（Picking）的動態、音色的調整、音符的表情、現場編曲即興、聽得懂製作人的術語（外星語），都是一個專業吉他手該有的。

所以在錄音室變成0分是很常見的，基本上沒去過錄音室和現場的樂手，都不算是合格的。對樂手而言，環境的影響是非常大的，能夠經歷練團室、現場、錄音室，然後再回到自己的家，再到練團室、現場、錄音室，基本上已經是完全不一樣的層次了，對我來說，這個樂手才真正達到基本的水準，才真正開始用音樂在表達情感、用音樂在講故事。

上述的四個「Live」：家裡、練團室、表演現場、錄音室，是一個專業樂手要經過的考驗，由單純、簡單、到很複雜、到極致的單純。這些環境中，有些事自己要搞定，有些則會有專業的人士協助，像是在家裡當然是自己要搞定；練團室只要花錢租就有，但不會太好；有預算的會去租排練室；表演現場通常會有專業音響公司負責，有專業的音控工程師（PA）負責；錄音室則有錄音師負責。

那軟體開發呢？其實和音樂的現場有極高的類似度。

## 3.2.2 軟體交付的各種現場

從音樂樂團、類比到軟體交付，可發現相同的道理。Go Live代表的「環境」，包含了給客戶使用的Production，也包含了內部開發過程的環境。

### Production

Production指的是「對外的環境」，是給客戶（Customers）、用戶（End Users）使用的系統，包含了Proudction、Staging（或稱Pre-Production）、沙盒環境（Sandbox）、災難備援站（Disaster Recovery Site，DR Site）。

1. **Production**：「Production」是主要為企業帶來營運的地方，也是流量最大、創造業績的地方。有些企業的Production是全球「單一入口」（Single Entrypoint）的架構，不管從哪個地區連線，都是同一個域名，像是Google的搜尋，都是使用www.google.com這樣的域名；也有些產品是「多重入口」（Mulitple Entrypoints），依據不同的「市場別」（Marketing）或「區域別」（Regional），提供不同入口。像是Amazon的美國、日本是個別獨立入口，有些則是以東南亞、東北亞、美西、美東等區域來劃分，因此Proudction的複雜度也會更高。

2. Staging：伴隨Production過度環境，「Staging」是用在上線前新舊版做Application的資料驗證測試，主要流程是更新線上資料庫Schema後，確立舊版v2.4可以正常運作，然後新版v2.5也可以正常運作，通常會跑**快樂路徑**（Happy Paths）或者**迴歸測試**（Regression Test）。Staging通常範圍只會在應用服務的運算單元，以K8s來說，就是只更新Pod的，不會牽涉其他網路（Load Balancer、CDN）、儲存相關架構的異動，有也是少數。

3. Sandbox：另外一個環境是提供給客戶測試用的「Sandbox」，像是API服務的串接測試，當產品新功能還在開發中，客戶可以使用這個環境做驗證，提早了解API對接的狀況。Sandbox同樣是面對客戶，但是因為屬於測試環境，大多作法是直接管控客戶的使用來源，透過鎖定IP範圍，降低維護成本。但是每次的更新與部署，流程都會和Production類似，換言之，Sandbox也可能會有自己的Staging，或者直接更新。

4. DR Site：最後一種Production是「DR Site」，隨著企業發展發展進入獲利階段，除了資料的備份之外，如何在遇到不可預期的災難時，系統可以快速還原，就會是一個題目，因此備援站就會開始被重視。備援分成四個等級，如圖3-4所示。

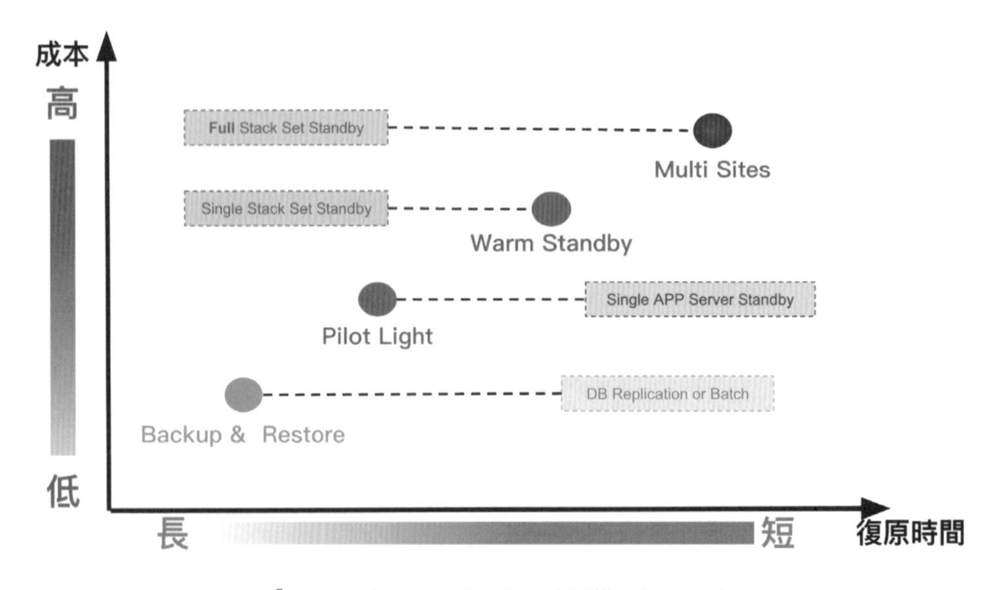


圖 3-4　災難還原策略的成本結構與復原時間

在成本與恢復時間的取捨之間，DR Site 會是另一個挑戰，即使成本都可以接受了，建置整個環境與資料的同步，是另外一個要深度規劃的。

Production 環境因為是對外直接開放，所以容易有很多干擾，特別是網路上各種資安攻擊、爬蟲、撞庫攻擊等，是個干擾與變因最多的地方，但不會脫離環境建置準備工作的基本事項。



## In-House

了解 Production 這個 Live，下一個 Live 則是產品開發團隊每天都要使用的環境，筆者把它們統稱為「In-House」，指的是內部開發過程中各種用途的環境。

1. Test：最主要的環境有**功能驗證測試**（Functional Verification Test，FVT）、**系統性驗證測試**（System Verification Test，SVT）、**整合驗證測試**（Integration Test）※2 等，依照產品驗證目的性而建置環境。這些驗證環境需要跟著產品開發的進度時間表迭代，隨時調整配置與設定，來滿足新的功能。
2. Lab：除了產品驗證用的測試環境，其他還有實驗或探索用的環境，稱為「Lab」，通常是架構師探索技術、新創服務團隊做實驗用途。這個環境除了資安與成本，基本上不會給予太多限制，目的是透過探索技術，找到企業技術發展的方向。
3. Workstation：最後一種 Live 環境則是「Workstation」，指的是產品開發團隊開發者自己的工作環境、工作站。開發過程需要在自己的環境中，讓系統可以正常地跑起來的過程，使用虛擬機器或者容器化技術是最適當的。儲存資料像是資料庫、快取，則可以使用共用的機器資源，這個環境通常由產品開發團隊自行建置與維護。

軟體交付的各種「現場」，從簡單（Workstation）到最複雜的 Production，不難發現和音樂領域的現場有著極高度的類似，更重要的是一個成熟的軟體都要經過不同現場的磨練，從極簡、到極複雜、又回到極簡，這是個標準的過程，也是整個開發團隊要能夠了解的標準介面。

※2 FVT、SVT 等概念的深入介紹，可參閱筆者的共同著作《軟體測試實務：業界成功案例與高效實踐 [1]》中「第 5 章 從零開始，軟體測試團隊建立實戰」的詳細介紹。

只關注 Production 的話，會很容易忽略其他地方，「能動就好」是很多公司都有的問題，特別是「測試環境」。測試環境的可部署性、可測性決定了未來 Production 配置的靈活與敏捷性。而 Proudction 的問題，必須要能夠在 In-House 重現，如果只能線上修，風險就會很難控制，特別是有些效能屬於嚴重但不緊急的。

這些各種「現場」用軟體開發與音樂表演比喻，整理如下表：

| | 軟體開發 | 音樂表演 |
|---|---|---|
| 對內 (In-House ) | Workstation | 在家自己練習 |
| | Lab | 在錄音室 |
| | Test | 在練團室 |
| | Staging | 彩排 |
| 對外 | Production | 正式演出（大型演唱會） |
| | Sandbox | 正式演出（小型 Live House） |
| | DR Site | N/A |

現場就是個真實運行的環境，對於軟體開發而言，Live 應該包含如下：

1. Production
    - Market or Region
        - Staging / Pre-Production
    - Sandbox
        - Staging / Pre-Production
    - DR Site
2. In-House
    - Test：FVT、SVT、Integration、Performance、Security … etc.
    - Lab：Research for Architecting
    - Workstation for Programmers

## 3.2.3 小結

本小節提到的各種現場，在大部分組織裡都是由維運團隊負責維護。從網路架構、系統建置、資源與成本管理、網路安全管理，然後上線後的監控與異常處理。

以 Google SRE 原始的概念，是以 Production 為主、上線過程為輔，但實務上不管是哪一種現場，都是維運團隊與產品團隊雙方需要有一致的認知的。無論名稱是否與筆者提到的概念一樣，雙方都要對於「想法」有一致的共識，然後一起面對各式各樣的「現場」。



# 3.3 介面：SRE 需要負責部署？

上一小節提到「Go Live」的定義，了解這些定義與差異之後，下個問題是「運行在這些環境的應用程式，應該由誰負責部署呢？產品開發團隊？還是 SRE ？」

## 3.3.1 一鍵部署的誤解

首先討論一個常見的迷思：「一鍵部署的誤解與迷思」，如圖 3-5 所示。

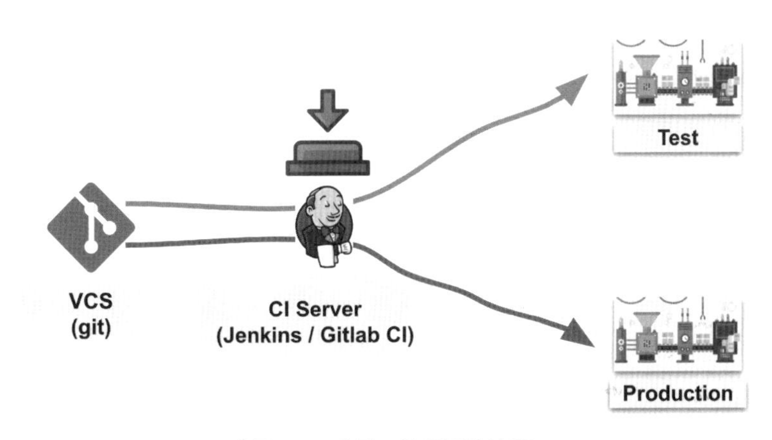


▍圖 3-5　典型一鍵部署的流程

圖中描述的流程，摘要如下：

1. 透過 CI Server（Jenkins or GitlabCI）發動流程。
2. 從 VSC 把 Source Code 拉下來，經過編譯、打包，產出 Artifact（Image）。
3. 把 Configuration 和打包好的 Artifact 放在一起。
4. 把整包推到目標環境，像是 Test or Production。



這是普遍的開發團隊會做的流程，問題出在：

1. 每次都重新 Build 之後，Image 沒有重複使用。
   - 每次重 Build、打包，都是一次浪費時間。
2. 如何確認 Build 的 Image 是同一個？
   - 同一個 source 的 hashcode 可以保證跑出來結果一樣嗎？
3. 沒有把 Config 獨立出 Source Code。
   - 無法重複使用 Image 部署。
   - Image 與 Config 的關係是一對多。
4. Image 傳輸時間沒考慮，每次都重新傳輸。
5. 沒有任何「版本」的資訊，造成溝通成本。

修正「一鍵部署」的概念，整體流程如圖 3-6 所示。

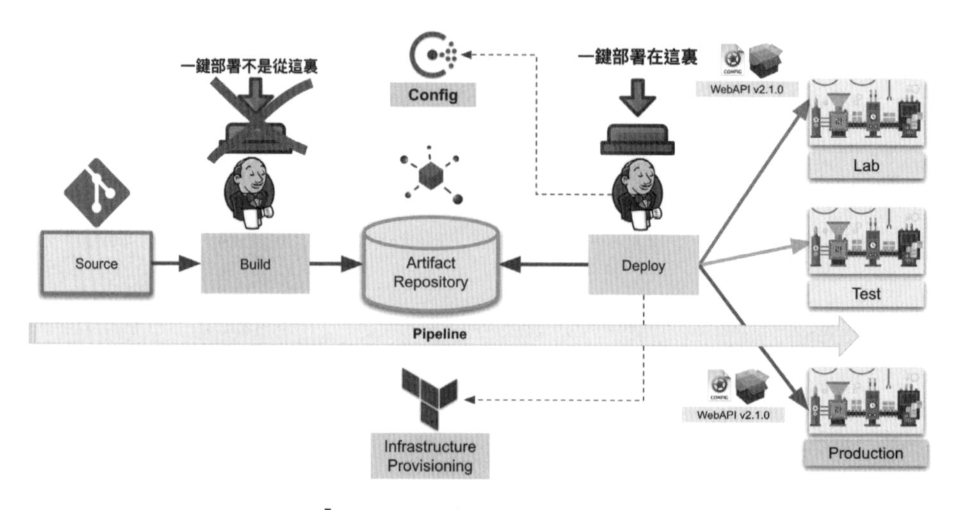


▍圖 3-6　正確的一鍵部署概念

修正過後的「一鍵部署」，應該是這樣：

1. 每次部署都指定 Image 的版本，不需要重新 Build。
   - 透過 checksum（container hashcode）確認版本在傳輸過程沒有被篡改。
2. Config 依照環境需求配置，不會放在 Source Code 裡。
3. 部署過程是透過下載（Pull Mode），由 VM or Container 自己去 Artifact 下載 Image。

差異是什麼？「一鍵部署」不包含 CI 的過程，而是直接從 Artifact 取得 Image，執行部署的任務，專注的是「部署策略的執行」。

中間跳過很多重要的基礎概念，包含「產出物管理」（Artifact Management）、「環境建置」（Resource Provisioning）、「配置管理」（Config Management）、「交付流水線」（Pipeline）等四個核心問題，在「第 7 章 軟體交付的四大支柱」會有詳細的介紹。

## 3.3.2 企業階段

「部署」這個任務很容易變成標準作業流程（SOP），但實際上在不同的企業階段中，針對職務或角色有不同定義與需求，整理前提與背景的組合如下：

1. SOP **未確立之前**：工具、流程、架構還在混沌狀態，也就是部署工具還在探索、Pipeline 還在設計、需求還在釐清。
   - 一定是專人專職，因為狀況很複雜，流程一直在變，必須用技術來駕馭，控制整個過程，而 SRE 是最適合的。
   - 這個人對整理狀況有一定掌握度，有一定的技術能力。
   - 通常是新創事業，要即戰力，每個人都是各個領域的專家、高手。
   - 萬事起頭難，需要有經驗的人開始。
2. SOP **很清楚**：工具、流程、架構都清楚了，部署工具用法已經掌握、Pipeline 設計與用法已經很清楚，代表可以規模化，所以會變成「一鍵部署」。
   - 誰來都可以。

■ 只要能夠透過標準化的流程，透過一段時間訓練就可以上手的。

■ 表示這是經過時間考驗的結果。

所以，「2. SOP 很清楚」要先有「1. SOP 未確立之前」的結果與歷練，才有辦法在不影響任務的前提下輪著做。不影響任務的前提，要思考團隊、組織現在在什麼階段？誰來劃分這些階段？怎麼劃分呢？



## 3.3.3 產品特性

除了 SOP，另外要提的是「產品特性」的範圍：

1. **小範圍**：互聯網的軟體、Startup 的核心團隊，或者 Microservice 的 Two Pizza team※3 等，這種一定是大家都要能相互協助的。
2. **大範圍**：大型產品（作業系統、火箭、汽車）、組織很龐大的團隊，例如：微軟的 Windows 團隊、Android 開發團隊、Amazon EC2 團隊等這種規模的產品，大部分複雜度很高，會需要懂比較深入的知識，通常需要專職的人員負責。

現在的 CI / CD 工具鏈複雜度及觀念、甚至是架構，和十年前比起來其實差不多，但是擴散的面積、應用技術已經和以前不一樣，以前可能只有部分人有辦法看到全貌，現在是大家都可以看到全貌。

看到全貌其實不等於可以或者有能力駕馭，這是兩回事。

1. **能夠駕馭**：需要一定的技術能力、專業與經驗。
2. **了解全貌**：需要組織能力、視野、判斷力、決策力，甚至是策略與戰略。

## 3.3.4 決策矩陣

筆者觀察到問題的維度有以下：

1. **看到全貌**：能否看見全貌，分成系統架構、組織架構。
2. **駕馭技術**：技術成熟度，包含 CI / CD 工具駕馭、容器化。

---

※3 亞馬遜的微服務開發團隊規模稱之，人數是兩張披薩可以餵得飽，大約 6-8 人之間。

這兩個變因的四種排列組合，組合成一個決策矩陣，如圖 3-7 所示。

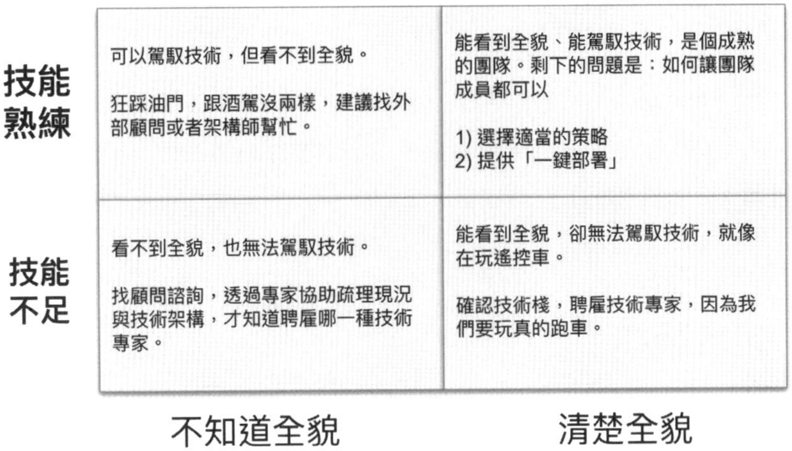

| | 不知道全貌 | 清楚全貌 |
|---|---|---|
| 技能熟練 | 可以駕馭技術，但看不到全貌。<br><br>狂踩油門，跟酒駕沒兩樣，建議找外部顧問或者架構師幫忙。 | 能看到全貌、能駕馭技術，是個成熟的團隊。剩下的問題是：如何讓團隊成員都可以<br><br>1) 選擇適當的策略<br>2) 提供「一鍵部署」 |
| 技能不足 | 看不到全貌，也無法駕馭技術。<br><br>找顧問諮詢，透過專家協助疏理現況與技術架構，才知道聘雇哪一種技術專家。 | 能看到全貌，卻無法駕馭技術，就像在玩遙控車。<br><br>確認技術棧，聘雇技術專家，因為我們要玩真的跑車。 |

圖 3-7　部署技能與全貌的決策矩陣

讀者依據自己團隊的狀況，可在這個決策矩陣中找到適當的位置，來尋求對應的解決方式與途徑，以避免陷入為了技術而技術，或者聽到一些說法而盲目跟從。

## 3.3.5 小結

「SRE 需要部署？」這問題要回到「企業階段」、「技能掌握度」、「需求掌握度」三個層面分析。

組織的模式：

1. **產品團隊負責**：產品團隊自行包含「上線前準備」、「上線中部署」、「上線後的監控與維運」，而 SRE 則負責提供對應的工具與平台給產品團隊使用。
2. **專業分工**：「上線前準備」由產品開發團隊負責，「上線中部署」由 DevOps 負責，「上線後的監控與維運」由 SRE 負責。

「誰做」是政治問題，「能不能」是專業度問題。政治問題交給產品團隊與維運團隊主管處理，這是他們的工作。工程師自己要掌握好的是「能不能」的問題，如此任務上需要的時候，自己就有能力應變。

# 3.4 介面：版本管理

「3.2 介面：Go Live」定義了各種「現場」，而「3.3 SRE 需要負責部署」則討論的部署工作在整個產品開發團隊的職責，本小節要討論的則是「不管是哪個現場、還是哪個團隊要負責部署，那到底是拿怎樣的版本放上去？以及這個版本運作的規則會是什麼？ SRE 職責應該要怎麼與產品團隊有共同協作的方式？」



## 3.4.1 定義版本

在「2.2 制度：讓維運團隊自主運作的制度框架」中，提到上線中的交付有**常規性交付**（Normal Delivery）以及**非常規性交付**（Abnormal Delivery），這兩種交付也隱含著每次跟版的異動範圍以及優先序，所以版本本質就是要讓團隊可以透過版本規則，很容易理解這次的異動範圍有多大、是常規還是非常規，最常見的**語意化版本**（Semantic Versioning）就是定義了這概念，基本的原則如下：

1. X：代表新增重大功能或者重大架構變更，無法向下相容。
   - iOS 6 到 iOS 7 全面性的 UI 全面扁平化。
   - Android 3.x → 4.x。
   - 有些行銷用的行銷號碼，像是年份、特殊號碼。
2. Y：每一碼表示增減一個或多個特性（Features）、功能（Functions）。
   - 通常向下相容，例如：v6.1 和 v6.0 是相容的。
3. Z：表示維護碼，常見名稱有 Hotfix、Patch、Fixpack。
   - 通常不會有大功能新增，只是修復問題、提供輔助功能，像是 Bug 修復，或者提供新的語言包。
   - 維護碼更動表示沒有相容性問題，也就是 1.8.1 和 1.8.2 的設定應該是相容。
4. Q：有些版本會有第四碼，用來表示 Patch，通常指的是和軟體工程無關的功能。
   - 多語系語言支援、文件版本。

有版本規則，那什麼時候跳版號、誰決定跳版號就是整個產品開發團隊都要有共識的，但實務上開發過程，會有「強版號」（版本先決）以及「弱版號」（甚至是無版本）的衝突與觀點的差異。

決定版本（Versioning）調整的時間點，有兩種策略時間點：

1. **專案週期開始的時候決定**：是「強版號、版本先決」，開發流程屬於計畫性。
2. **Release 的當下決定**：是「弱版號、版本後決」，通常是敏捷團隊。



## 3.4.2 版本先決、強版號

「版本先決」（Version First）表示專案開始的時候決定版本號，版本號通常在專案每個週期的開始時，由 PM 或者 PO 定義後宣告，然後改動 Source Code 裡面關鍵的版本編號檔，發動第一次的 Build 流程，產生出 Artifact 檔案，代表下一個開發週期開始。例如：目前在市面上流通的是 v3.1.0，而將要開發的版本是 v3.2.0，這是個常規性更動，裡面會包含三個新功能、五個修復。

而已經釋出（Release）出去的版本，就代表著要做客戶關係管理的（CRM），通常為了避免資源耗盡，都會定義**長期維護版本（Long Term Support，LTS）**，通常不會同時有三個版本以上。

大部分具規模的 Open Source 都是這種跑法，像是 Kubenetes、Dapr、.NET、Linux、Ubuntu 等。會用這種跑法的大多都是有常規性計畫，特別是給別人使用的工具（被依賴），像是 Libraries、SDK、Toolchain、CLI、API 等，例如：已經 Release 出去給別人用的版本是 v3.2.0，而接下來要開發的是 v3.3.0。

在開發過程中，整個產品團隊會對於版本號碼有很高的靈敏度，很清楚現在正在開發的版本，以及已經釋出且在市面上流通的版本。版本號也是開發過程中團隊在內部、下上關係、左右團隊的溝通介面。

## 3.4.3 弱版本或無版本

第二種屬於 Release 當下才知道版本，也就是專案完成決定版本，通常屬於沒有被依賴、快速迭代的專案，像是直接對外的 Web Site（有前端），版本通常不會是必要的資訊，只會透過自動化，像是GitOps的Commit後自動打上時間標籤（timestamp）作為版本，或者自動計算Semanitc Versioning。

這種在Release前才標版號所衍生的現象：

1. 版本本身沒有啥意義，因為大家不會拿來溝通。
2. 團隊各種角色（PO、Developer、QA、OP），普遍都不知道現在版本是多少。
3. Dev會用各種技術手段自動化版號的更動，像是用Timestamp取代SemVer；或者改動SemVer規則，像是三碼變兩碼、兩碼變一碼。PM / PO通常也不會在乎，其他角色QA / OP也不知道Dev在做啥。



換言之，溝通沒有一個標準的介面點，團隊無法精準對焦，現在討論的問題到底是哪一個？如果同一個版本佈署到很多環境，其實沒有人能知道，這些環境用的版本是否是同一個Artifact。團隊裡各個角色溝通的介面是模糊的，不是具體的介面。通常這樣的團隊，QA的測試往往沒有基礎點（BaseLine），換言之，常常會測到一半，版本就變了，但是沒人知道（Dev / QA都不知道）。而負責維運的SRE，更是搞不清楚現在線上到底是哪個版本，當遇到問題回報的時候，開發團隊要怎麼復現問題的基準點都沒有，往往是雙方溝通障礙的起點。

## 3.4.4 通用的版本管理方法

通常沒有版本概念的團隊，也不太會有軟體產出物（Artifact）的概念，不清楚現在有哪一些版本Release，部署在每個環境的系統是哪個版本。理想的概念會是像下表：

| 服務名稱 | 測試環境 | | 正式環境 | |
|---|---|---|---|---|
| | Test 1 | Test 2 | TW | US |
| 通知服務 | v3.2.1-dev-20230123-1200 | v3.2.1-dev-20230123-1400 | v3.0.0-rel | v3.1.0-rel |
| 商品服務 | v4.5.0-dev-20230123-1200 | v4.5.0-dev-20230122-1200 | v4.4.2-rel | v4.4.2-rel |

比較理想的測試基礎就是基於 Artifact，透過 Artifact 上的版本資訊，做驗證及後續問題的討論與溝通。這概念以 Windows 11 來說，大家裝的應該都是透過同一個安裝的，換言之，是專案開始決定版本的作法。

有版本管理，當需要做到「Single Code Base，Multiple Deployment」的時候，這樣才能確保 Single 的唯一性，也就是不同的部署都是同一個 Artifacts。



## 3.4.5 版本的用途

1. **溝通的標準介面**：不管是怎樣的角色（PM / Dev / QA / Ops）都是透過版本溝通，以這為起點，才知道現在溝通的基準點是什麼。
2. **產品的階段性**：版本本身代表階段性功能的集合，例如：Windows 11 一定會有「一堆 New Features」，這也牽涉 PO / PM 對於階段性定義的掌握與佈局。
3. **持續迭代**：版本本身就具備持續迭代概念，Semantic Versioning 本質上定義的就是「持續改善」。

當使用者看到版本資訊的時候，背後也隱含：

1. **明確有哪些功能**：如 6.0 有一堆新功能 A、B、C、D，6.1 多了 E 功能等。
2. **明確迭代的節奏**：有週期性、有 LTS。
3. **可以比較新舊差異**：比較就是有新功能，有舊功能，才有辦法做 Migration Plan，或者告訴客戶應該怎麼應變。

上述都仰賴團隊一起努力做好專案管理與產品規劃。

## 3.4.6 肇因

沒有版本概念的肇因，通常都有以下的現象：

1. 過度自動化，只知道 commit 後會動。
2. 沒有溝通的標準介面定義，通常是專案管理的問題。

普遍是為了自動而自動，工具都是為了輔助流程。標準程序是主要方向，透過工具（自動化）滿足標準程序，工具（自動化）是加速。**沒有方向，無腦的踩油門加速，和酒駕沒兩樣。**

### 3.4.7 小結



「軟體開發過程」是個功能迭代與演進過程，這個過程中很多人會一起合作，所以只要牽涉到團隊協作，不管是產品團隊和維運團隊的協作，還是產品團隊自己內部的工程師之間的協作，「溝通」都是一個關鍵議題。**「溝通的品質」決定軟體開發最後產出的品質。**而軟體本身就是這群人在一起建構的產出，怎麼有效的溝通現在、目前正在進行的，就決定品質了。

## 3.5 本章回顧

「軟體開發過程」是很多組織協作的過程，這個過程中有很多問題要面對。本章整理了產品團隊與維運團隊雙方共同的介面，背後就是讓雙方產生共識，有共通的語言。筆者之所以整理「溝通」、「Go Live」、「需要專職的 SRE 負責部署」、「版本管理」這些問題，其實是想透過這些案例，讓讀者多思考還有哪些介面應該被定義？雙方的介面還有很多，讀者可以透過這個章節分析的過程中，把自己實際上遇到的問題也拿出來分析，找到屬於自己環境中的適當策略。

CHAPTER 04

# 事件管理



維運面對的事件分成「計畫中」與「非計畫」，或稱為「預期計畫」與「非預期計畫」，這兩種任務是兩個極端，前者可以透過專案時程規劃、資源分配、選擇良辰吉時等，後者則是無預警、非預期、任何時間任何地點都會發生。

對於這兩種事件，SRE 團隊應該如何面對？應該如何與產品團隊溝通？以及 SRE 應當有如何訓練？

## 4.1 讓組織對異常事件有一致性的理解

隨著產品的發展，線上異常會隨著企業的成長，逐漸需要被管理，每次的異常背後也代表著對企業業務與商譽的損失，但事件總是有大有小、有嚴重、有普通，所以需要定義一套緊急事件的管理方法。本章節要討論的是，如何找到一個適合自己組織階段的事件管理方法，讓產品團隊與維運團隊、乃至於整個組織，都能夠有一致的協作方法。

首先，在沒有異常事件管理之前，當異常事件發生的時候會發生什麼事呢？

## 4.1.1 無效溝通

圖 4-1 是一個稍具規模的組織在發生系統異常事件時的樣子。圖 4-1 中單位之間的線條標示粗細則代表事件當下溝通的密度。

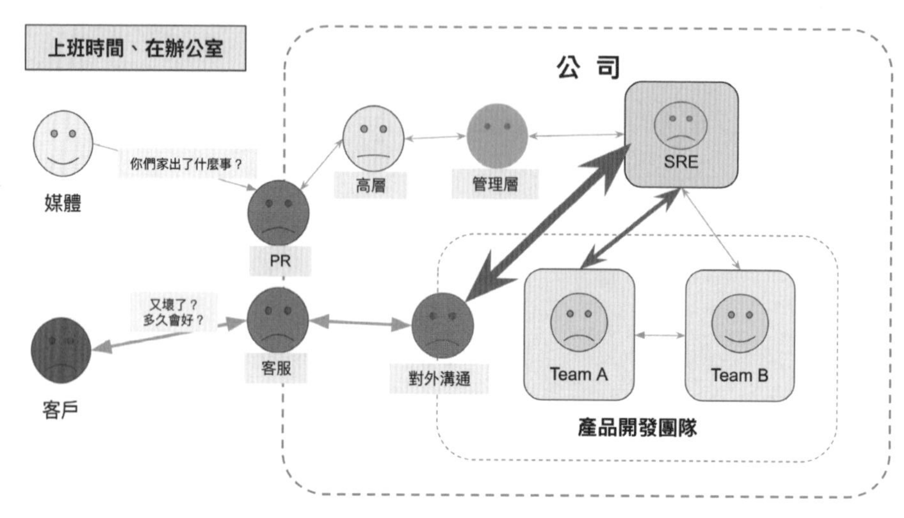


▌圖 4-1　沒有事件管理的狀況

圖 4-1 中包含了負責直接面對外界的公關（Public Relation，PR）以及面對客戶的客服（通常業務也需要）。公關會跟高層溝通可以對外揭露的資訊 ※1，主管則直接對著 SRE 詢問要多久才能修好，SRE 則持續跟產品團隊協作，產品團隊的對外窗口會和客服溝通，提供必要資訊給客戶，這是條複雜且痛苦的路。

圖 4-1 中標示的異常事件是發生在上班時間，也就是大家都在辦公室，如果公司規模不大、人數在百人以內、都在同一個區域而可以面對面溝通，那溝通應該會比較順暢；如果公司已經稍具規模，例如：產品團隊人數上百人，分屬在不同辦公區域，甚至跨國、跨區，那溝通的問題就會出來。

這整條路下來，相信經歷過真實事件的讀者都會有感，而且實際狀況會比這張圖更複雜。筆者把實際的現象做了整理與分析，如下：

※1　常見的公關處理原則：DISCO 原則即① Dual-Path Process：溝通行動與管理行動雙管齊下、② Immediate Response：一小時內做出對的回應、③ Stakeholder：決定並判斷利益關係人的溝通優先順序、④ Containment：控制發展狀況、⑤ Ownership：負起應有的責任。

1. **輕重緩急不分**：像是針對問題的嚴重性沒有適當的判斷、過程因為找錯人進而造成無形的溝通成本。
2. **通知方式紊亂**：資訊傳遞的管道沒有收斂，造成情報分散與破碎化，執行單位不知道應該聽哪個。
3. **誤報（False Alarm）**：訊息太多，狼來了現象，最後沒人看，像是 Email 信箱塞爆，各種即時通訊訊息瘋狂洗版等。
4. **分工不清**：高層直接對工程師下指導棋、或者是瘋狂地對一線工程師追進度。



這些現象背後都隱藏實際的問題，首先是權責與分工不夠清楚。組織裡的權責實際上是個依賴結構，絕大多數的組織都會有上下依賴、左右平行的概念（即使是平行組織也是有），這些依賴關係的決定實際上不是由「組織結構」決定，更多的是由「系統架構（服務）」決定 ※2。而理論上每個組織都應該會有具備判斷與溝通的窗口，他們會直接判斷、收斂訊息，然後傳遞到團隊內部。

第一個問題跟組織與系統架構有直接關係，第二個常發生的問題缺乏收斂的溝通方式，也就是用怎樣的媒介溝通？像是 Email、即時通訊（Slack、Line、Teams、Telegram、Discord⋯）等，溝通過程是每個人都可以說？還是由窗口負責統一溝通？有沒有類似於討論串（Thread）的功能，可以收斂議題？如果大家都在同一個辦公室內，那有沒有用白板直接統一資訊？

兩個背後的問題：

1. **組織與系統架構的關係**：代表溝通路徑，反映出訊息傳遞的效率，間接影響決策速度。
2. **溝通媒介**：代表讓訊息傳遞更一致性的協議，反映出訊息最終有沒有一致性，影響各單位窗口判斷的依據。

看清楚這兩個核心問題，接下來才是對症下藥。

---

※2 組織與系統之間的關係，稱為「康威定律」（Conway's Law），是馬爾文．康威（M.Conway）1967 年提出的，原文：「設計系統的架構受制於產生這些設計的組織的溝通結構。」背後反映出來的是組織各個團隊之間訊息流通與合作方式，總結就是溝通成本。

### 4.1.2 事件結構

「了解溝通」是事件管理的第一步之後，接下來要做的第二件事是「怎麼分析事件的種類」，透過一個事件管理分類矩陣，整理「事件種類」、「事件來源」及「優先序」(Priority)，如圖 4-2 所示。



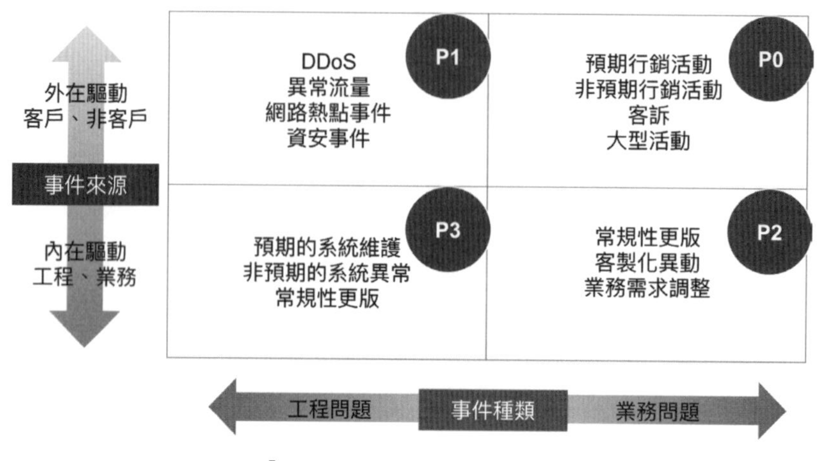


▌圖 4-2　事件管理分類矩陣

1. P0（**客訴的處理**）：由**業務維運**（BizOps）第一線處理。如果重大活動或者重大客訴，則需搭配「公關與危機管理」程序，擬訂內外應變計畫。
2. P1（**工程的問題**）：由維運團隊（SysOps / SRE）監控發現與處理，像是出現異常的流量、被 DDoS 攻擊、突發網路熱點事件等。
3. P2（**內部工程問題**）：這類的事件屬於開發過程中常規性異動，如交付流程與部署沒有處理好、K8s 出現異常，可能會因此造成系統延宕的問題。
4. P3（**內部維運問題**）：屬於維運工程團隊的工作項目，包含自發性的驅動、非預期的驅動。

這個事件矩陣分類同樣是一個方法，讀者可以自行依照產品特性與實際異常案例，把這個矩陣當作工具，填入矩陣中的四個象限。在填寫的時候，團隊要一起列出過去曾經發生的具體異常事件，然後判斷它們的優先次序、事件種類、事件來源，以至適當的位置。經過這樣的討論後，大家對於事情的輕重緩急就會有第一個版本的共識，固定每季可以把發生的新問題重新整理一次，這會慢慢收斂出一個適合自己團隊的事件結構，這個過程也是凝聚團隊向心力的過程。

有了事件問題的分類與優先序，接下來就是企業內部面對這樣的事件，團隊應該如何協作的流程，圖 4-3 提供了一個中型組織處理事件的流程。

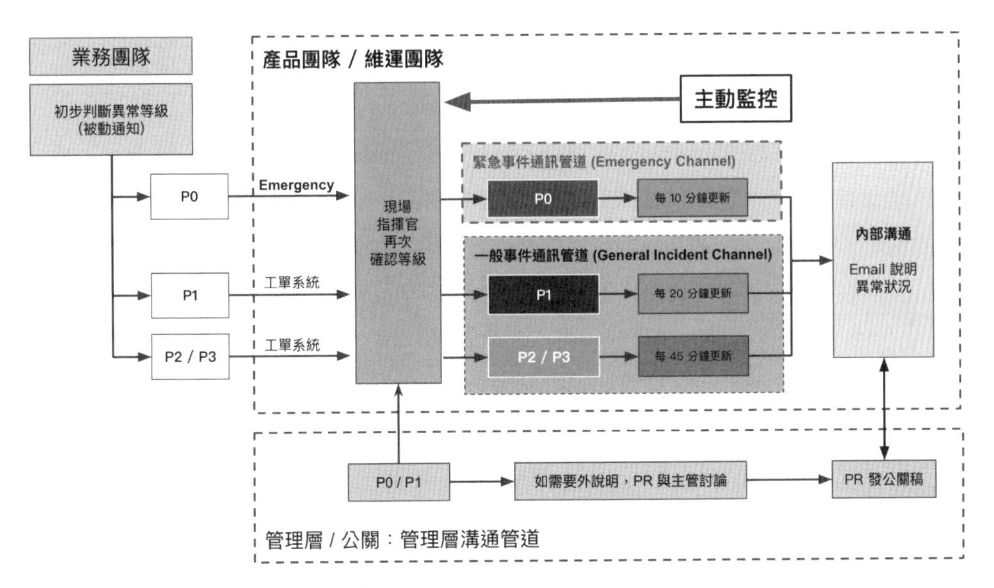


圖 4-3　事件管理溝通流程

圖 4-3 左邊先做了事件等級判斷，透過內部一致的事件溝通管道（像是 Slack 固定的溝通 Channel），由事件直接關係的團隊主管擔任指揮官，進行協調與溝通。不同等級的事件有不同的回報節奏，像是 P0 每 10 分鐘要更新進度、P1 每 20 分鐘、P2 / P3 則是每 45 分鐘更新。P0 / P1 是嚴重性以及影響範圍，管理層決定是否需要對外說明。

這也是牽涉到公關危機處理的部分，通常要看外界對於事件的反應溫度決定，進而判斷主管與公關是否要準備對外公關新聞稿，適度的說明可降低企業的商譽損失。

## 4.1.3 小結

事件管理需要分等級或者比較嚴謹的流程，大多是企業已經過了草創期，到了成長期階段。因為草創期的客戶不多，大多透過溝通與安撫的策略即可，這個階段企業本身規模很小，客戶也不多，還不需要用那麼大的規模方法，只要能從過程中把問題快速修復，讓前面幾位客戶對於團隊的反應有信心，相信可以一起度過異常的客戶，未來也會是可靠的夥伴。



成長期階段則是產品已經可行，換言之，客戶開始會介紹其他的客戶進來，或者在市場上有能見度，客戶快速成長中，這個階段中「制度的建立」與「內部的協作」就開始重要起來了。有了基本的溝通與管理方法，才能讓企業自己走得穩，團隊因此成長，每一個異常都是養分，也都是凝聚內部向心力的機會。

發展期的企業中，不管是優先序、嚴重性、事件來源、事件種類，都是需要有指揮體系的，實際上這個階段的企業更多要處理的是「公關問題」及「對客戶承諾的 SLA 問題」。

# 4.2 計畫中的事件

「計畫中事件」是 SRE 團隊或者產品團隊自行發起的內部非業務需求※3，排除常規性的應用程式更版、部署之外的任務，只要產品經歷一段時間之後（通常一年以上），就會開始有這樣的任務出來，例如：

1. **常態性維護：**

   - API Server 的 OS 升級，上 CVE 與 Security Patch。
   - Tomcat / JDK 升級，上 CVE 與 Security Patch。
   - 更新 Container Base Image、執行 VM 備份。

※3 請參閱「1.3 現象：維運需求與價值的選擇」。

- Storage 執行容量擴充或者清理任務。
- 硬碟汰舊換新。

2. **架構調整**：
   - API 支援 Auto Scaling。
   - Database 支援 Master / Slave 架構。
   - Load Balancer 支援高可用性架構。
   - 增加 WAF。
   - 重大更版，執行資料合併（Data Migration）。
3. **演練**：
   - Database 執行 Master / Slave 切換。
   - 清理 Cache 重新預熱。

這一類任務可大可小、可簡單也可複雜，不過它們都有以下的特性：

1. 在時間管理象限屬於重要、不緊急。
2. 非技術人員（包含主管）往往不會知道它的重要性，以及為什麼要做，需要一定的溝通成本。

準備這些任務時，首要做的是「把計畫做好，做好風險分析」。

## 4.2.1 計畫：充分準備，讓大家有信心面對變化

計畫性任務可以有「充分的時間準備」是它的最大特性，執行時間點和時間長度是可以自行規劃的。因為時間可以自行選擇，換言之，少了「時間壓力」這個要命的因素，相對的這種任務要先確立任務的影響範圍，範圍影響重要性的定義。以下是計畫性任務要考慮的項目：

1. **影響範圍**：服務內部？還是依賴的服務也會影響？還是整個產品都會被影響？
2. **執行時間**：也就是任務執行的良辰吉時，要夜間作業、白天上班時間作業、還是週末作業、放假前作業呢？

3. **協作與調度**：動用多少資源（團隊）？ R&R※4 定義？需要指揮官？通報到上級？

4. **作業流程**：執行的劇本（Runbook）、敗部復活（Rollback）的流程。

5. **配套資源**：需要準備額外資源，像是早餐、交通、補休等。

前面列舉很多案例，底下用幾個常見的案例分析：



1. **常態性維護**：API 作業系統更新。

2. **架構調整**：Database 支援 HA 架構。

## 4.2.2 影響範圍：了解系統架構

「系統架構」描述了幾種關係，服務以內的範圍、服務對外的依賴，以圖 4-4 的 Ninja 服務為例。

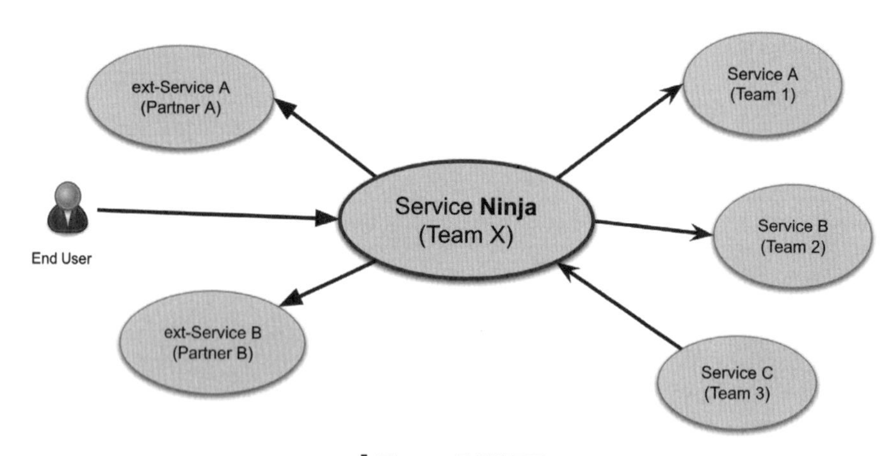


▍圖 4-4　影響範圍

第一個案例是「API 作業系統更新」，像是把 Ubuntu 18.04 升級到 Ubuntu 20.04，或者把 Container 的 Base Image 換成 OpenJDK 18。影響範圍會是 Ninji 的 API Server，對外影響的是 End USer、內部則是 Service C，更換過程只要準備好適當的機器、或者 Container Image，一個一個輪著更換、上下 LB，基本上不會有太大的風險與影響，而且服務不會因此中斷。

※4　Role and Responsibility，是「角色與責任」的簡稱。

第二個案例則是「架構調整 Database 支援 HA 架構」（以 MySQL 為例），從原本一台機器變成兩台或以上，大多需要重新配置設定檔，然後重新啟動機器，讓它們資料同步；連線端則需要改寫連線方式，重新啟動讓應用程式生效。調整過程中資料庫因為更新設定，需要重啟 MySQL，這個過程會造成服務短時間中斷，甚至因為在抄寫副本的過程中，因為 I/O 量體大，而造成服務反應變慢，直接影響 End User 和 Service C。



這兩個例子中，前者為「常態性維護」，後者為「架構調整」，兩者風險的程度不一，影響範圍也就相對有差異，再加上「演練」，三個案例整理如下表：

| 任務類型 | 風險 | 影響範圍 |
|---|---|---|
| 常態性維護 | 低 | 服務以內，團隊自行處理。 |
| 架構調整 | 高 | 服務內、外，需要跨團隊溝通。 |
| 演練 | 中 | 服務內、外，需要跨團隊溝通。 |

當非預期事件（系統異常）發生時，第一件事就是要確認其影響範圍，透過系統架構的依賴關係，可以知道異常影響的爆炸半徑，反映出來的則是溝通路徑：

「範圍→爆炸半徑→依賴關係→組織→溝通路徑」※5

在計畫中任務中，透過 High Level View 清楚明白這些關係，未來在判斷非預期事件的時候，能夠更快速地判斷事件的嚴重程度及優先序。

## 4.2.3 作業流程：執行劇本、敗部復活

了解影響範圍後，接下來要確立的是實際執行的劇本了。顧名思義，「劇本」是可以透過沙盤推演、事先演練並熟悉狀況的。這次以切換 RabbitMQ 版本為例，概念如圖 4-5 所示。

※5 這同樣是在描述康威定律呈現的溝通問題。

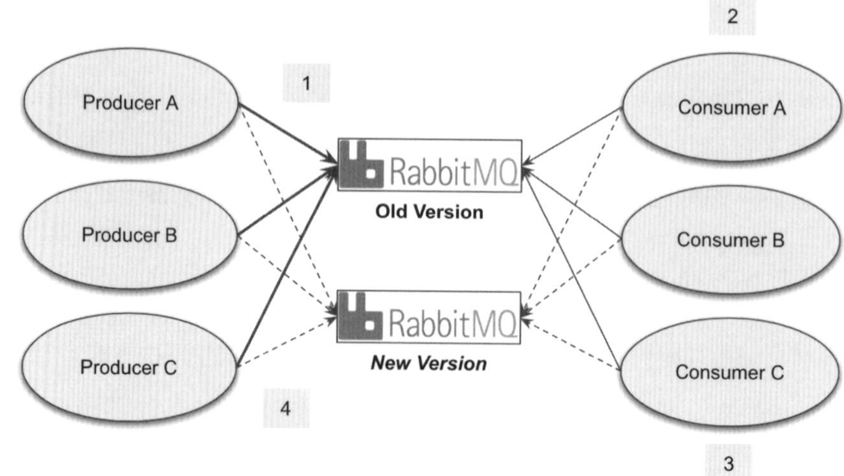


圖 4-5 切換新舊版 RabbitMQ 範例

這個切換流程有幾個主要的步驟：

1. 暫停 Producer A / B / C 往 MQ 丟訊息。
2. 等 Consumer A / B / C 從舊版 MQ 把訊息都拿出來處理。
3. 把 Consumer A / B / C 取 Message 從舊版改到新版 MQ。
4. 讓 Producer A / B / C 往新版 MQ 丟訊息。

只有這些步驟嗎？有經驗的人可以馬上想出另一套劇本，也就是步驟 1 暫停後，其實馬上執行步驟 4 也是可以的，改成這樣：

1. 把 Producer A / B / C 往 MQ 丟訊息從舊版改成新版。
2. 等 Consumer A / B / C 從舊版 MQ 把訊息都拿出來處理。
3. 把 Consumer A / B / C 取 Message 從舊版改到新版 MQ。

這樣就有兩套劇本了，要使用哪一套，則是依照實際狀況判斷。在真實狀況中，Message 通常會有高優先序、可以等待的，這些都依照實際狀況判斷，前述兩個劇本可能都可以，也可能只能走其中一個。

這種非同步作業背後代表著多個單位之間的訊息交換，所以有維護任務，表示相關單位都要一起協作，各自盤點可能的影響範圍、適當作業的時間點，哪些人要出來一起協作，怎麼判斷執行是否好了（Definition of Done，DoD），確認這些細節與過程的最佳方式就是透過**執行劇本（Runbook）**，圖 4-6 是個 Runbook 具體範例。

| Step | Datetime (Begin) | EST | Workitem | DoD | Team | Owner | Status |
|---|---|---|---|---|---|---|---|
| | 準備階段 | | | | | | |
| 1 | 2022-12-03 01:40 | 20 | 報到，指揮官點名 | 五個成員 | All | Rick | Done |
| 2 | 2022-12-03 02:00 | 10 | 檢查 Job Queue | 確認舊版 MQ 正常作業中 | All | All | Done |
| 3 | 2022-12-03 02:00 | 10 | 啟動新的 RabbitMQ | 啟動新版 RabbitMQ，透過 Client 確認正常運作 | Ninja | Jacky | Done |
| 4 | 2022-12-03 02:10 | 5 | 指揮官宣布任務開始 | 各單位人員就位，開始切換作業 | All | Rick | Done |
| | 執行階段 | | | | | | |
| 5 | 2022-12-03 02:15 | 10 | 所有 Producer 暫停送訊息到舊版 MQ | 舊版 MQ 訊息只會減少，不會再增加 | All | Rick | Done |
| 6 | 2022-12-03 02:25 | 5 | 確認舊版 MQ 訊息已經被消化完畢 | 確認舊版 MQ 的訊息量為 0 | Ninja | Jacky | Work in Progress |
| 7 | 2022-12-03 02:30 | 10 | 調整所有 Consumer，從新版 MQ 取的訊息 (切換 DNS) | 等待 DNS 生效 | Ninja | Jacky | Work in Progress |
| 8-1 | 2022-12-03 02:40 | 10 | 從 Producer 測試放訊息到新版 MQ | 確認訊息是丟到新版 MQ | Asimov | Anna | |
| 8-2 | 2022-12-03 02:40 | 10 | | | Voyager | Anita | |
| 9 | 2022-12-03 02:50 | 5 | 回報狀態 Producer / Consumer 已經就位 | 透過測試程式確認 Producer / Consumer 已經都切換到新版 MQ | All | All | |
| 10 | 2022-12-03 02:55 | 5 | 所有 Producer 開啟正常訊息流程 | 1. 確認新版 MQ 有訊息進來，舊版沒有<br>2. Consumer 正常消化中 | All | All | |
| | 收尾階段 | | | | | | |
| 11 | 2022-12-03 03:00 | 30 | 觀察 30 分鐘，確認整體是否運作正常，沒問題就解散。 | | All | All | |

圖 4-6 Runbook 範例

Runbook 的重點在於沙盤推演過程要準備的東西，各單位相關人員、每個步驟應該做什麼，步驟的先後次序、具體的執行時間點、需要的時間等，都要具體標示清楚。人數很多的狀況之下，指派一名指揮官，由指揮官確認整體執行進度與狀況，由指揮官確認任務的**成功定義（Definition of Success，DoS）**。

有 Runbook，相對的就需要有 Rollback 計畫，如果執行過程中遇到非預期、不可抗拒的因素，指揮官決定是否執行回滾計畫。

不管是 Runbook 還是 Rollback 計畫，實際上在執行前都需要先經過測試與演練，只要在測試環境或者透過技術手段（像是 IaC）的方法，就可以事先演練，讓團隊更有信心，這些都仰賴平常做好「第 7 章 軟體交付的四大支柱」提到的基礎工作。

## 4.2.4 執行時間：選擇適當的良辰吉時

依照任務類型及影響範圍的判斷，要選擇適當的執行時間點，時間點用同一個時區來看，可分成「離峰時段」及「非離峰時段」。

離峰時段，以電商為例，每天尖峰的上網消費時段約在中午午休以及晚上 8 點過後到凌晨 1 點左右，其他時間大多屬於離峰時段（包含週末），所以離峰時段在電商指的會是凌晨 2 點到清晨 8 點，還有週末六、日兩天。離峰時段作業的好處就是「避開流量高峰期」，可以降低對客戶的影響，或者不需要對客戶溝通，即使執行過程發生短暫異常，也不會影響大部分的客戶使用體驗。

「離峰時段執行」在業務上影響少，但對於執行的團隊，不管是 SRE 還是產品團隊，「人力的部署與配置」就是一個很大的缺點。通常夜間作業需要事先做好人力調度，確保執行的人員在夜間執行的時候，有良好的精神狀況，不會因為生理狀況不佳，影響到任務的執行與判斷。除了精神狀況，通常維運任務完成後，需要持續觀察系統狀況是否正常，夜間執行時需要安排人力留守，或者有人手可以後續交班，持續監控。

另外，最棘手的是執行過程中出現非預期的狀況，也就是「需要還原（Rollback）設定」。在夜間執行時，因為精神與體力都在不佳的狀況，加上心理狀態（對任務沒完成的失望、害怕被責備），往往是更高的風險。

離峰執行任務雖然看似不容易，但實務上卻是最常見的選擇。因為很多關鍵服務都只能在夜間停機、暫停服務，降低營運損失，所以最適合像是資料庫升級、重要的資安更版等任務。

離峰時段是一個常見的選擇，但也有可能會選擇非離峰時段。非離峰的時間定義為平常上班時間（星期一到五、早上 9 點到下午 6 點這個區間），這個時間執行維運任務的考量，經常是執行的任務需要人力可以持續監控，或者是影響範圍很大，執行後很容易出現狀況時，需要跨團隊協作，白天大家都在，問題可以馬上處理。

像是執行**資料合併（Data Migration）**作業，通常是更版後資料庫的結構改變，舊版（線上）資料需要做資料清洗，然後新版才能部署上線。這種大量資料異動的批次作業，就不適合在夜間執行，白天執行後，可以持續監控，過程中發現有問題，則可馬上協調相關單位一起排查，快速修正狀況。

除了資料合併，另一個常見的是「資料庫高可用（HA）的切換」演練，白天也是比較適合演練的時間段，原因和資料合併一樣。「切換 HA」是高風險的任務，首次執行建議在白天執行，切換過程如果遇到非預期的現象，像是流量突然進不來、應用程式突然無法取得連線等，可以馬上再切回去，做問題的排查，甚至馬上重置（Reset）、重啟（Restart）應用程式，應用程式可以馬上回收連線的物件，重新建立與資料庫之間的連線，馬上恢復服務。雖然這個動作會造成一些連線的損失，但卻是馬上有效的止血方法。

另外，常態性的更版與部署，也是適合白天。不管是離峰還是非離峰時段，都有其適合的場景與優缺點，整理如下表：

| | 離峰時段 | 非離峰時段 |
|---|---|---|
| **時間定義** | 星期一至五 01:00~09:00、星期六、日全天。 | 星期一至五 09:00~18:00。 |
| **優點** | 避開高流量時間點，如有異常，不影響客戶（但可能影響夜間排程作業）。 | 如發生異常，可以馬上處理，跨團隊協作反應快速。 |
| **缺點** | • 人員的精神與體力要維持。<br>• 需要安排人力交班。<br>• 如果執行過程有異常，Rollback 時吃體力與精神，容易出錯。<br>• 發生異常，跨團隊協作不易。 | 正常流量之下，如有異常直接影響客戶，需要事前跟業務與客戶做好溝通。 |
| **適合場景** | 資料庫升級、作業系統升級。 | 資料合併、架構調整、部署。 |

影響範圍、執行時間、作業流程都好了，也做好分析取捨了，接下來就是往外擴散，除了執行的相關團隊，業務部分會影響到哪些，進入到實際的協作與溝通部分。

## 4.2.5 協作與調度：R&R、團隊與溝通

規劃好影響範圍、作業流程後，進入到跨團隊溝通，通常是溝通對象會是向上溝通及業務團隊。向上溝通的對象主要是主管，以及透過主管跟業務團隊溝通，我們透過主管去溝通，可以降低執行的阻力，避免不必要的障礙，然後才是直接和相關業務團隊溝通。



首先，不管是向上、還是業務團隊的溝通，都要準備好可能的劇本：「執行時間」的劇本。通常不要只提供一個劇本，而是多個劇本，讓業務團隊可以有機會選擇，像是提供「12~03（六）」和「12~10（六）」兩個以上、甚至更多時間點，讓業務團隊可以給予建議與反饋。時間點除了考量團隊本身的時間配合，也會需要考慮外在業務場景，例如：是否在業務旺季或節日等。

另外，溝通的時間點至少在執行前兩週、甚至前一個月就要溝通，因為如果是暫停服務，業務需要跟客戶溝通，那需要保留溝通時間，讓雙方都可以充分準備。

因為每次維護任務屬性不一樣，常規性維護、架構改善、演練都有不同的目的，但卻可以透過這些計畫性任務讓業務單位與客戶知道，產品服務有正常的維護，透過這樣良好的溝通，讓大家對產品更有信心，也建立彼此的信任感。

## 4.2.6 配套措施

最後是執行時的配套措施，不管是離峰時段、還是非離峰時段，執行這些任務對團隊而言是有壓力、風險的，對於成員的心理狀態是需要關懷的。SRE 團隊更是經常性要處理各式各樣的常規性更版、可靠性架構的調整，如果長期在夜間執行這樣的任務，其實對於人員的身心靈都會有影響。

配套措施的目的就是補足這些人員心靈上的需求，同時也透過這些措施，增強團隊的向心力。離峰時段的夜間任務，最需要的就是安排吃的、喝的，給予交通補助、補休等基本措施，更重要的是安排適當人力做任務交班，讓執行任務的人員可以有充分的休息。這個過程中，成員之間也會因任務的交接，而建立了良好的信任與信賴關係。

### 4.2.7 小結

用「執行前、中、後」三個時間點，摘要計畫任務要做的重點：

1. **執行前**：
   - 影響範圍、定義角色與協作團隊：
     - 指揮官、執行者、協助者等。
     - 對外溝通：開始、完成。
   - Runbook + RollbackPlan：
     - 這兩個可以重複使用。
     - 可以當作訓練教材。
   - 執行時間：時間、人力、War Room。
   - 協助：吃的、交通。
2. **執行當下**：
   - 依照執行時間點，保持精神狀況良好。
   - 指揮官依照 Runbook 下指令給相關的人員，並確認回報與狀況。
   - 執行人員執行 Task，並定期回報 Task 進行狀況。
   - 關鍵字：收到（Ack）、完成（Complete）、失敗（Failure）。
   - 所有狀況都應該在 Slack 固定 Thread 回覆。
   - 執行過程統一在固定的 War Room 或者線上會議（如 Google Meet、Teams）。
3. **執行後**：
   - 向上回報狀況與進度。
   - 持續監控回報。
   - 人員交班（HA）。
   - 大型維運任務。
   - 補休、加班費。

計畫中任務實際上是讓 SRE 團隊與產品團隊，甚至是業務團隊凝聚向心力的最好時機。更重要的是，計畫中任務是為了非預期事件與異常做準備，因為在時間充裕的狀況之下，能做好這些任務，具備這樣的能力、協作、佈陣，面對突發狀況時，才有即時的反應能力。

除了反應能力，計畫中任務也可以訓練 SRE 團隊新成員對於系統的掌握度，透過這個過程，更可以直接參與系統架構的調整，從任務中學習。



## 4.3 非預期事件與異常處理方法

計畫中的事件代表是可以預先規劃的，包含可以先溝通好，甚至做演練、模擬，然後安排大家覺得舒服且可以的時間，有最大的機會可做到盡善盡美。而非預期的事件就不會發生在那麼讓人可以舒服的時間點，特別是 SLA 要求有一定程度的產品服務，通常會對 SLO 有一定的要求。SRE 團隊與產品團隊如何應對這些非預期的事件，進而不要讓事件變成異常。

非預期的事件（Events），在不確定影響之前，都還不算是異常（Incident），只能說系統有狀況，但是只要確認對業務或系統有直接影響，會讓系統失血、造成業績損失、甚至影響企業商譽的，都是屬於異常了。

### 4.3.1 緊急程度的決策矩陣

面對非預期事件，為了要判斷事件的「緊急程度」，首先要確認以下幾個因素：

1. 發生和發現的時間點。
2. 判斷嚴重性、影響客戶的範圍。
3. 決定優先序。

## 發生時間

事件的「發生時間」是故障的第一時間，從那一個時間點系統出現狀況，狀況可能經過「健康檢查機制發現」或「被內部人員發現」或「被客戶發現」三種。從發生到發現稱為「零時差時刻」，這個時間其實是沒有人知道系統已經有異常，換言之，這段時間如果越長，剛好異常會直接影響業務，那麼也代表損失越大，概念如圖 4-7 所示。

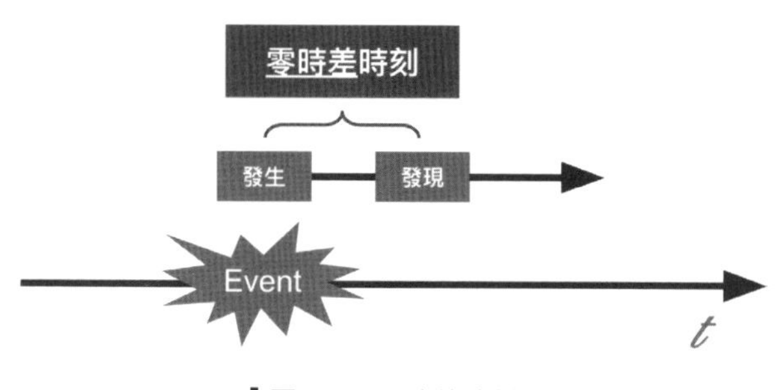


圖 4-7　零時差時刻

如果發生的時間是在深夜（00:00~09:00），而企業若沒有 24 小時值班制度，換言之，損失就會從半夜直到白天有人上班發現，這個時間長度可能會長達 4~8 小時；如果發生時間是在下班後時段（18:00~00:00），那麼就會不容易找到人處理，換言之，需要有值班人員，去聯繫 On Call 的工程師處理；如果發生在上班時間（09:00~18:00），那麼大家都在辦公室，只要有人發現，很快就可以進去處理。不難理解，「發生的時間點」會直接影響反應時間及資源調度。

## 嚴重性

接下來是事件的**嚴重性（Severity）**，影響的範圍分為「個案」及「通案」。「個案」指的是單一客戶出現的問題，以電商為例，例如：出現單一個客戶無法商品上架，但其他客戶都可以；「全面性」指的是所有的客戶都無法上傳商品圖檔。

用「影響範圍」決定問題的嚴重性，最後把「嚴重性」和「發生的時間點」搭配在一起，就可以決定優先序了，如圖 4-8 所示的決策矩陣。

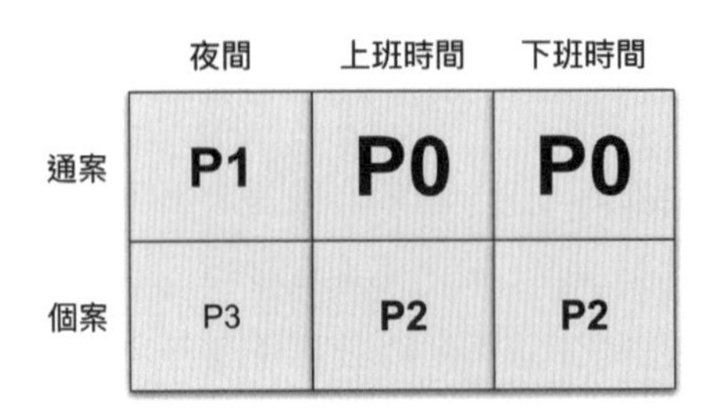


圖 4-8　優先序的決策矩陣

## 優先序

決策矩陣的**優先序**（Priority）可以由團隊自行討論出來後決定，依照團隊的組成與產品的特性，可能會有不一樣的決策判斷。像是新創團隊初期階段，可以暫時不處理夜間異常，但有些產品像是交易特性的，則一開始就要處理，不管發生在什麼時間點。「嚴重性」可以再依照「產品特性」細分，例如：可以分成各別功能故障，像是商品上架圖檔功能故障，無法上傳圖檔，再依此設計決策矩陣。

透過發生的時間點、嚴重性，最後透過決策矩陣，找到屬於企業階段的優先序。這個優先序排列會需要隨著企業的壯大、產品的規模化、組織的成長做適度調整，至少每兩年要做一次調整。

## 4.3.2 從發生到發現：止血

有了緊急程度的決策矩陣，接下來進入的是「處理手法」。

事件發生了，確立是異常了，也影響業績了，對於 SRE 團隊而言，第一時間的首要目的就是「止血」，讓系統儘快恢復服務，減少營運損失，確定系統可以正常運作後，後續讓相關產品團隊可以進入調查。所以，第一時間讓系統恢復正常運作很重要，這概念類似於重大災害的急救現場，大部分的救難隊或消防人員在面對重大事故（車禍、爆炸、空難、地震…）時，「檢傷分類」※6 是現場第一件事情。

※6　台灣使用檢傷與急迫分級量表（Taiwan Triage and Acuity Scale，TTAS），分五個層級：第一級紅色（Resuscitation）代表病況危急需要立即處置；第二級橘色（Emergent）代表潛在生命危險，需要快速控制與處理；第三級黃色（Urgent）代表持續惡化，需要急診處理；第四級綠色（Less Urgent）須在一到兩小時內處理；第五級藍色（Not Urgent）非緊急需要轉介門診避免惡化。

對 SRE 來說，處理止血的方法大多是透過系統指標呈現的現象來調整資源或分流，更多時候是先跟產品團隊確立是否最近有更版，並確立是否為更版造成影響的。

第一時間止血的最簡單方法是透過增加資源、移除有問題的節點、增加新節點、蓋防火巷。像是系統反應的時間變長，如果是 CPU 使用率變高，可以增加資源看看能否平衡；除了 CPU 使用率之外，系統反應變慢時，很多時候是跟 I/O 有關係，像是 Database 查詢變慢、讀取檔案變慢、跨服務的 API 反應變慢。

除了反應變慢，如果是出現大量 HTTP 5XX 的錯誤，通常都是更版過程中新版本造成的錯誤，也有可能是某個基礎設施故障，像是 Redis 故障、檔案系統故障、Database 故障等造成 HTTP 5XX 的反應。

最棘手的是反應變慢、但是 CPU 沒有變高、也沒出現基礎設施故障，這種通常會因為應用程式自身程式開發時出現的問題，像是同步及非同步的控制沒做好，出現 I/O Blocking 問題，造成請求空轉的現象，但是這種問題大多在上線不久後就會發現。

在上述的案例中，實務上 SRE 在查找過程裡，需要對現象及系統架構（參閱「第 5 章 系統架構之大樓理論」）有清楚的掌握，那在事件發生當下，才知道要增減哪裡的資源，以及指標與實際架構的對應關係。

整個止血過程，要把握以下原則：

> 「減法、減少變因、分而治之。」

製造防火巷、防火牆，透過網路層的限流機制，像是 API Gateway / Load Balancer，讓正常的與不正常的流量做分流；服務與服務之間則透過彼此的流量分流，限制異常流量；服務內部則可以透過**功能開關**（Feature Toggle）或者**斷路器**（Circuit Breaker）機制斷開。

整個止血過程的要點其實是「基於計畫中事件的訓練」，包含了解系統架構、了解業務場景、明白系統的內外部依賴服務、清楚知道流量與量體的關係、知道有哪些關鍵指標與指標的定義。有這些背景知識，止血當下的判斷會更加準確，執行動作也會更有信心。

除了處理「系統的異常狀況」的手段與方法，然後在第一時間做止血動作，也要聯繫產品團隊，讓他們針對指標狀況與處理行動，共同理解與參與。因為產品團隊更了解實際影響客戶的程度與嚴重性，他們更能針對後續的排查與偵錯深入研究。SRE 通常會在止血過程，同時也保留事故現場，後續 SRE 與產品團隊共同調查使用。



## 4.3.3 止血無效的行動：現場調查

止血一段時間了，例如：已經過了一小時，系統依舊持續出現 HTTP 500，或者系統的 Latency 依舊超過 500ms，那應該要怎麼辦呢？這些無效的條件，每種產品、企業的定義不一樣，總之應該要以對客戶承諾的 SLA 與 SLO 為主。

實務的狀況只要踩到 SLA 與 SLO，就需要往下一步走，也就是直接公告暫停服務。當然要先在內部先與業務單位、管理單位先溝通，透過內部溝通管道（Email、Phone Call、客戶的 IM）等，在溝通的同時，也要開啟進入止血無效的程序：「**現場調查程序 - 死馬當活馬醫**」。

這個過程需要把相關的團隊安排在同一個空間（如戰情室），裡面要有白板以及相關必要的設備，以讓 SRE 與產品團隊一起在裡面，透過架構圖與時間軸疏理系統狀況。實際狀況中，大多數的時間會因為彼此對於架構理解不一致，導致花費很多的時間，相關溝通架構的方法可參閱「第 5 章 系統架構之大樓理論」的介紹。

架構圖代表空間與結構，讓戰情室裡的團隊對於系統有一致的理解。如果架構圖沒有對齊彼此的理解，很容易在討論的過程中雞同鴨講、牛頭不對馬嘴，無效的溝通會讓事情更雪上加霜。

「時間軸」是呈現整個問題先後續的事件，圖 4-9 是更版失誤的簡易範例。

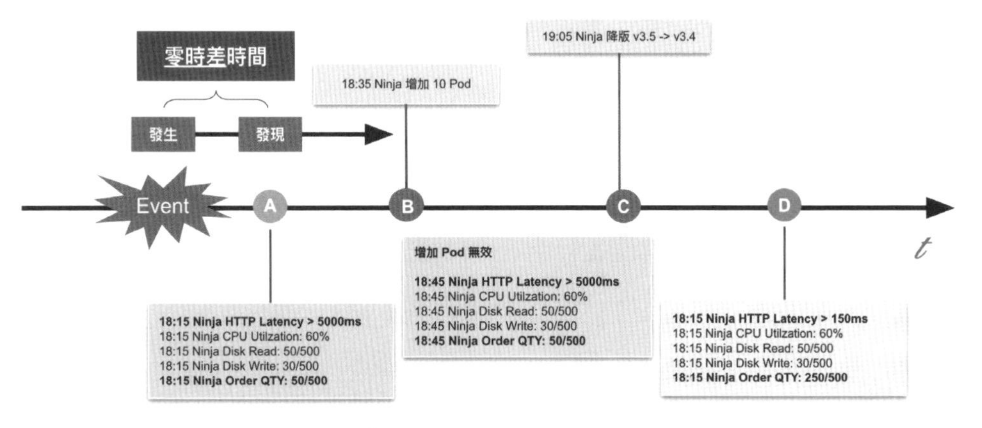


圖 4-9　事件調查時序圖



進度事件調查，具體的把時間軸展開，然後詳述每個時間點、各個團隊與服務之間的行動以及系統的狀況。搭配架構圖的分析與討論，來找到止血最恰當的方法。

注意，雖然止血已經無效，進入現場調查，但還是依舊以止血為第一目標。因為回到決策矩陣的脈絡，這個案例並沒有提到發生的時間點，當把時間點放進來的時候，不管在哪一個時間點，要處理的都是先把「系統恢復運作」為第一優先。當真的無法處理止血的時候，同步請產品團隊的工程師，準備相關 Debug 的環境，可以直接模擬狀況，找到事故的根本原因（Root Cause），這時候已經是死馬當活馬醫的狀態了。

因為已經是死馬當活馬醫，現場指揮官可能也無法承諾修復時間，這時候應該跟業務溝通，決定對外是否暫時掛上維護公告，讓使用者不用再持續送流量到系統。

## 4.3.4 事件中的溝通：對內、對外

不管是一開始就止血成功，還是進入現場調查程序，都要準備對內、對外溝通。「對內溝通」指的是公司內部產品團隊的溝通，讓大家對於實際的狀況有著一致的理解，包含以下：

1. **對於客戶的影響：**

- 影響範圍是個案還是通案，有哪些主要客戶影響？

- 對公司的商業損失是什麼？預計業績少多少？

2. **事情發生的時間序列**：如圖 4-6 的時間序列。

3. **事件後續的行動**：
   - 有哪些具體的行動。
   - 這些行動是哪個團隊的誰負責。
   - 下次同步狀況的時間點。

4. **對外溝通的說法**：異常總有個原因或理由，但往往技術問題不容易對業務單位說明，所以需要經過修飾，給外界一個容易理解的說法，這個說法甚至會出現在新聞稿或對外的公告網站。

5. **溝通窗口**：這次異常事件的指揮官是誰，由他接管整個事件的後續處理，同時代表產品開發團隊與業務團隊的溝通窗口。

當內部疏理這些資訊後，接下來才是對外溝通。「對外溝通」指的是直接給客戶或外面大眾看的訊息，這些訊息需要簡單、容易了解，

## 4.3.5 小結

每次事件都是一次的學習，每次的跌倒都是讓下一次的自己更加強壯。圖 4-10 中示意計畫中與非預期事件的交集概念。

圖 4-10 中正方形的面積代表團隊需要的技能與經驗值，每次事件不管是計畫中、還是非預期，都在經歷面積裡的一切，當面積都快被走過、覆蓋過的時候，代表著團隊對於技術與產品掌握的成熟度。計畫中任務彼此之間的交集，代表著經驗與技術被反覆歷練，熟練度提升，信心也增加了。

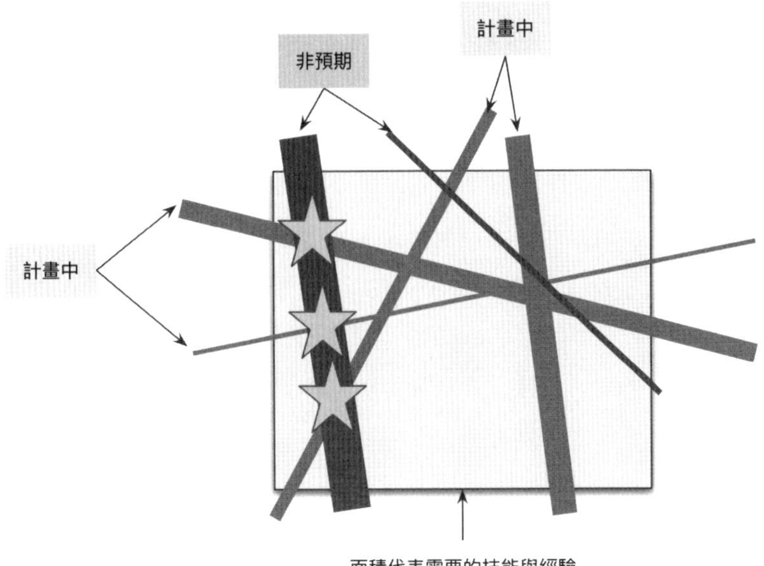


▌圖 4-10　預期與非預期事件的交集

非預期事件經歷過的也會與計畫中任務有交集，「交集」代表著雖然過程中是非預期任務，但有些點滴其實已經在平常的任務中實際演練過了，所以交集點（圖中有三個）越多，代表處理這個非預期任務過程越能夠得心應手，越不怕因為沒處理過而心慌，反而會因為交集處越多，遇到這種非預期任務，會越有信心去挑戰它，甚至當作是樂趣。

「歷練」是「因為經歷，進而練就的一身功夫」。預期與非預期事件的處理歷練，會造就 SRE 面對事情的能力與成熟度，但在面對非預期任務之前，需要做好預期任務的基本功，包含技術、規劃、執行佈局、退場等，當遇到非預期任務，才有辦法因為預期任務的馬步，進而舉一反三、面對變化，而不是依賴於 SOP，然後完全沒有應變能力。

# 4.4 從失敗中學習：訓練與事件報告

有個故事是這樣說的：

> 「一家中型企業的經理負責一個成本 *1000* 萬的案子，目的是拿下大客户的訂單，這筆預算包含行銷、活動、採購、人事支出。最後客户選擇另外一家公司，代表公司損失了 *1000* 萬，負責人因此跟老闆遞辭呈，他覺得自己愧對於公司與老闆的期待。老闆說：我花了 *1000* 萬讓你上到這個紮實的一課，怎麼可以就這樣讓你走？」

每次的失敗都是讓團隊與自己更好的機會。不管是計畫中的任務，還是非預期的任務，想想看一次的事件中得到什麼？學到什麼？如果沒有把這些得到與失去的經驗留下來，讓自己獲得反思與成長，讓團隊獲得成長的機會，那麼 1000 萬就真的白花了。

每次的異常事件都是一次成長，雖然過程辛苦、甚至是痛，但是只要能夠從中獲得什麼，摘要出總結，那麼下次碰到同樣的挫折就變成多一個歷練，漸漸地變成多一次樂趣。

## 4.4.1 具體報告內容

每次的異常事件應該留下什麼呢？分成三個部分：

1. 事件當下的紀錄。
2. 事後處理與修復。
3. 統計與分析。

### 事件當下的紀錄

事件當下的紀錄如下表：

| 欄位 | 說明 | 範例 |
|---|---|---|
| 事件摘要 | 一句話描述事件的關鍵字、影響。 | S2330的商品頁資回應很慢，使用者無法瀏覽商品資訊。 |
| 詳細描述 | 詳細描述狀況。 | S2330商品頁資訊透過瀏覽器與APP突然回應很慢，很多圖檔無法顯示，導致客戶的使用者無法瀏覽商品資訊。其他客戶並沒有這樣狀況。 |
| 發現時間 | 發現的時間點。 | 2023/03/01 21:00 |
| 發現方式 | 描述是內部還是外部發現。如果是內部，要記錄哪個團隊、透過什麼方式，像是自動化、人工。 | • 範例1：客戶（編號：S2330）回報給業務。<br>• 範例2：內部Ninja團隊的監控機制發現。 |
| 影響範圍 | 描述影響的範圍。 | • 範例1：S2330的所有使用者。<br>• 範例2：全部的客戶。 |
| 嚴重性 | 當下判斷的嚴重性等級，分成S0~S3。 | S0 |
| 優先序 | 當下判斷處理的優先序，分成P0~P3。 | P0 |

事件當下，因為還在處理中，這些資訊的用途是讓公司內部團隊對於事件的狀況有一致的理解，然後由主要處理事件的負責團隊判斷事件狀況，依照嚴重性、影響範圍、發生時間來綜合判斷的處理優先等級。

## 事後處理與修復

事件已經完成處理後，要記錄的則是「事後的處理與修復」部分，底下是記錄的範例：

| 欄位 | 說明 | 範例 |
|---|---|---|
| 問題原因（Root Cause） | 針對問題做深度的分析。 | 使用AWS EFS存放圖檔，Read IOPS Credit耗盡，造成無法正常回覆圖檔資料給WebSite。 |

| 欄位 | 說明 | 範例 |
| --- | --- | --- |
| 處理方式 | 詳細描述處理的過程與方式。 | • 提高 EFS IOPS Credit 從 500 → 2000。<br>• 增加 CDN 快取，減少圖檔存取的次數。 |
| 後續行動 | 描述後續的處理工作項目，包含任務內容與負責團隊。 | • 調整 URL Path，讓 CDN 更容易設定圖檔 - SRE+Ninja。<br>• 使用預熱方式，讓 CDN 能夠先針對圖檔路徑預熱 - SRE。<br>• 增加 EFS IOPS 檢查機制，提早發現 - SRE。 |
| 未來如何提早發現 | 類似問題，有沒有什麼方法可以提早避免或者發現的？ | 後續行動（3） |
| 人力與成本 | 描述這次共有多少人參與？花費多少時間？ | 3 個人參與，過程耗費 1 小時：<br>Total= 3×1=3 小時 / 人力 |

## 統計與分析

「事後處理與修復」是 SRE 與產品團隊共同協作、記錄處理的過程。接下來的是「統計與分析」資料：

| 欄位 | 說明 | 範例 |
| --- | --- | --- |
| 影響範圍 | 詳述對客戶的影響層面。 | • 範例 1：影響客戶 S2330 的使用者約 20,000 人。<br>• 範例 2：影響所有客戶的使用者約 15,600,000 人。 |
| 影響時間 | 詳述時間長度，像是影響 2 小時。 | 2 小時。 |
| 平均修復時間（MTTR） | 描述整個修復的時間，除了止血之外，還包含後續查找 Root Cause 修復、上版的時間，所以不見得會等於影響時間。 | 3 小時。 |

## 摘要報告

前面三個報告是產品團隊與 SRE 在使用的，內容比較多細節。針對全公司範圍，以下範例則是一個摘要報告的範例：

1. 標題：[P0] 2023/03/01（三）13:30-15:30 商品頁回應很慢，客戶無法下單。
2. 異常時間：2023/03/01 13:30。
3. 如何發現：Ninja 團隊的監控機器人發現。
4. 異常原因：AWS 儲存服務 EFS 的 Credit 耗盡，造成無法存取讀檔。
5. 處理方式：調整 EFS Credit 500 → 2000。
6. 後續行動：
    - 調整 URL Path 讓 CDN 更容易設定圖檔 – SRE + Ninja。
    - 使用預熱方式，讓 CDN 能夠先針對圖檔路徑預熱 – SRE。
    - 增加 EFS IOPS 檢查機制，提早發現 - SRE（Done）。
7. 人力成本：3×1 = 3 小時 / 人力
8. 未來如何提早發現：增加 EFS IOPS 檢查機制，提早發現 – SRE（Done）。

## 4.4.2 從歷史中學習

歷史已經是過去了，不會再重來一次。但是團隊會持續有新人加入，而且團隊中的每個人也不見得都會經歷每個事件的全部過程或了解全貌。因為經歷這種異常事件的刻意練習[※7]是辛苦、甚至是痛苦的，但是不經歷這些，又怎麼會讓成員成長呢？醫生都是靠臨床經歷，積累實力的，沒有實際臨床經驗的醫師，你敢給他開刀、吃他開的藥？所以對於 SRE 而言，從失敗中學習，從經驗中獲取知識，才能累積能力面對隨時可能發生的異常。沒有這些經歷的成員，是上不了戰場打仗的。

如何讓團隊中的每個人對於過去的事件有機會多了解一些呢？前面的事件報告就是個最好的例子。這個過程中可以拉近團隊成員對於以下資訊有更近一步的理解：

※7 《刻意練習》是 Anders Ericsson, Robert Pool 的經典著作，透過大腦和身體的適應力、正確的練習，讓每個人都能改善技能，甚至創造出本來以為自己沒有的能力，達到巔峰表現。

1. **現況：**
   - 系統架構。
   - 業務需求。
2. **弱點：**
   - 架構已知的缺失與問題。
   - 架構可能的弱點。
3. **處理的手段：**歷史事件中止血的手段。
4. **系統的狀況：**
   - 每天的流量、哪裡是資料熱點。
   - 哪些是運算量很大的（CPU Bound）、哪些是吃記憶體的（Memory Bound）、或者是 I/O Bound 的。



掌握這些資訊，透過事件報告，加上計畫中任務的刻意練習，下一次突發事件發生的時候，會更有信心去面對未知，甚至具備「反脆弱」※8 的能力。

## 4.4.3 小結

「以史為鏡，可知興替」，歷史會不斷的反覆重演，維運工作不管企業在哪個階段，異常事件會反覆地發生，但這些「經歷」不是每個人都會「體驗」過，換言之，怎麼讓團隊對於系統有一致的理解，SRE 第 12 章給出一段很好的標語：

> 「值得警惕的是，理解一個系統應該如何工作，並不能使人成爲專家，只有靠調查系統爲何不能正常工作才行。」

而實務上，並不是每個人都有機會真的經歷調查的整個過程，換言之，專家養成是不容易的。但透過事件報告，會有機會讓更多人走進專家的大門。

※8 《反脆弱》是 Nassim Nicholas Taleb 的著作，闡述哲學家尼采名言：「殺不死我的，使我更強大」，其經典名句是「脆弱的反義詞不是堅強，是反脆弱」。

## 4.5 本章回顧

「事件管理」其實是整個公司層級的問題，換言之，不是產品團隊自己搞定自己的，或者是維運團隊自己想一套，然後發生異常的時候，大概狀況就會是各玩各的。

從第 2 章維運團隊的角度、第 3 章維運與產品團隊，到第 4 章擴大到整個公司層次的問題，這些是一層一層的問題結構，不管是草創期、成長期、發展期，都需要處理的，只是每個階段要處理的分布會有差異，但基本的架構與介面沒有太大的變化，剩下的就是工具的選擇而已。

本章從制高點切入，先討論整個組織對異常事件有一致性的理解，這個角度切入的目的是「要拉齊讀者對於事件管理的觀點」，不管讀者本身是管理者、還是工程師，對於事件管理都要有同樣的視野與切入點。

接下來，才是回到維運團隊本身的計畫中的事件，重點在於平常就該做好功課，平常就要蹲好馬步，在沒有時間與空間的限制狀況下，做到從容以赴，當非預期事件發生時，才有辦法發揮臨場的能力，而不是只能靠 SOP 面對。SOP 背後代表的是「無法獨立思考與獨立處理」，越是複雜的重大的異常，除了對於技能與架構的掌握，更多的是獨立思考與判斷的能力。

最後討論怎麼養成的問題，已經發生的事情可以透過訓練與事件報告中獲取經驗，進而讓沒有親自經歷過的新人對於系統架構、技能有更深刻的體會，進而獲取前輩的經驗。雖然沒有很真實，但可以複製經驗與想法，提升團隊的整體應變能力。

M·E·M·O

# 開發維運治理

" 不以規矩，不成方圓 "

透過軟體工程、寫程式就有機會解決維運問題，像是監控、高可用架構、部署、備份、Log 分析、容錯、On Call 等，看起來可以提升維運效率，但如果換個角度，不是上線中、上線後，而是把時間往前到上線前呢？筆者稱為「Shift-Left SRE」（SRE 左移）※1，著重於從產品開發生命週期切入，把**非功能需求**（Non-Functional Requirement）這些需求，推前到透過軟體工程方法預先準備，讓產品開發團隊在 Day One※2 就已經有了 SRE 的基因，而且是自然的。



因為真實的世界不是單方面從維運角度切入，解決維運團隊自己的需求，就可以讓系統「可靠」，更多的是「開發與維運」雙方對於維運的制度與作法有著一致的理解與作法，如果把這些任務整合成系統之後，除了受惠於 SRE，也同時受惠於開發管理與維運管理兩者之間的橋樑，甚至加速整個開發效率，提升產能。

這樣的概念並不是特別新穎，但是 DevOps 與 SRE 概念流行起來之後，維運任務實際的狀況往往不是產品開發團隊自己做，就是全部給維運做，更多常常是權責不清楚，誘發很多爭議與不愉快。

這個部分將整理銜接開發維運的技術訣竅（Know How），讓開發維運有標準的作法與介面，做到一體化、系統化、平台化。這部分的這些作法也會是下一個部分的主要參考依據，可以當作需求與規格看待。

在開始之前，筆者想探討幾個概念，統一這些想法：

1. 規範、制度、辦法、原則。
2. 人治？法治？
3. 規格是系統化與自動化的依據。

## 規範、制度、辦法、原則

這幾個用詞很常看到，但是在理解上它們是有差異的，首先定義它們，然後引用這些詞來說明相關概念。

---

※1 概念源自「測試左移」，筆者慣稱前期階段（Early Stage）。

※2 Amazon 的文化基因「Day 1」，請參閱 Jeff Bezos 1997 給股東的信：URL https://s2.q4cdn.com/299287126/files/doc_financials/annual/Shareholderletter97.pdf。

1. **規範**：白紙黑字上的具體規則集合，像是 Coding Convention、命名規則、文件規則等，規範是由很多規則所組成，目的是讓事情可以有章法地擴展，像是程式架構有章法的增加功能，Java 大概是最多這種東西的程式。而規範經過抽象之後，應該有管理自己的規範，稱為「原則」。規範必須依照組織狀況、技術管理等背景因素來定期調整、修正，像是 100 人的公司和 1000 人的公司需要不同的規範。
2. **制度**：針對組織運作的方法、生命週期、管理原則。主要針對的是人事物的邊界定義，像是值班制度、On Call 制度。維運團隊需要制度支撐，才可以長期運作，像是 On Call 的執行方法、補償制度。
3. **辦法**：針對特殊背景的臨時管理規範，經過一段時間之後就納入標準規範或者制度。例如：異常處理加班辦法，運行 1~2 季沒問題就納入制度。新增一種架構的臨時管理辦法，一段時間之後，經過幾次調整，就變成**規範**。
4. **原則**：大方向、抽象的概念。憲法就是人民賦予政府權力的原則。原則最經典的範例就是 Design Pattern、KISS、SOLID 等原則，其最後會漸漸收斂成企業組織的文化與價值觀。



## 人治？法治？

維運很常會遇到處理人和人之間的問題，例如：處理異常的後續，團隊是要留下來待命多久？加班費怎麼算？夜間任務要怎麼處理交通問題等，看起來是很瑣碎，但背後其實都是在處理人性的問題。

第一次狀況的處理重點在於處理人性，稱為「人治」。處理人治問題需要高情商、有手段、有技術能力。只要處理過三次，就可以產生臨時辦法、漸漸歸納成「制度」或「規範」，最後產生的就是「原則」。有了原則，就有機會減少處理人的情緒問題，而是直接訴諸「法治」，進而增加行政效率。

法治的好處是只要是歷史經驗、只要可以規範，提前訓練團隊，讓團隊的行動與思考有依循方向，取代只會照本宣科的操作 SOP。除了提供行動方針，更重要的是法治留下了 Know How，不會因為人員異動，直接衝擊企業組織的運作。因為人不一定會長久留在一家企業服務，但是法治會一直跟著公司走。

所以不管是企業還是國家，都會有一個良好的核心原則，像是美國的人權宣言、國家的憲法；企業則是行動原則、企業文化，像是 Amazon 的 Day 1、飛輪效應、Working Backwards、六頁報告法（6-paper）；橋水基金創辦人 Ray Dalio 直接把經營的心法寫成著作《原則》等。



當然，法治也不是全然都沒缺點，它通常缺乏人性，法條是人定的，只要有人不遵守，或者管理者自己不遵守，那法治就只會變成口號。例如：服務資料庫連線字串不能放到 Git，但就是有人會不小心或貪圖方便；SRE 要求減少在 K8s 上使用 Persistance 的角色，卻還是有人把 Redis 放上去，而應用層又沒處理好連線問題，造成異常等。這些已經有原則、甚至規範，但難免實務上會遇到有人為疏失，指責團隊沒有遵循規範，好像對，卻又不近人情。

不管是否符合人情，其實怎麼做最好都要有法源，而法治的作法依舊是來自於人性。「人治」與「法治」兩者並不是相互衝突或者抵制的，而是有發生的先後續，進而變成相互牽引，產生飛輪效應。

## 規格是系統化、自動化的依據

制度和落地通常會有距離，但是不管怎樣，做事情都要有「法源」。法源本質上就是一些條列式的規則，規則距離系統化中間的落差則是經過系統分析與設計後產生規格（Spec），像是描述 HTTPS 的 RFC 2818、TLS 的 RFC 8846，這些規格其實也都是經過多次的演進、更迭，才有今天的網路應用。

「法源」需要經過嚴謹的程序，最常見的問題就是法律跟不上真實世界改變的速度，這其實是個取捨問題，不管真實世界速度變化多快，法條本身也需要適應世界，像是 RFC 那樣持續迭代改進。維運是最適合透過制度化的任務，而制度化的東西，只要經過分析就有機會變成可以系統化，這個系統化的依據就是「規格」。

開發維運之間有很多協作，這些協作的默契背後隱含的是雙方的合約，合約在系統開發的過程中，本質隱含的就是規格，也就是可以直接開發成系統的。

接下來，筆者想探討的就是有哪一些東西應該被制度化、規格化，最後才有機會系統化。

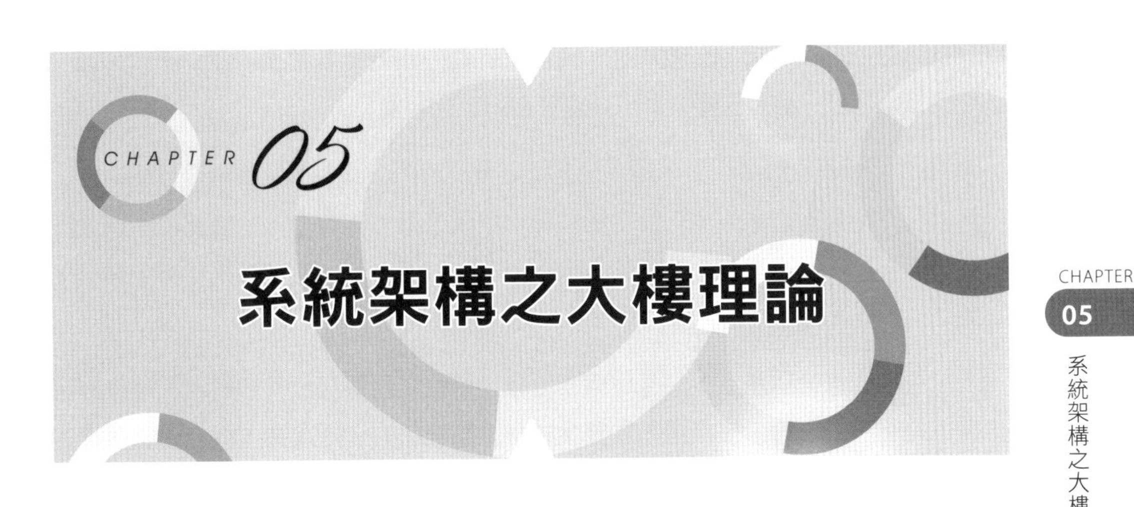




一些電影在描述救援行動或特殊任務的時候，事前會針對任務地理位置、大樓設施做很完整的盤查，執行任務的成員會用「同一份」地理資訊為主，也就是整個團隊對於情報的解讀是一樣的，進行攻堅或救援行動時，才有辦法擬訂良好的計畫 A / B / C，最後依照狀況執行。「地理資訊」是任務成員溝通的共通媒介，才有辦法進行策略性的計畫。

軍事行動的最高指揮官在戰情室裡經常會有作戰資訊，透過雷達知道敵方的地理位置。古代戰爭中，將軍或軍師在佈陣的時候，往往需要先勘查地形，繪製地圖資訊，甚至尋訪在地的居民，了解是否有特殊的地理訊息。確立圖資之後，才開始思考佈陣與行動策略。

「系統架構」是軟體從業人員都需要面對的，與產品團隊不一樣，維運團隊往往面對的是一個已經存在的系統（無論是已經跑了幾年、還是從零開始），然後就要開始處理異常任務或提高可靠度。不管是怎樣的任務，了解系統架構的樣子，就像了解地理資訊一樣重要，當掌握了架構，才有辦法有策略地進行任務。

怎麼描述系統架構、軟體特性，從軟體工程發展到現在，有著各式各樣的方式，包含早期的 UML 到近年流行的 DDD※1、C4 Model※2，其實都各有各的好。描述系

※1 Domain-Driven Design。

※2 URL https://c4model.com/。

統架構的目的是為了促進有效溝通，前述提到的方法各有各擅長的點。不管怎樣，都像是軍事任務一樣，大家要對地理資訊有一致的理解。

而 SRE 這個角色要處理的問題，很多都是現場實際的問題，要更精準且能夠快速理解的。更精準的描述方法，從生活中就可以找到類似的概念。軟體架構的概念源自於建築業，所以直接類比於建築是最直覺的。以終為始來看待系統架構，最後都必須呈現整體的具象結構。



一家企業的每一個產品，由多個服務組成，每個服務都有負責的團隊，這樣的結構關係之下所組成的系統架構，其實就如同人類居住的社區大樓。SRE 要處理維運問題時，大多都必須依賴於具體的系統架構，然後以此做判斷與處理，所以「大樓理論」因應而生。

## 5.1 大樓理論

「大樓理論」借用社區大樓的描述系統架構，把服務（Service）類比成大樓裡的一個住戶，把一個房間類比成一個應用角色（Application）。住戶關心的是自己家裡的事情，在乎自己房子裡的裝潢、格局；但設計社區大樓，則要規劃的是整體性的結構，維護大樓正常服務的前提，了解結構是必須的。

### 5.1.1 社區大樓

社區大樓（如圖 5-1 所示）是很具象化的架構譬喻，表示一個已經部署到現場（Go Live）的架構。

圖 5-1　社區大樓

一棟社區大樓大概會有以下的結構層次，同時可以類比到實際的架構，整合 K8s 這種很常見的架構展開如下：

1. **第一層：社區大門**
   - 每個社區大樓至少會有一到兩個主要大門。
   - 這些大門有警衛把關。
   - 社區有自己圍牆做保護。
   - 大門類比成 Load Balancer 或者 API Gateway，把圍牆類比成 CDN。
2. **第二層：住戶大樓**
   - 一個社區裡會有多棟大樓，每棟都有編號及門。
   - 每棟都有數層樓高，從十幾層到數十層樓。
   - 住戶進去需要刷卡才能進去。
   - 每棟大樓，相當於一座 K8s Cluster。
   - 每棟大樓的門相當於 K8s Cluster 外部的 LB，負責和 Ingress Controller 接軌。
3. **第三層：每棟大樓樓層的分流**
   - 電梯負責每層樓的分流。
   - 相當於 K8s 的 Ingress Controller。

4. **第四層：每層住戶分流**

- 每樓層會有二至四戶，每戶格局有大有小，有四房、三房、兩房、一房等。
- 每戶相當於一個應用程式（Application），至少都有一間房間、一間客廳、一間廚房、一個對外的門。
- 每戶類比到 K8s 的概念：
  - 每戶都有自己的門牌，相當於自己的 Ingress 設定。
  - 進去之後，玄關可以走到各個房間，相當於 Service。
  - 有多個角色（Roles），像是 WebAPI（客廳）、Database（主臥室）等。

這四個層次更具體的概念，如圖 5-2 所示。

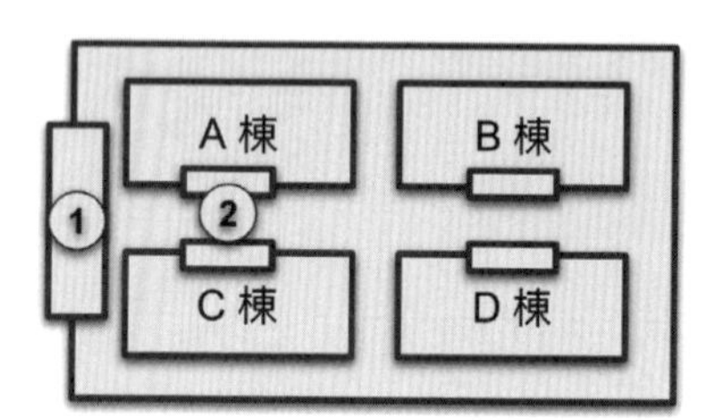

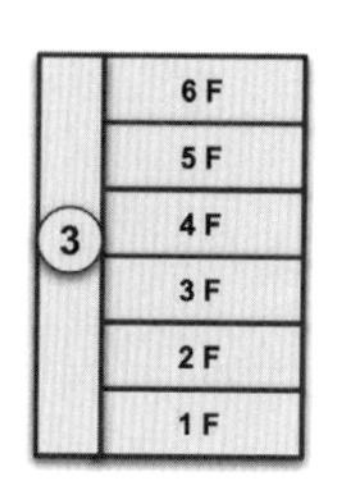

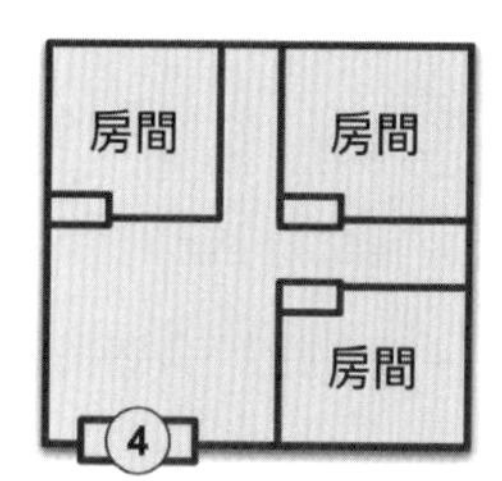


▍圖 5-2　社區大樓分層

從進去大樓開始算起，也就是 HTTP Request 開始看起，大門、樓門、電梯、住戶等四個層次代表著現代系統架構常見的分層概念，而把上述社區大樓的四個層次對應到一個真實的系統架構，會變成如圖 5-3 所示。

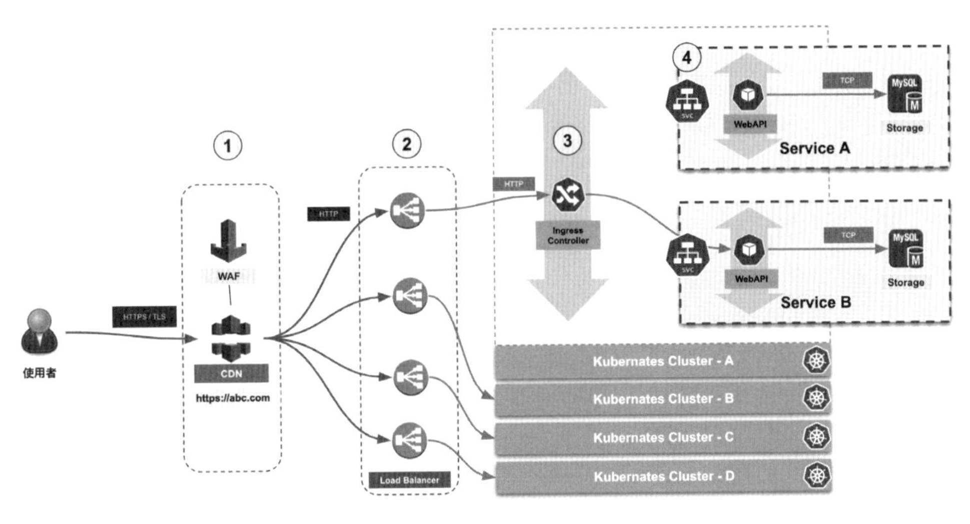


▍圖 5-3　社區大樓與系統架構對應

將這張圖重點摘要，四個層次如下：

1. **第一層：社區大門與護城河**
   - 直接面對 Internet（WAN）。
   - 產品服務的 Domain Name 為 abc.com。
   - 透過 CDN 和 WAF 保護。
2. **第二層：住戶大樓的分流**
   - 圖中有四座 K8s Cluster，相當於四棟大樓。
   - 每棟大樓外都有一座 LB 負責和 K8s Ingress Controller 接軌。
3. **第三層：每棟大樓樓層的分流**
   - K8s Cluster 的 Ingress Controller 分流。
4. **第四層：每層住戶分流**
   - 每戶透過 Service 分流，然後各個角色相互溝通。

要注意的是，實務上社區大樓的結構有很多種設計，這裡為了讓讀者容易抓住核心想法，舉例說明是較容易理解的，掌握這樣的概念之後，再去靈活變化，以此拓展。接下來也會用圖 5-3 當作主要的藍圖，解釋各種概念。

### 5.1.2 各種門



圖 5-3 用實際的系統架構圖對應到社區大樓分層的概念，不難發現所謂的「分層」的依據就是依照各式各樣的門，也就是出入口或分流的位置。

在計算機科學裡，「入口」的英文是 Ingress，這個詞被使用在像是 AWS Security Groups（一種軟體防火牆）裡的資料結構，還有 K8s 的 Cluster 入口。K8s 透過抽象化 Ingress 的定義，允許管理者自行配置實作，稱為「Ingress Controller」，它可以用 Nginx、Traefik、AWS ELB 等實作，想像成社區大樓各種門實際的規格、大小、開鎖的方式。但對於使用者（住戶、應用程式）而言，門的功能就是入口，複雜一點的需要鑰匙、門禁卡。

圖 5-3 包含了第一層、第二層屬於外面的門，第三、四層屬於 K8s 裡面的門，所以直接使用 Ingress 這個已經抽象化過的詞來擴大解釋所有的門，連同內容傳遞網路（CDN）、負載平衡（Load Balancer）、反向代理（Reverse Proxy）、API Gateway 等角色全部統稱「Ingress」，就是負責管理入口與分配流量的角色。

### 5.1.3 請求路徑

一個從瀏覽器發動的 HTTP 請求，送到最後後端運算單元處理，整個過程如同一個人從社區大樓進去到住戶的過程。這個過程中至少會經過社區大門（CDN）、某棟一樓的門（LB）、坐上電梯（K8s Ingress），然後才到住戶的門（K8s Service），也就是有四層入口 Ingress。經過這些門之後，到達住戶裡，也就是應用程式，最後依照需求執行操作資料的行為。圖 5-4 描述一個 HTTP Request 與 Response 走過的路徑。

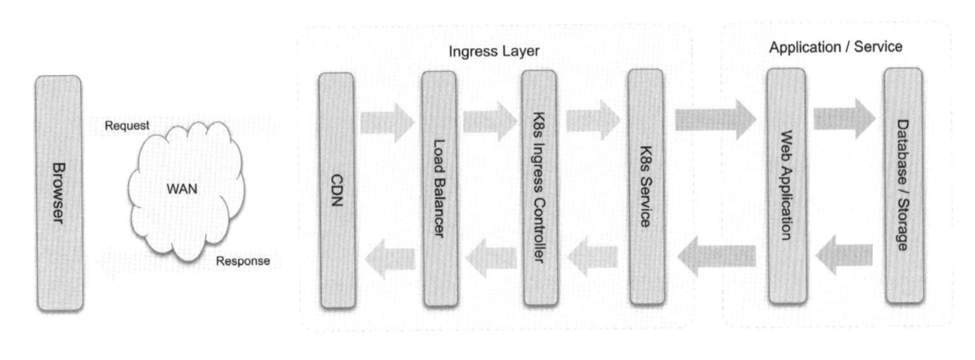


▍圖 5-4　當代系統架構的請求路徑

這個請求過程中，以同步請求（synchronize）來說，每一層可能都會出問題，因為這些「門」的存在，也間接導致一個請求的複雜度增加，像是延遲時間增加、偵錯難度提高。這個世代的系統架構大多已經是分散式架構，已經都是這樣的結構。

應用程式開發者對於圖 5-4 概念一定不陌生，這就類似於現代 Web Application 在處理 HTTP 請求時所用的 Middleware 的概念，只是範圍擴大到整個架構的各個層次。

## 5.1.4 SRE 負責哪個層次

社區大樓裡大部分的住戶，會先關心自己家裡的空間規劃、屋內的裝潢、動線規劃、傢俱擺設等，大樓建築師規劃的則是整體格局、每戶空間格局、大樓結構係數、建材成本、施工工法，讓每個住戶都能做自己的規劃，但也都享有共用的公共設施。

SRE 負責維護的大樓的整體的公共設施，像是社區的圍牆、入口大門的保養、每棟大樓電梯的保養、自來水水池的清潔、大樓公共空間的打掃、大樓供電系統 / 保全系統 / 照明系統的維護等，這些都是確保住戶生活品質的穩定與可靠。

住戶（產品開發團隊）如果發現自來水出來的水是髒的，如果是房子內管線的問題，則應該由住戶自行處理，大樓管理員可以協助；如果是個別住戶的問題，理應是個別住戶自行承擔費用；如果是整體性的問題，像是整棟大樓水壓不夠、水質不佳，則由大樓管理員負責找人來處理。

不同的層次問題中，應用層所考慮的和平台架構考量的切入點是不一樣的，也就是說，大部分開發者的關注點與系統層不一樣的。住戶住家裝潢時，可能要考慮家裡水電線路如何配置，而不需要知道整棟大樓的主要水電系統如何配置，但是 SRE 要知道。住家考慮居家安全系統時，通常只能加強自家的門鎖、監控，且大樓管理除了門鎖、監控，各個出入口也要有人，能夠驗證人員進出是否合法。

SRE 要負責的首先是「整體架構的可靠性」，也就是社區大樓整體可以正常服務；產品團隊則首先專注在自己服務範圍的可靠與穩定，同時與 SRE 協作查找可以改善的問題點。



### 5.1.5 小結

「大樓理論」描繪一個系統架構在生活當中的具體樣子，利用現在常見的社區大樓形式，來讓讀者更能理解「架構」實際上的樣子，以及一個請求從最外面走到最裡面到底會經過哪些東西，特別是在現代 K8s 與分散式系統已經是常態的世界，維運團隊必須要清楚明白這些概念。

而組織規模大小差異，則會有不同種類的「大樓」，像是草創期可能是透天，成長期可能是公寓、華廈；發展期就是社區大樓或好幾期的社區，甚至好多個地區（Zone）的社區，以及形成一座城市，複雜度就會更高。

但是架構的本質都是一樣的，要處理各種門、路徑，最後服務實際上在哪裡運作。掌握這些原則，才有辦法規劃一個可擴展的大樓，或當面對異常事件的時候怎麼應變，因為一個請求經過哪些門，哪些門出問題，是 SRE 要能快速掌握的。

## 5.2 描述架構的具體方法

上一個小節透過大樓理論，用社區大樓類比系統架構，從上帝視角講述架構最外圍的特性。繼續往應用層細分，則借用物件導向的概念，作為描述系統架構的具體方法。物件導向程式設計（OOP）的三大特性：「封裝」、「繼承」、「多型」，其

**核心特質都是在描述資源（Resource）的各種型態與關係，本質則是物件在執行期（Runtime）的動態命名空間，彼此的交互行為。**

OOP 和 OOD（物件導向設計）已經是千錘百鍊、被精鍊、經得起時間考驗的概念，也已經有著各式各樣的理論與模式，像是 SOLID 原則 ※3，這些經驗雖然描述的是程式碼層級的結構關係，但實際上往上一層到系統架構層級也是適用的。

這章節直接引用 OOP 的概念，描述系統架構，提供了更直覺且未來可以程式化的方法。這個方法除了可以讓開發者更容易理解，同時也讓 SRE 可以用 OOP 的方式思考系統角色之間的關係與互動。

在思考架構的呈現，其實背後也包含著設計的意圖，同時也讓開發團隊與 SRE 的協作更有效率。底下是筆者設計的一套了解架構方式，以服務（Service）為主體，三個層次：

1. High Level View：使用者與角色定義、跨服務的依賴、邊界範圍。
2. Service Definition：服務內的抽象角色定義與關係，不談技術與實作，專注在內部角色關係與使用者情境。概念可以類比於一個 Two Pizza Team 內部的成員角色。
3. Go Live：服務內角色的具象實踐，包含測試環境、正式環境的實踐技術。最複雜在這裡，因為會牽涉到實際的實踐技術、落地、成本、維運、效能等。

這三個層次的基本想法就是：

1. **跳出來**：看全景。
2. **看進去**：學本質。
3. **動手做**：找實踐。

透過這樣的方法，可以有層次表現系統架構。當要評估一個架構或處理異常的時候，可以有清楚的參考依據。實務經驗的案例往往是產品團隊搞不清楚自己架構的樣子，在系統發生異常的當下，會有很長的時間在整理架構的樣子，像是搞不清楚

※3 SOLID：單一功能（Single-responsibility）、開閉原則（Open–closed principle）、里氏替換（Liskov substitution）、介面隔離（Interface segregation）及依賴反轉（Dependency inversion）。

Ingress 到底有哪幾層、搞不清楚 Storage 是被誰依賴等，結果就是事件從發生到發現，然後發現了，卻因為搞不清楚系統架構、搞不清楚角色之間的依賴關係，當下無法判讀異常的核心問題在哪。

其實這些時間都是可以省下來的，就像打仗的時候，應該都已經掌握整個地理位置的情報，不是都要發射導彈了，卻還在找敵方陣營的圖資，找了幾天，結果對方卻先打過來了。



圖 5-5 是整個描述架構的核心概念：

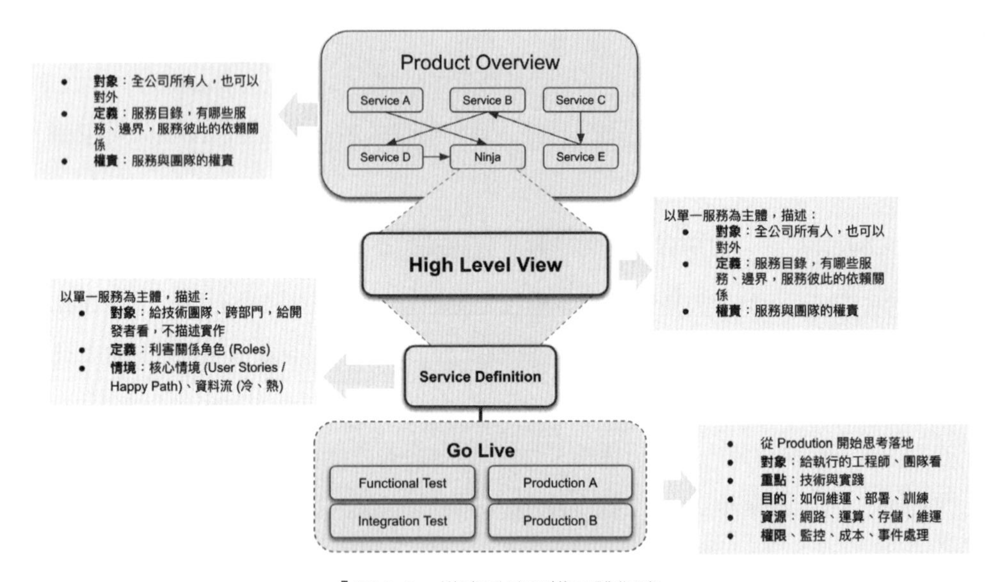


圖 5-5　描述系統架構具體作法

接下來，針對圖 5-5 來一一描述背後的定義。

## 5.2.1 核心概念：封裝與內聚力

**封裝**是物件導向設計的核心概念，筆者直接借用這個概念，用於描述系統架構。「封裝」就是把資源的**可視性**（Visible），透過幾個關鍵字：**公開**（Public）、**保護**（Protected）、**私有**（Private）[※4]，描述其對外與對內可以操作性，也就是**存取**

※4 有些程式語言還會有其他概念，像是 C# 還有 internal，本文以普遍性的 OOP 舉例為主。

**控制清單**（Access Control List，ACL），而在很多設計議題裡經常提到的**內聚力**（Cohesion）、**耦合性**（Coupling），也就是從封裝概念出發。架構裡描述的是角色與角色之間，彼此的互動是需要透過 ACL 表述彼此的關係。

像是一個點數服務系統，由 WebAPI、Database、Cache 三個角色組成；另一個系統是通知服務，由 WebAPI、Database、Pub / Sub 三個角色組成，這兩者之間對外都只有開放 WebAPI 給彼此操作。



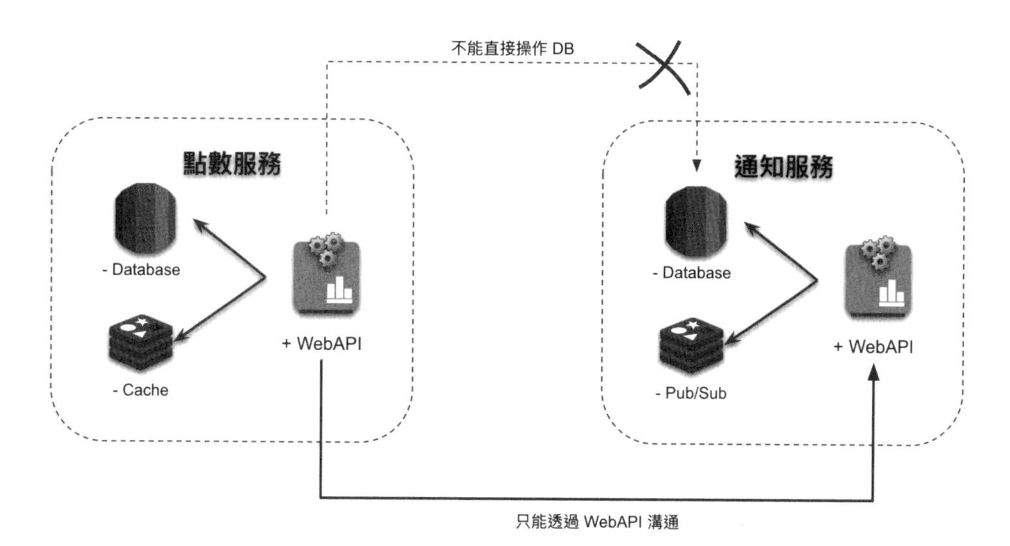


圖 5-6　通知服務與點數服務邊界與通訊

圖 5-6 的點數服務中，對外開放的只有 WebAPI，以加號（+）號代表「公開」（Public），其他兩個角色都以減號（-）代表「私有」（Private），也就是不公開給其他服務直接操作；同理，通知服務也是一樣的。

封裝的本質在於「隱藏細節」，只專注在介面的可存取性及結果，所以圖 5-6 中描述的角色並沒有描述用什麼東西實作，其沒有提及 Database 是使用 MySQL、PostgreSQL 或 MSSQL，也沒有提及 Cache 用的是 Redis 或者 MemCached。

底下用物件導向程式（Java）的程式碼來表達這整個概念：

```
PointService class {
    public PsWebAPI api;
```

```
        private Database db;
        private Cache cache;
}

NotificationService class {
        public NsWebAPI api;
        private Database db;
        private PubSub pubsub;
}
```



這段程式碼定義兩個類別，並且描述它們內在屬性的**可視性（Visible）**，像是 PointService 的 API 是 public，其他則是 private，NotificationService 也有類似的描述。這段程式碼只有描述結構，並沒有描述行為或關係。

在系統架構引用封裝概念，背後的目的是不管是在設計階段、還是營運階段，系統的穩定性都仰賴整體的可靠度。整體一直都很可靠且不切實際，所以實務上一定會拆分，讓每個功能職責範圍變得清楚或變小、降低彼此的依賴關係，做到**分而治之（Divide and Conquer）**。當發生異常的時候，整個系統只有局部會故障，而不是整體性故障；當要維護系統的時候，也不用牽一髮而動全身，這概念就是參考高內聚、低耦合的想法。

## 5.2.2 上帝視角：Product Overview

從整個產品的上帝視角來看，最上層的視野稱為「Product Overview」，看的整體的狀況，概念如圖 5-7 所示。

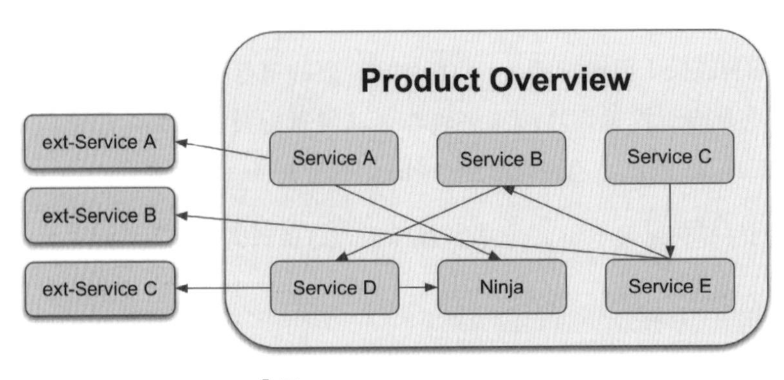


圖 5-7　Product Overview

這張圖的基本原則如下：

1. **適用對象**：全公司所有人，包含老闆、非技術人員。
2. **定義**：使用角色（人）、定義服務、邊界、內外部依賴及負責團隊，屬於服務治理範疇。
3. **康威定律**：團隊與團隊之間的關係，確認權責、溝通管道。

這一層的視野類似於行政首長的視野，看的是國家整體狀況及各個行政單位的關係。在系統架構裡，概念就是整張圖代表一個產品，產品被拆分成很多個服務，這些服務（A~E、Ninja）類似於地圖上的行政單位，像是台北市、新北市、台中縣、台中市等。

首要的問題就是要先定義有哪一些服務？例如：Service A~E、Ninja 這六個，而且這六個分屬哪一些團隊，像是全公司有團隊 A、B、C 三個，而上面清單有六個，那麼權責的分配可能會是這樣：團隊 A 負責 Service A / Ninja、團隊 B 負責 Service B / C、團隊 C 負責 Service D / E。而服務之間的依賴關係，其實也間接代表著團隊之間彼此的依賴關係，像是當 SRE 要協助處理一個線上異常，這個功能經過的路徑是 A / B / Ninja，就代表團隊 A / B 也都會被影響到，需要有人可以出來協助處理。

除了團隊內部的依賴，更多時候產品會依賴於外部的服務，圖中描述了 Service A 依賴於外部 ext-Service A、Service E 則依賴於外部 ext-Service B 這樣的概念。依賴於內部服務，代表內部某個團隊同樣依賴於外部服務，也等於依賴於外部某個合作夥伴，有時候發生問題的連鎖反應會是內部服務造成的，也有可能是外部服務造成的。

在產品角度中，將各種業務領域（Domain）拆分成系統的單位，稱為一個服務（Service）。這個服務在分散式架構及組織團隊裡，理想的結構是一對一，也就是一個服務由一個團隊負責開發及業務維運。

這張圖可以透過數位化的方式或 Tracing 的機制，對外可以做成 Status Board，對內可以透過 Tracing 脈動掌握即時狀況。

## 5.2.3 服務本位：High Level View

Product Overview 看的是整個產品的角度，但回到團隊自己，看的就是本位主義的視角，從服務的觀點來看自己（Service Ninja）與其他內外服務的關係，概念如圖 5-8 所示。



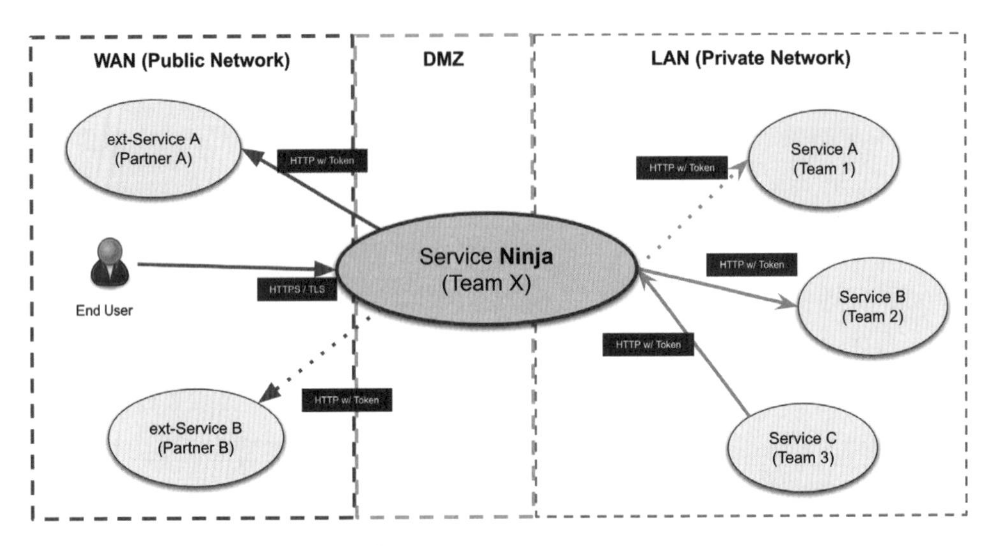


▍圖 5-8 High Level View

這張圖表達 Service Ninja 自己與其他服務之間的關係，主角是 Service Ninja。從圖中可以了解以下資訊：

1. Service Ninja 依賴 Service A、B、ext-Service A、B。背後代表 A / B 其中一個故障，Service Ninja 也會故障。
2. Service Ninja 被 Service C 依賴。同樣的，代表 Service Ninja 發生故障，Service C 也會故障。
3. Service Ninja 在整個產品的角度，直接對 WAN、跨過 DMZ，也對 LAN。
4. Service Ninja 有給 End User 使用，但並沒有給其他 Service 使用，也就是沒有開放 API。

「本位觀點」的意思，簡單說就是「從台北看天下」這樣的說法，也就是站在台北市這個行政區的角度，去了解與其他城市之間的關係，道路、資源相互需求。

High Level View 整個出發點很常出現的問題是「顆粒度」問題，太大或太小都是問題。例如：很常會出現只有一個 Resource、三支 API 也拆分成一個服務，太浪費資源；或者一個服務出現上百個 Resources、數百支 API 這種超大單體，這兩種都是過度極端的案例。拆分方式可以「領域」(Domain) ※5 方式拆分，例如：點數服務、通知服務、搜尋服務這樣的概念出發，搭配未來業務的需求，才不會讓服務過大或者過小。



### 強依賴與弱依賴

這張圖的依賴關係還分成「強」、「弱」兩種依賴，「強依賴」代表服務自己沒有它不行，「弱依賴」代表被依賴的服務如果故障，Ninja 本身不會故障。圖 5-8 中的實線（Service B / ext-Service A）代表 Ninja 對它們的強依賴；虛線指向 Service A / ext-Service B 則代表弱依賴。這些是強依賴還是弱依賴，由產品團隊在設計架構的時候，協同架構師與 SRE 共同定義與疏理，設計的原則是以「減少依賴」為原則，也就是透過容錯機制或快取方法降低依賴性。

## 5.2.4 服務定義：Service Definition

在產品角度中，將各種業務領域（Domain）拆分成系統的單位，稱為一個服務（Service）。這個服務在分散式架構及組織團隊裡，理想的結構是一對一，也就是一個服務由一個團隊負責開發及業務維運。

服務定義（Service Definition）的目的摘要概念如下：

1. **使用對象**：負責的技術團隊、跨部門看。
2. **定義**：描述服務本身由哪些角色（Roles）組成、角色間的依賴關係。
3. **情境**：最重要的核心使用情境，包含：
   - User Stories。
   - Happy Path。
   - 依照使用情境而產生的資料流（冷、溫、熱）。

※5 拆分服務的相關概念請參閱《領域驅動設計》（Domain-Driven Design，DDD）相關書籍的介紹。

延續 High Level View 的 Service Ninja，圖 5-9 描述 Service Ninja 的角色（Role）組成，這些角色的可視性個別定義：

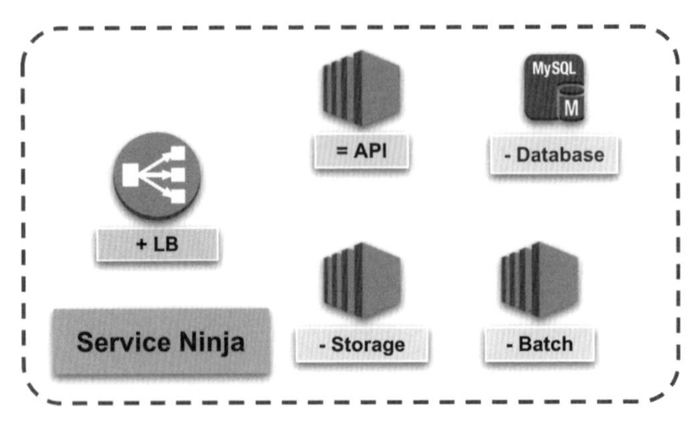


圖 5-9　Service Definition 角色定義

圖 5-9 定義了五個角色，它們的屬性及職責（Role and Responsibility，R&R）※6 列表說明如下：

| 角色名稱 | 可視性 | 說明 | 實作舉例 |
|---|---|---|---|
| LB（Load Balancer） | Public（+） | 負載平衡，直接開放給外部存取，終端使用者可以直接連線存取。 | Nginx、AWS ELB |
| API | Protected（=） | 開放的 API 介面，屬於半開放，只有內部服務可以直接存取。實務上會在內部再加一層 Internal LB 或者 Sidecar 方式，避免直接存取，進而變成 Private。 | ASP.NET、Java Spring Boot |
| Storage | Private（-） | 存放靜態檔案，像是圖檔、CSS/JS、影像檔等非結構化資料。 | AWS S3、EFS、GlusterFS |
| Database | Private（-） | 存放結構性（Structurize）資料。 | MySQL、PostgreSQL |
| Batch | Private（-） | 執行非同步的批次作業。 | Python、Java Console、ASP.NET |

※6　R&R 的用法概念同產品開發團隊的職能角色定義，只是對象用在系統服務上，概念延伸自「康威定律」。

有了角色定義，接下來要描述的定義則是內在角色之間的依賴關係，如圖 5-10 所示。

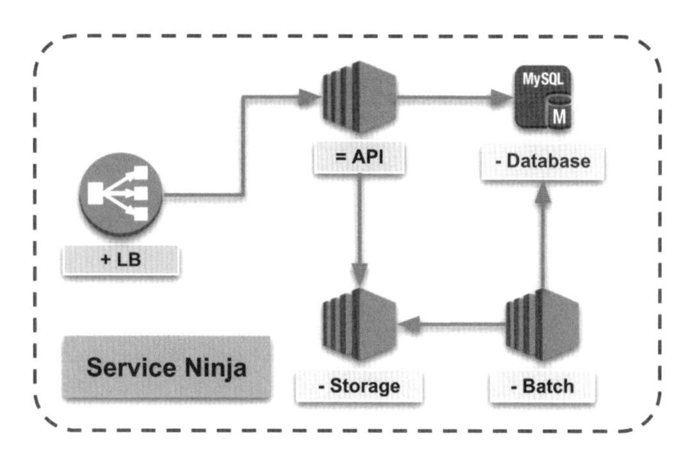


▌圖 5-10　Service Definition 內部依賴

圖 5-10 箭頭表示「角色依賴關係」（發出請求的方向）：LB 依賴於 API、API 依賴於 Database 與 Storage、Batch 依賴於 Database 與 Storage。

Service Definition 把 Service 當作一個白箱，打開箱子（跳進去）看裡面的角色（Roles），屬於邏輯概念。每個服務通常都會由多個角色組成，這些角色與角色之間都會有依賴關係和存取控制，像是 API 發動（箭頭指向）Database / Storage，代表 API 依賴於它們兩個，意思代表被依賴者（Database / Storage）只要發生故障，API 也就隨之停擺。

有著依賴關係，隨之而來的則是「存取認證授權」的問題。API 操作資料庫，一定會有資料庫的連線字串（Connection String），這就代表了已經具備認證授權的機制了。如果是兩個服務之間 API 相互呼叫，其實就可能會省略認證授權這段。

有了角色定義、內在依賴關係，接下來是整個服務的外在關係與結構，如圖 5-11 所示。

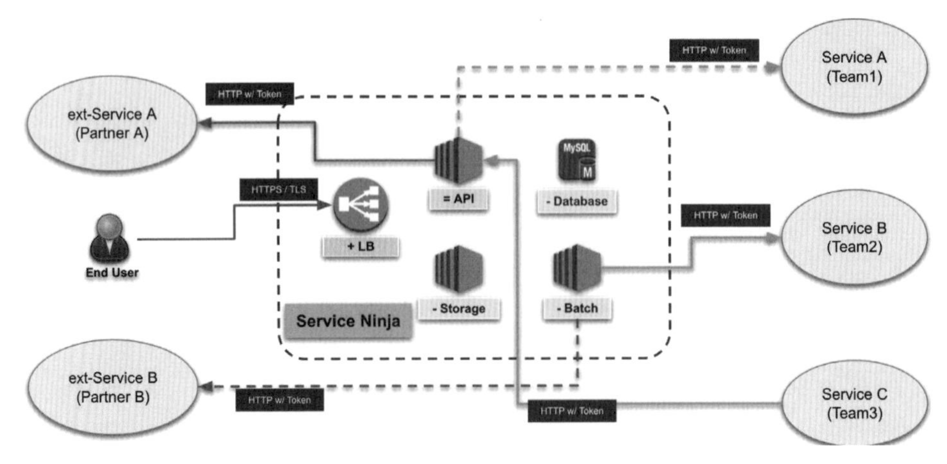


圖 5-11 Service Definition - 外部依賴

「外部依賴」概念同「內部依賴」的表示方式，只是「外部依賴」分成兩種：

1. 同一個公司（產品）的其他服務，像是圖中的 Service A / B / C。
2. 屬於外部合作夥伴的服務，像是圖中的 ext-Service A / B，常見的像是 Google Map、AWS SES 依賴。

## 最小單位：Role

在 K8s 裡的核心概念，最小單位是 Pod，也就是運行實際的控制單元。而系統架構每個需要單獨運行的**角色（Role）**則是最基本單位。角色類似於團隊中常見專任專職的概念，像是測試工程師、維運工程師、開發工程師、專案經理等都是屬於人在職能上的角色定義。在系統架構裡也有著各式各樣的角色。

角色類型最基本的是一台計算機結構的基本要素：運算（Compute）、記憶（Memory）、存儲（Storage）、網路（Networking），其中 Storage 又會因為資料溫度的冷溫熱，使用的技術有所差異。冷資料使用的是 Blob / Object Storage，溫資料則是使用 Relational Database / NoSQL，熱資料則是 Cache / Queue 等方式實踐。

整理常見的角色及實作：

1. Web（API）：ASP.NET、Node.JS、Java Spring Boot 等。
2. Database：MS SQL、MySQL、PostgreSQL、MongoDB 等。
3. Load Balancer：HAProxy、Nginx、AWS ELB（NLB / ALB / CLB / GLB）。
4. Cache：Redis、Memcached、Hazelcast 等。
5. Storage：S3、GlusterFS、Ceph 等。
6. Queue：AWS SQS、RabbitMQ、GCP Pub / Sub、Apache Kafka 等。

角色隨著各種實作或迭代，同一個抽象名稱又會分出很多種實作。像是維運工程師也分出 DevOps、SRE、SE 等各種角色。Database 是可以再細分更多的，像是 Ralation Database、NoSQL、New SQL、Document、Search 等。

要留意的是，在 Service Definition 裡的角色描述的都是邏輯概念，也就是不會強調是用哪些技術實作，實作則放在 Go Live 表述。

Service Definition 的重點整理如下：

1. 以服務為角度，描述使用者定義、對外部系統的依賴關係。
2. 描述服務內部的角色定義，包含名稱、可視性。
3. 描述內部角色與外部服務的依賴關係。
4. 描述內部角色彼此之間的依賴關係。
5. 不包含：角色實作的技術與方法。

服務的複雜度由「角色的數量」呈現出來，當角色數量超過五個以上，這個服務已經進入大部分人不太容易理解的狀況。這現象跟一個 Scrum Team（少於八人），但裡面的分工卻超過五種，最後就會變成分工過於複雜，進而誘發專案難以理解的狀況。架構也是具備這樣的現象，特別在下一個部分之後，複雜度的感覺會越加明顯。

## 5.2.5 現場：Go Live

延續上一小節 Service Definition 的抽象概念，討論其實作，同時也延伸「3.3 介面：SRE 需要負責部署？」討論過「現場」的概念，包含了內部用的測試與生產用的正式環境，套上 Service Definition 延伸的概念，如圖 5-12 所示。



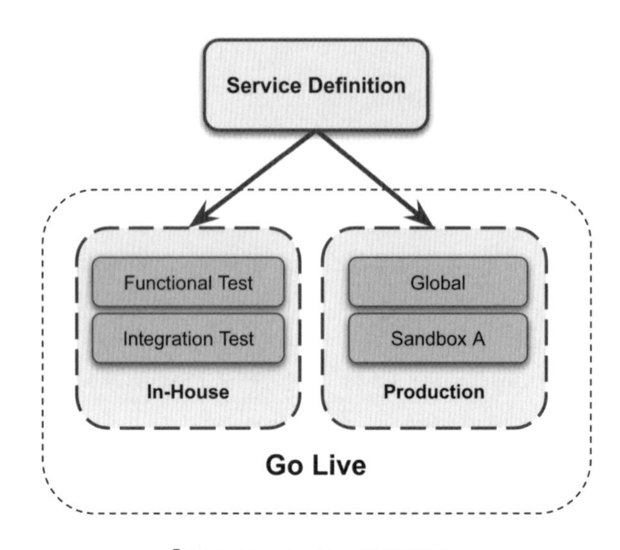


圖 5-12　Go Live 整體概念

Go Live 整個的出發點是以 Service Definition 為介面，以終為始的方式思考與設計：用 Production 思考落地的問題，然後進行減法原則，往 In-House 的測試環境推算，設計與執行次序是：

1. **設計考慮的次序**：Production → Testing → Staging → Dev。
2. **執行建置的次序**：Dev → Testing → Staging → Production。

Go Live 的目的摘要如下：

1. **使用對象**：負責的產品團隊、SRE。
2. **實作**：具象化、實作細節。
   - 像是資料庫用哪一種？為什麼？
   - 服務與角色之間具體的 Endpoint 是什麼？通訊協定？資料流？

- 可靠性機制：像是自動擴展機制（Auto Scaling）、HA。

延續上一小節的例子，圖 5-13 中展開 Service Ninja 在一個名叫「Global」的 Production 具體實作及相關資訊。

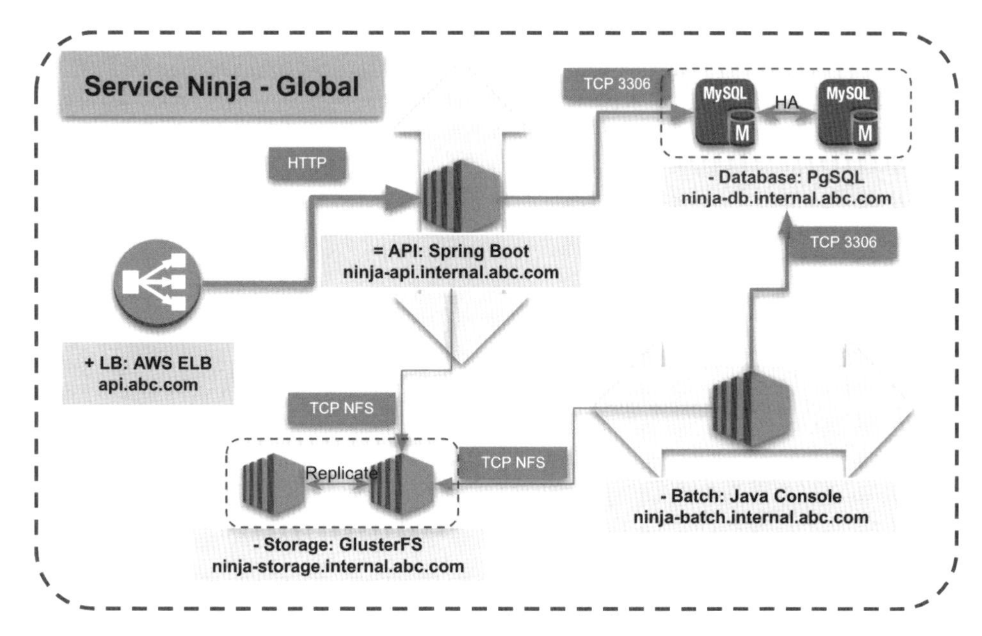


▍圖 5-13 Go Live - Production

從圖 5-13 中不難發現，除了已經定義好的角色，每個角色的具體實作已經都被標記，而且有些還有 Auto Scaling（箭號），Storage 與 Database 則有高可用的概念、每個依賴走的通訊協定，粗細則代表資料流量的大小。

這個概念用程式碼來呈現，大概就是這樣：

```
1  interface ServiceNinja {
2          public LB lb;
3          protected WebAPI api;
4          protected Batch worker;
5          private Storage storage;
6          private Database db;
7  }
8
```

```
9  class GlobalProduction implements ServiceNinja {
10         @Implement(provider="AWS ELB")
11         @Endpoint(fqdn="api.abc.com", ssl=true)
12         public LB lb;
13
14         @Implement(provider="Spring Boot", autoscale="K8s HPA")
15         @Endpoint(fqdn="ninja-api.internal.abc.com", ssl=true)
16         protected WebAPI api;
17
18         @Implement(provider="Spring Boot", autoscale="K8s HPA")
19         @Endpoint(fqdn="ninja-batch.internal.abc.com", ssl=true)
20         protected Batch worker;
21
22         @Implement(provider="GlusterFS", ha=true)
23         @Endpoint(fqdn="ninja-storage.internal.abc.com", ssl=true)
24         private Storage storage;
25
26         @Implement(provider="PostgreSQL13", ha=true, replication=true)
27         @Endpoint(fqdn="ninja-db.internal.abc.com", ssl=true)
28         private Database db;
29 }
```

系統架構最終是要滿足Production的運行，但實際上在產品開發團隊執行開發過程，需要的測試環境又會與Production有所落差，有些概念提倡環境要一致，讓SRE建置一樣規格的架構，所以瘋狂搞Infra as Code（IaC），實務上是不切實際的，因為在Cloud的世代中，帳單會反映出來問題。

舉例來說，Production因為可靠度需求，資料庫會採用高可用架構（HA）、甚至做讀寫分離，這樣的架構會讓資料庫成本增加一倍、到數倍以上，而在測試階段，大多需要確認的是**功能驗證測試**（Functional Verification Test，FVT），重點是驗證商業情境與邏輯的正確性。資料庫高可用屬於非功能性中的**系統驗證驗證**（System Verification Test，SVT），驗證重點是硬體發生異常的時候，高可用的機制可以正確的故障移轉（Failover），然後業務場景不受影響。

所以在產品開發團隊的開發過程中，最常用的其實是FVT的In-House環境，可以大幅簡化整個架構的狀況，如圖5-14所示。

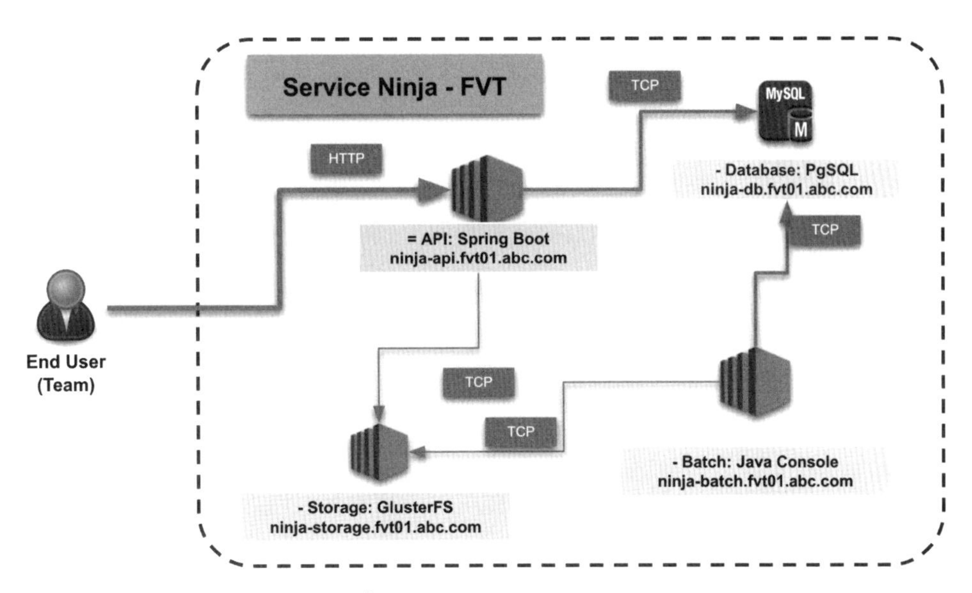


圖 5-14　Go Live for FVT

FVT 不需要以下：

1. API 與 Batch 的 AutoScaling。

2. Database 與 Storage 的 HA。

3. 因為是內部使用，所以可以直接省略 LB。

圖 5-14 可以用以下的程式碼描述：

```
1  class FunctionalTest implements ServiceNinja {
2          @Implement(provider="None")
3          public LB lb;
4
5          @Implement(provider="Spring Boot")
6          @Endpoint(fqdn="ninja-api.fvt01.abc.com", ssl=false)
7          protected WebAPI api;
8
9          @Implement(provider="Spring Boot")
10         @Endpoint(fqdn="ninja-batch.fvt01.abc.com", ssl=false)
11         protected Batch worker;
12
```

```
13         @Implement(provider="GlusterFS", ha=false)
14         @Endpoint(fqdn="ninja-storage.fvt01.abc.com", ssl=false)
15         private Storage storage;
16 
17         @Implement(provider="PostgreSQL13", ha=false, replication=false)
18         @Endpoint(fqdn="ninja-db.fvt01.abc.com", ssl=false)
19         private Database db;
20 }
```



不難發現，FVT 乃至於開發者自己的環境，都可以非常精簡，用時下流行的「容器技術」(Container) 是非常容易實現的。

從 Production 到 FVT 的環境思考，整個案例下來不難發現，實作的介面 Service Ninja 都沒有改變，然後依照情境 (FVT、SVT、Integration) 需求調整實作。下表整理這些環境的需求考量與實作的差異，填入前三個最重要的考量：

| Considerations | Production | | In-House | | |
|---|---|---|---|---|---|
| Live | Global | Sandbox | Staging | FVT | SVT / Integration |
| Security | 1 | 1 | 3 | | 3 |
| Reliability | 2 | | | | 3 |
| Performance | 3 | | | | 3 |
| Cost | 3 | 2 | 2 | 2 | 2 |
| Operational | 3 | 3 | 1 | 3 | 3 |
| Testability | | 1 | 1 | 1 | 1 |

總結 Go Live 整個概念如下：

1. 從 Prodution 開始思考如何落地。
2. 給執行的工程師、團隊看。
3. 技術與實踐，主要考慮環境建置、未來找問題時大家理解的基準。
4. 如何維運、誰維運、如何部署、如何交付給其他團隊、包含訓練。

5. 確立需要的資源：網路、運算、存儲、維運等四大類資源。

6. 權限分配、監控、成本、事件處理。

### 5.2.6 小結

SRE 是畫圖架構師還是 PPT 架構師呢？畫架構圖的重點在於「讓團隊能夠對於系統架構有一致的理解及掌握」，背後更重要的是在設計階段，就開始思考圖中角色定義及依賴，這些原則其實背後與**物件導向設計**（OOD）的 SOLID 原則是一樣的。只是透過「繪圖」的過程，讓團隊加深思考背後的本質，當思考過架構角色裡的關係與原理，遇到系統異常時，除了 SOP 之外，更可以基於對於角色之間關係的理解，找到對的原因。



## 5.3 本章回顧

本章節開始透過定義架構的描述方式，讓開發與維運有同樣的技術術語。筆者認為任何溝通問題，都可以在生活中找到實際的例子，而且是大家都容易理解的，因此「大樓理論」就這樣誕生了。透過大樓理論的想法，衍生出具體的描述架構方法，背後動機是透過這樣的原則展開一個可以系統化的規格。

不同於很多現成的 IaC 工具，本章描述的想法是從上帝視角開始，就像著名的電玩遊戲「模擬城市」的概念，用蓋房子的設計藍圖，但是同一個藍圖又可以被引用在多個地方，只要稍作變化，同一個圖可以蓋出各式各樣的大樓。而這個概念就是物件導向設計的「介面」（Interface）與「實作」（Implementation）之間的關係。

這樣的想法沿用 OOP 的原則，未來要變成系統化、甚至是平台化，才會有更具體的規則，因為設計之初，就是為了未來可以透過程式的方式，進而做到託管服務 Managed Services 概念，甚至是 Marketplace。

**治理**（Governance）一詞依據 Wikipedia 的定義，摘要如下：

「在政治學領域指的是國家治理，也就是政府利用治權，來管理國家、人民和領土，已達到延續國祚和讓國家發展的目的。」※1

把管理國家的概念沿用在企業管理，稱為**公司治理**（Corporate Governance）。「治理」更多談的是原則性、價值觀的東西，「管理」談的更多是具體的手段與方法。

「治理」談的是整體慣例、政策、法規、管理等原則，這些原則會影響如何帶領、管理公司，範圍是全公司或整個企業集團；「管理」談的是任務的計畫、執行、協調、控制等具體制度與規範，會影響的是任務及組織的發展，範圍是單一組織、團隊。

像是基層主管的工作是管理團隊，讓團隊有一致的目標及穩定產出；高階主管的工作除了管理團隊之外，更重要的是治理公司，所以筆者這樣定義治理與管理的差別：

「治理是戰略層級，管理是戰術技巧。」

---

※1 URL https://zh.wikipedia.org/zh-tw/%E6%B2%BB%E7%90%86。

如果只討論戰略或戰術的用語，會顯得很虛無飄渺，為了把概念系統化，「治理」一詞筆者將之定義成「定義結構與關係」的方法論。用政府來講，地方政府需要管理自己的行政工作，中央政府則需要有治理國家的方向。地方首長治理行政區的第一個功課：「了解有哪一些行政區」，例如：要管理台北市，至少了解有幾個行政區、每個行政區的人口結構、產業特性、歷史因果、區域發展現況等結構性定義，依照這些定義，會直接影響接下來的施政方向、計畫、預算，這些都圍繞著「結構與關係」。

一個空降的 CEO 要管理一家新公司，對內需要搞清楚組織結構，知道哪些人是地頭蛇，然後要了解這些人的利害關係以及產品與財務之間的結構；對外，搞清楚產業結構、客戶關係，列舉客戶大小、產品與客戶的對價關係。了解這些關係之後，進而定義發展的戰略目標。

筆者把國家治理與公司治理的概念沿用在產品服務，稱為**服務治理**（Service Governance）。本章節要來討論的是，服務治理背後要處理的問題，以及帶給 SRE 的好處是什麼。



## 6.1 服務目錄

「第 5 章 系統架構之大樓理論」提到了具體描述架構的方法，其中 Product Overview 描述整個產品包含了哪些服務，背後代表必須清楚列舉有哪些服務，就像治理一個國家，要清楚內部的行政區的劃分是必然的。有了服務清單之後，服務之間的橫向依賴關係、上下依存結構、所屬職責、業務範圍、技術架構、相關資訊等資訊，也都需要清楚列管，因為接下來與服務有關係的客戶、業務需求、開發、測試、維運等，都跟這份清單相關，筆者把這份清單稱為**服務目錄**（Service Catalog）。

以下用一個實際的例子說明，如下表：

| ServiceId | Service Name | Status | Owner / Team | Live - Production |
|---|---|---|---|---|
| ds-001-01 | 訂單服務 | Available | Team A | Region A / B / C |
| ds-001-02 | 交易服務 | Available | Team C | Region A / B |
| ds-001-03 | 型錄服務 | Available | Team D | Region B / C |
| fs-001-01 | 通知服務 | Available | Team X | Data Center A / B |
| fs-001-02 | 短網址服務 | Available | Tiger | Data Center A |
| pt-001-01 | 非同步作業系統 | Available | Ninja | Data Center A / B |
| pt-001-02 | K8s 平台 | Available | Kuber | Data Center A / B / C / D |
| pt-001-03 | API Platform | Available | TW No1 | Global |
| is-001-01 | Artifact Service | Available | Mixolydian | Global |
| is-001-02 | CI Service | Available | Lydian | Global |
| is-001-03 | Service Catalog | Available | Dorian | Global |

服務目錄要呈現的上帝視角，除了 Product Overview 之外，也連結了 Go Live 的資訊，Go Live 另外包含**市場區域（Region）**與**資料中心（Data Center，DC）**兩種角度，整個呈現的概念是立體的，概念如圖 6-1 所示。

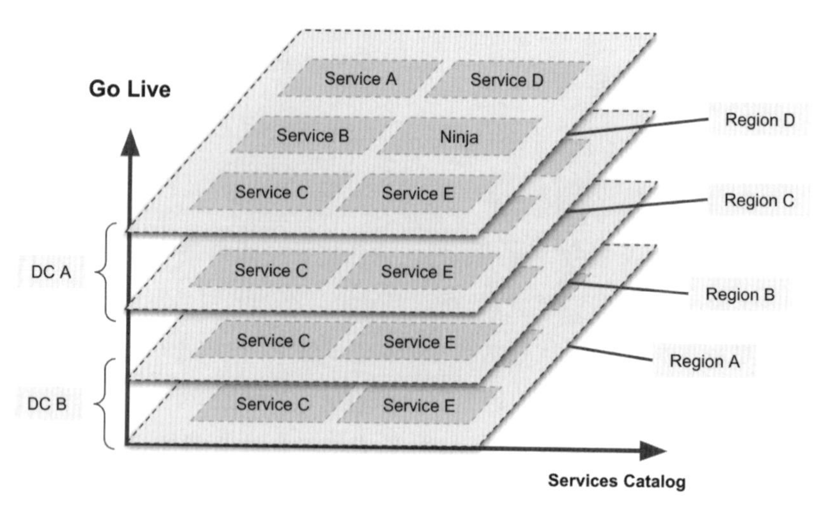


▌圖 6-1　Service Catalog 座標

Y 軸的 Go Live 表達 Production 分別在 Region A、B、C、D 四個市場區域經營，以及 Data Center A、B 兩個。其中，DC A 服務了兩個 Region C、D，DC B 服務

Region A、B。具體案例像是位在日本的資料中心同時服務日本業務市場與台灣業務市場兩個區域，新加坡的資料中心則同時服務印尼業務市場與馬來西亞業務市場。依照這樣的關係，對外可以提供像是 AWS 的 DC Health Dashboard※2，對內可以透過 Tracing 技術來分析問題熱點。

這裡 Region 是「區域市場」(Market) 概念，例如：台灣市場、東南亞市場、北美市場等，對應的是業務視野，這算是邏輯範圍，可能會跨越多個資料中心的地理位置，也可能與資料中心一對一，實際的定義是由企業的業務導向決定；但是從技術角度來看，更多會在意的是「資料中心」概念，例如：部署位置是 AWS 東京的資料中心、還是台北自建的資料中心，是個實體地理位置。

大部分的中小企業都是固定 DC 出發，服務鄰近的市場，但是當企業發展到拓展市場階段，就會開始出現多個 DC 服務單一市場，像是東南亞市場是個很大的範圍，從馬來西亞、新加坡、菲律賓等都是，因為網路延遲問題，就要同時在不同地方開設資料中心。實務上，這種多資料中心服務同一市場區域的作法大多仰賴混合雲 (Hybird Cloud) 的方式，搭配各個內容傳輸服務 (CDN) 與地區網路業者，做到資料快取及低延遲的目的。

Region 與 DC 在實務上不見得會直接對等。例如：Region 目標是東南亞市場，實際用的資料中心有新加坡、越南、泰國三個，來源請求依照來源位置，流量轉導到適當的 DC；因為文化或政治環境特殊的國家，它會是獨立的 Region 和獨立的 DC，但該國地理位置廣泛，像是美國、中國這種國家，在國家範圍內會有東西南北獨立的 DC 等。

服務目錄會明確定義服務的屬性資料，也會註記服務部署 (Go Live) 的位置，這邊隱含著**服務定義**與**服務部署**兩者是**一對多**的關係：「一個服務會被部署在多個區域」。

服務目錄本質上就像企業內部的員工與組織關係，就像是 Windows AD (Active Directory)，有員工、有組織，服務目錄則是由服務組成，這些服務實際的部署則是與資料中心、業務市場有關係。

※2 URL https://health.aws.amazon.com。

# 6.2 定義與實例

一個「訂單服務」開發好之後，被部署到 Region A 與 B，然後開始營運，創造收入。在服務目錄裡面會包含兩個資訊：



1. **服務定義**（Service Definition Metadata，SDM）：用來描述服務的唯一識別資訊，如同服務的身分證一樣，相關資訊必須被註冊到 Service Catalog，而且不能更改。
2. **服務實例**（Service Instance Metadata，SIM）：用來描述服務部署的資訊，屬於 Runtime 環境與資源識別。

圖 6-2 描述 SDM 與 SIM 兩者的關係概念，而 SDM 屬於治理，需要定義政治版圖，SIM 屬於管理，會直接產生成本（Cost）、技術決策（Decision）、管理政策（Policy）等議題。

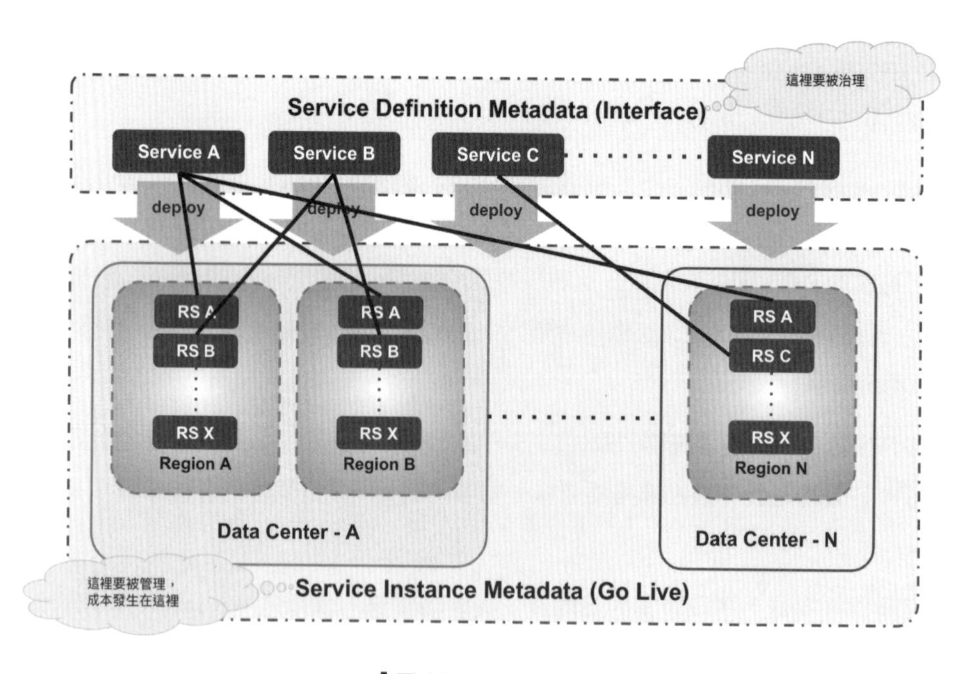


▌圖 6-2　SDM vs SIM

SDM與SIM是一對多關係，每個SIM都需要一組**資源集合**（Resource Set，RS），也就是「系統架構具體描述」所提到Go Live的概念。圖6-2中Service A到RS A的連線，代表一次部署，圖中還有N個RS A，代表部署N次，有N個SIM要管理，背後就需要一套管理政策與成本控制方法。每個SIM都要具體描述部署到的DC、Region、還有Service部署哪個版本（意即Artifact Metadata）等資訊。



底下用JSON Schema的方式來描述SDM的具體結構：

```
// Service Definition Metadata
{
    "service-id": "STRING_VALUE",        // Service 唯一識別 Id
    "display-name": "STRING_VALUE",      // Service 的顯示名稱
    "code-name": "STRING_VALUE",         // 服務代號，非必要
    "initial-date": "STRING_VALUE",      // 服務初始時間，非必要
    "contact-email": "STRING_VALUE"      // 服務負責團隊群組 Email
}
```

這個結構就像是身分證，指宣告固定、不會異動的資訊，通常像是唯一識別（ID）、名稱、代號（避免不斷改名字）、初始時間等資訊，這些資訊會組成唯一資訊，具備不可否認性的特質，可以透過簽章方式做到唯一識別。範例是最精簡的結構，實際上可以依照需求自行擴充需要的欄位，只要留意結構的設計原則即可。

再來是SIM的具體結構描述，同樣的資料結構可以自行擴充，欄位設計原則與SDM類似，只是資訊跟Go Live有關係，像是Region、DC等資訊。底下是一個精簡範例：

```
{
    "instance-id": "STRING_VALUE",      // Service 部署後的唯一識別，可以自動產生
    "market": "STRING_VALUE",           // 部署的市場資訊
    "data-center": "STRING_VALUE",      // 資料中心代號
    "created-date": "STRING_VALUE",     // 建立時間
    "contact-email": "STRING_VALUE"     // 負責團隊的 Group Email
}
```

有了 SDM 及 SIM，再加上 Artifact Metadata※3 這三個元素，整體的服務治理的基礎設施已經具備基礎規格了，三者關係如圖 6-3 所示。

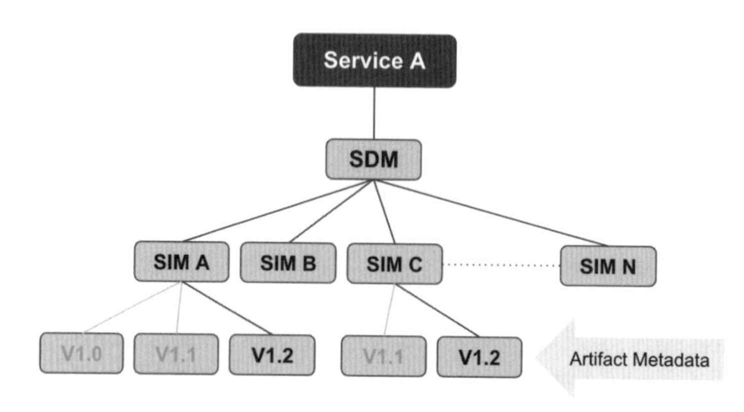


▌圖 6-3　SDM vs SIM vs Artifact Metadata

每次 Service A 發布新版、推送（Rollout）新的 Region 或 DC 部署，都會有這個結構，最好的例子就是 AWS 的新產品發布時，通常會先上幾個核心的 Region，像是美東（us-east-1）、美西（us-west-1）等，然後幾個月之後陸續推送到日本（ap-northeast-1）、新加坡（ap-southeast-1）等。而推送的版本，如果過程中沒變，版本應該會是一樣的。圖 6-3 的 SIM A、C 表示都同步到 v1.2，但是 SIM A 比較先部署，所以曾經部署過 v1.0，但是 SIM C 因為時間差，則是從 v1.1 開始部署。

這三者（SDM、SIM、Artifact Metadata）概念的建立，目的就是要先有原則，然後可以轉化成技術規格，以進行系統化開發。

## 6.3 服務類型

前面提到服務目錄應該列舉產品所有的服務，大多服務是業務領域導向的，但實務上服務除了業務領域，還有其他很多類型，依照性質與用途分類，有**業務領域**

※3　請參閱「7.1 產出物：軟體交付的基礎單位」的詳細介紹。

**導向**（Domain-Oriented Services，DS）、**功能導向服務**（Functional-Oriented Services，FS）、**平台導向架構**（Platform-Oriented Services，PS）**以及基礎架構導向**（Infra-Oriented Services，IS）。

## 業務領域導向



顧名思義，**業務領域導向**（Domain-Oriented Services）就是「讓企業獲利、創造營收來源」，這類型的服務大多數都是企業中最重要的。以業務導向為主的獨立服務，透過 API 介面溝通，當服務量體大到一定程度，例如：日活躍數超過 10 萬，就有機會變成獨立產品線，形成獨立營收。像是電商產業的訂單服務（Order）、產品型錄服務（Prodct Catalog）、支付（Payment），這一類型的服務可大可小，小的話前面三大類可以組成一個產品，大的話一個服務就可以獨立一個產品。

「業務領域導向」服務若是架構過於龐大，通常可以拆分成數個功能型服務（FS），也就是由數個功能組成一個業務服務。而這些 FS 又因為管理及架構需求，都跑在 PS 及 IS 上。「業務領域導向」服務在服務實例（SIM）上，通常會以「業務範圍」（Region）為主，而不是以「資料中心」（DC）為主。

## 功能導向服務

與 DS 相對的服務是**功能導向服務**（Functional-Oriented Services），FS 的特性就是功能很單一、但是量體很大，像是推播服務、簡訊服務、短網址服務、社群媒體的讚服務。推播可能量體是每秒數百萬、甚至數千萬則，而且容錯率極低；讚服務經常要面對熱點事件，某個名人發一個訊息，瞬間湧入數百萬個點擊率等。FS 在實務上經常以支援 DS 為目的，例如：訂單服務講究在成立訂單、出貨時，發送訊息要求 SLO 為兩分鐘，不管量體多大都要滿足，如果一個電商系統訂單量非常龐大，那麼為了效能及可靠度的考量，就會把通知功能獨立成一個服務，進而透過架構改善的方式，以提高可靠度及效能。

從結構上來看，一個 DS 可以由很多個 FS 組成，而 FS 大多功能單純，所以可以重複使用的可能性大，通常在部署的策略會以 DC 為主要考量，只要效能可以達到需求。最經典的案例就是 AWS 的 SES，早期全球只有三個 AWS Region 有部署，直到 2020 年才陸續 Rollout 到其他地方。

FS 與 DS 是服務企業的業務需求，兩者在業務角度上可以獨立成專門的業務來創造營收。很多大企業裡的一個小的 FS 其實可以直接變成一間獨立公司運作來創造營收。除了這兩大類之外，還有另外兩大類，通常是架構師、SRE、Infra 團隊會注意到的服務類型。



## 平台導向架構

首先是**平台導向架構**（Platform-Oriented Services，PS），顧名思義，平台具備完整的基礎功能，像是 AAA※4、Logging、標準 UI 框架、通訊架構等，對應到軟體架構的概念就是 Framework，而對應到硬體，大概就類似於主機板。除了前面提到的特性，通常它也具備容器特性、可擴展的架構，容器特性像是俄羅斯套娃一樣，可以一層包一層，裡面可以放很多像是 FS、DS 等類型服務，最經典的例子就是 K8s。

這類平台導向的服務在結構上可以看作是由一堆 FS 組成的服務，只是它組成的是一個空殼，然後透過定義生命週期、資源調度的方式，讓其他 FS、DS 可以住進去，像是一棟大樓一樣。PS 架構的本質是**作業系統**（Operating System）的概念，負責資源管理、協調裡面可以運行各式各樣的應用，並管理與分配資源給應用。PS 的部署通常以 DC 為單位，每個資料中心都會部署，同樣的當內部的 FS 過於龐大，則可以獨立出來運作。

## 基礎架構導向

最後一種則很常被忽略，但是企業規模越大越是重要，筆者稱為**基礎架構導向**（Infra-Oriented Services，IS），它本質上是一種特殊的 FS，像是 Artifact Management、Service Catalog、Service Discovery、CI Service 等，這類型的服務是產品開發團隊、維運團隊共用的基礎中的基礎，大概類似於水、電、瓦斯、網路

※4 Authentication、Authorization、Accounting / Auditing 三者合稱「AAA」。

重要的東西。而這類型的服務在部署的範圍也是很特殊的，實際的部署會是 DC 範疇，但是服務的範圍卻是 Global，也就是說，實務上需要透過基礎網路骨幹架構支援 IS 服務，讓它們有更好的效能。

圖 6-4 是以訂單服務為例，用這四大類服務類型分類作為例子，描述實務上彼此的依賴及聚合關係。



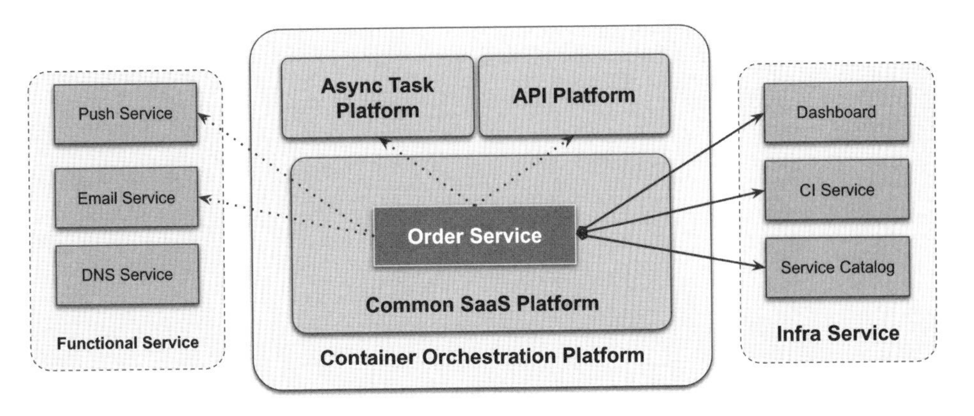


圖 6-4　服務類型範例

圖 6-4 的每個框框都是容器的概念，以 Order Service 為主，可看到它是跑在 Common SaaS Platform（CSP）這個平台架構裡面，有點類似瀏覽器的擴充套件（Extensions）概念，但是 CSP 又是跑在 Container Orchestration Platform（COP）裡面，實際上就是 K8s，這是個層層堆疊的設計概念※5。除了跑在兩個平台裡面，同時又依賴於 Async Task Platform（ATP）、API Platform，代表它有非同步作業和對外 API 流量要處理。

除了依賴或跑在 Platfrom 裡面，在上線中、上線後，都依賴於常見的 Infra Service，例如：上線後的 Dashboard、上線中的 CI Service、整個治理的 Service Catalog。

下表整理這四種服務類型的概念：

※5 本文先不探討這樣的「設計」是好或不好的議題，因為需要背景條件，像是組織規模、業務場景、實際的使用量等資訊，才能給予適當的結論。

| 中文名稱 | 英文名稱 | 縮寫 | 定義 | 範例 | 部署範圍 | 服務範圍 |
|---|---|---|---|---|---|---|
| 業務導向 | Domain-Oriented | DS | 以業務導向為主的獨立服務。 | 訂單、商品、支付 | Multi-DC for single region | Region |
| 功能導向 | Functional-Oriented | FS | 單一功能的獨立服務，量體很大、效能高。 | 推播、簡訊、短網址 | DC | DC |
| 平台導向 | Platform-Oriented | PS | 有容器特性可擴展的架構，有獨立的 AAA、Logging、Extentions。 | K8s | DC | DC |
| 基礎導向 | Infra-Oriented | IS | 特殊的 InfraFS。 | Artifact、CI Service | DC | Global |

從上面的案例可以理解，一個以業務為核心的服務，在實務上會依賴很多其他服務，這些服務雖然都不是以業務為主，但它們都是支撐起核心服務的關鍵設施。就如同大樓理論提到的，每個住戶都有自己的故事與生活（業務），他們可能參與大樓電梯的維護、大樓的庭院的修整、保全工作等，但是住戶們都依賴於這些服務，才得以有好的生活品質。

服務類型的分類目的在於，讓團隊之間有更清楚的角色與職責定義（R&R），而 SRE 在處理各種維運問題的時候，可以依照分類的屬性決定優先序。回到「制度：緊急事件的管理方法」、「制度：常規性的維運任務與訓練」的概念，在決定任務的重要性時，才能有章法可以依循。

「幫服務分不同的類型」這樣的概念，是因為大部分產品不會具備這樣的區分，新創小公司的產品不用說，中大型公司也不見得會有，組織的運作大多被人治咬住，導致系統與組織之間關係會隨著時間前進越來越紊亂，這些都形成 SRE 在實際執行任務的阻力。當可以把這些產品服務關係的結構更加清楚分類，背後也代表處理任務的權重是透明的。

# 6.4 服務範圍

## 6.4.1 變數範圍



應用程式在執行期（Runtime）時，每個行程（Process）[※6] 會占用一定的記憶體，這些記憶體裡存放應用程式所產生的變數、執行過程的資料。底下的程式碼是個簡單範例：

```
x=1, y=2, z=3;          // 外面初始變數 xyz

func func1() {
  x=4, y=5, z=6;        // 在函式裡初始 xyz
  return x + y + z;     // 讀取函式內的 xyz
}

func func2() {
  return x + y + z;     // 讀取外面的 xyz
}

func1(); // return 15
func2(); // return 6
```

當程式計數器（Program Counter，PC）初始應用程式，產生了 x、y、z 三個變數，然後 PC 跑到一個函式裡，在函式裡也產生了變數 x、y、z，在大部分的程式語言中，PC 跑到在函式的時候，可以存取函式裡面或外面的 x、y、z 變數。

但是，如果想在函式裡同時存取裡外的 x、y、z 呢？底下則是一種操作方式：

```
func func3() {
  return(x + y + z)+(globals()['x'] + globals()['y'] + globals()['z']);
}
```

※6 為了簡化理解，這裡先不討論 Multi-Thread 及跨 Process 之間的問題。

```
func3(); // return 21
```

透過一個叫做「globals()」※7 的函式取得外面的變數，而可以同時進行變數名稱一樣，但是在不同的地方有不同的值。用應用程式的生命週期及記憶體空間來看，如圖 6-5 所示。



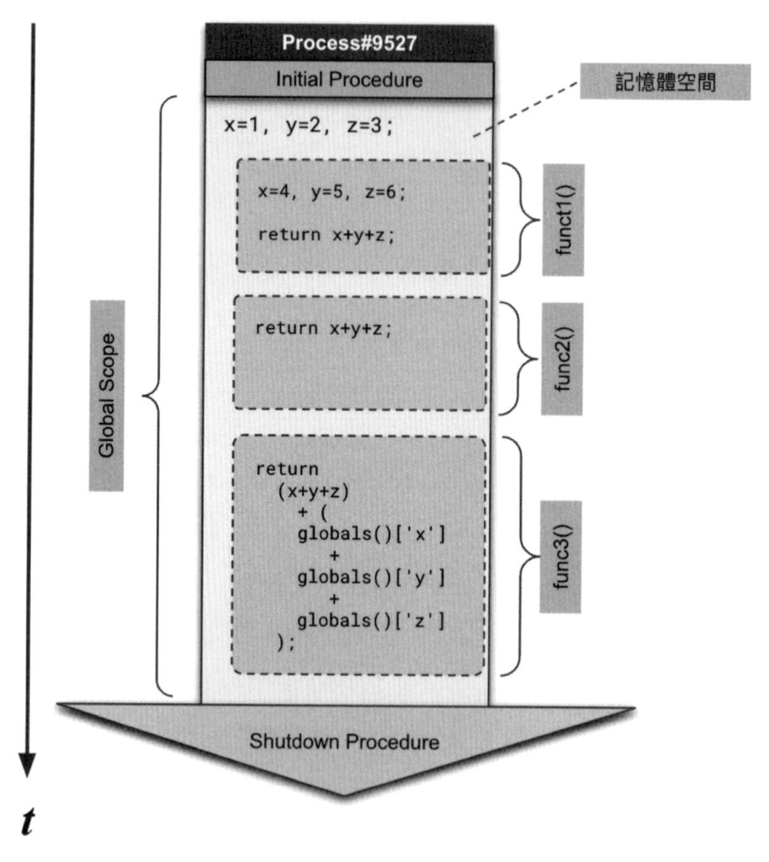


圖 6-5　變數的範圍概念

圖 6-5 描述了應用程式啟動的生命週期，其中外部變數、函式內部變數都有屬於自己的記憶體範圍，但是內部變數只要函式沒有被呼叫，它就不會占用。但當 PC

※7　這個例子是 Python 的實作方式，詳細內容請參閱：URL https://docs.python.org/3/library/functions.html#globals。

要呼叫函式內部變數的時候，實際上的運作是怎樣？因為 PC 在執行的時候，並不知道所謂「內部」、「外部」的概念，實際上 PC 就是去指標對應的記憶體位置來拿到資料並計算。

實際上的概念是把圖 6-5 中記憶體變數加上所屬的函式名稱，攤平後會得到一個具有前綴名稱的變數，PC 實際上在運作過程中是透過這樣的方式取得變數資料的，如下所示：

```
g.x=1, g.y=2, g.z=3;

func1()#x=4, func1()#y=5, func1()#z=6;
func1()#return=(func1()#x + func1()#y + func1()#z);

func2()#return=(g.x+g.y+g.z);

func3()#return=(func1()#x + func1()#y + func1()#z + g.x+g.y+g.z);
```

要真實呈現變數，實際上都要去描述裡面（funcN）、外面（g.）的前綴詞，透過這樣的方式，才有辦法到正確的記憶體位置取得對應的值並運算。這個前綴詞的概念在程式語言中稱為**名稱空間**（Namespace）。

存取這種裡面、外面的變數，每個程式語言的實作方式不一樣，圖 6-5 中舉例的是 Python 的實作。不管是裡面、還是外面的變數，概念上稱為**範圍**（Scope），用上帝視角來看，只有兩種：**全域變數**（Global Variables）、**區塊變數**（Block Variables）。

全域變數不管程式跑到哪裡，基本原則是可以直接存取（Get）或者操作（Set），操作的方式與實作依照不同程式語言設計的概念，會有不同的實作方法。Python、PHP 透過 global 關鍵字宣告變數；JavaScript 只要用 var 宣告就是全域；物件導向語言（Java、C#）則是透過 public 宣告變數公開使用等。

區塊變數則是比較複雜的概念，可以細分成：

1. **區域變數**（Local Variables）：類似於區塊變數，通常會在迴圈（Loop）、函式（Function）範圍。

2. **類別變數（Class Variables）**：OOP 衍生的概念，屬於類別的靜態變數。
3. **實例變數（Instance Variables）**：OOP 衍生的概念，屬於類別的實例後的變數。
4. **區塊變數（Block Variables）**：在程式特定限定區塊範圍內的變數，像是 Class 特定區域。
5. **結構變數（Structure Variables）**：C 語言資料結構特性，也是一種變數概念。
6. **其他**。



變數範圍（Scope）在一個 Process 上隱含這些概念：

1. **生命週期的有效範圍**：變數的操作應該都在允許的範圍內。跨範圍的操作必須透過其他修飾詞，進而開放。
2. **變數具備名稱空間（Namespace）**：為了區別同樣名稱、但在不同範圍的變數，實際上是透過前綴堆疊出完整的變數名稱，而這個堆疊名稱的概念就是「名稱空間」。OOP 的類別本質就是「命名空間」的概念。

以讀一本書來說，作者會一開始在書的前面做好專有名詞定義，這些名詞會貫穿整本書，屬於「全域變數」。有些專有名詞只會出現在固定章節，當結束章節後就不會再被使用，這種名詞就稱為「區塊變數」。但有些區塊變數會被延續反覆使用，從第 1 章宣告之後延用到後面的章節，這種區塊變數就具備 OOP 的類別變數或者實例變數的概念。

了解程式的變數範圍，回到服務治理的關鍵概念：「服務實例的範圍」。

## 6.4.2 服務範圍

基於程式語言在 Runtime 的變數範圍的概念，利用這個概念將服務定義成以下三種範圍：

1. **地理範圍（Geolocation Services）**：以資料中心為單位的服務，類似於區域變數。
2. **全域範圍（Global Service）**：所有服務都能夠直接存取、操作，類似於全域變數。
3. **業務範圍（Regional Servicies）**：以市場業務為單位的邏輯，類似於 OOP 的實例變數。

整合上一小節的服務類型，而定義各個服務類型適合的範圍如下表：

| 服務類型 | Global | Regional | Geolocation |
| --- | --- | --- | --- |
| 業務領域導向（Domain-Oriented Services） |  | v | v |
| 功能導向服務（Functional-Oriented Services） |  |  | v |
| 平台導向架構（Platform-Oriented Services） | v |  | v |
| 基礎架構導向（Infra-Oriented Services） | v |  | v |



「地理範圍」的服務適合「非功能導向」的服務，像是通知、簡訊、OLAP，這種可以非同步處理或不需要高效能的服務，但需要可靠度的服務。

「業務範圍」的服務依照「階段性」會有所不同，剛開始可能只會在一個地理位置，經過幾年的經營，到了成長期、發展期的時候，可能會拆分成兩個市場（策略一），也有可能會把多個地理位置視為同一個業務範圍（策略二），概念如圖 6-6 所示。

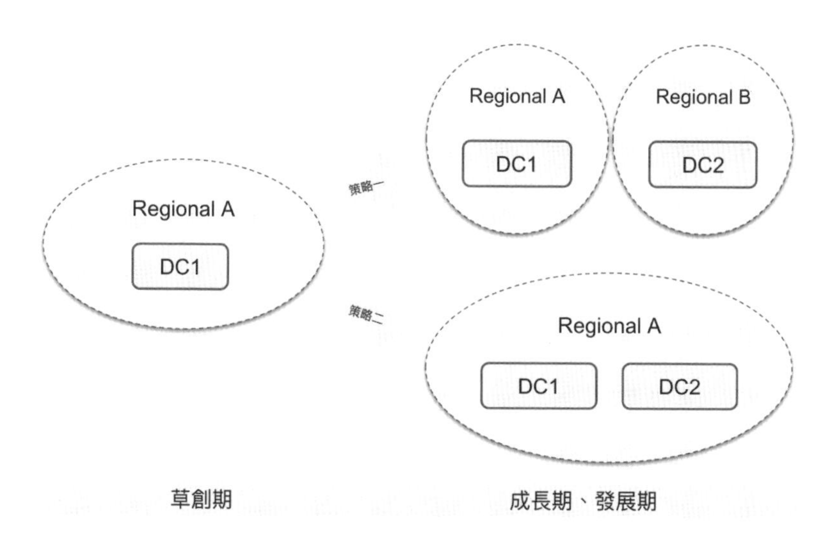


圖 6-6　DC 與 Regional 的拆分策略

這兩個策略沒有什麼對或錯，只是要區分清楚「資料中心與業務」的邏輯概念。策略一的整體概念容易理解，它就是一對一，所以管理與技術都相對容易，重點會著重在怎麼提高維運效率、降低成本，因為管理與維運的任務變成兩倍。而策略二對於業務來說是相對單純，因為就是單一個進入點（Endpoint），但資料中心卻是兩個，這個策略就要考慮效能、資料一致性的問題，需要比較複雜的技術架構介入，做好前期規劃。

平台服務的服務範圍則要看「平台類型」，本書後面會提及的**內部開發者平台**（Internal Developer Platform，IDP）則是定義成「全域範圍」服務，但有些平台服務會是以地理位置為主，像是 K8s 平台、API 平台等都比較適合定義成「以資料中心為主」的範圍。



基礎架構服務大部分都會是「全域範圍」，包含 Artifact Repository、配置管理中心、告警中心等，所以可整理這些服務的大小為以下幾種：

1. 全域範圍 > 區域範圍 > 地理範圍。
2. 全域範圍 > 地理範圍 > 區域範圍。

這兩種範圍都有可能，可依照「產品與業務需求」做選擇。

## 6.4.3 命名空間

定義好四大類的服務範圍後，接下來就可以定義它們各自所屬的**命名空間**（Namespace）與**資源識別**（Resource Identifier）。「命名空間」概念類似於 DNS 的規則，規則由 IDP 宣告；「資源識別」則是每個服務用來識別細部實例的方式，由產品服務團隊自行定義，而兩者都具備這樣的結構特性：「由左至右、由大到小」。

依照這樣的概念，參考類似於 URL / URI 的概念與 AWS 的 ARN（Amazon Resource Name）※8，來設計一個資源命名空間與資源識別結構，參考概念如圖 6-7 所示。

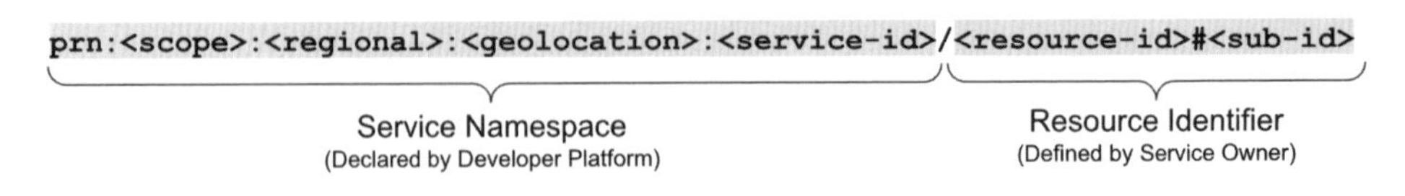


▌圖 6-7　服務名稱空間與資源識別

※8 URL https://docs.aws.amazon.com/IAM/latest/UserGuide/reference-arns.html。

其中每個欄位定義如下：

1. prn：Platform Resource Namespace 的縮寫，固定前綴。
2. scope：服務範圍，支援 global、regional、geolocation。
3. regional：業務服務區域，由產品團隊定義：
   - 參考常見的名稱：north-america、north-asia、eastern-europe。
   - 當 scope=global 的時候則空白（empty）。
4. geolocation：資料中心代號，由技術團隊定義，通常是 Infra 或 SRE 團隊負責管理。
   - 使用公有雲定義：
     - aws/<account-id>/<region-code>。
     - gcp/<project-id>/<region-code>。
   - 自建資料中心：dc/<region-code>。
   - 當 scope=global 的時候，可以填入對應位置，代表有 HA。
5. service-id：服務的識別 ID，其定義在 SDM 裡。
6. resource-id：資源識別 ID，服務可以自行定義。

底下是幾個實際的例子：

```
// artifact repository, HA
prn:global::aws/12345/us-east-1:artifact-repos/rel/docker/ninja:latest
prn:global::aws/12345/ap-northeast-1:artifact-repos/rel/docker/ninja:latest
prn:global::gcp/artifact-repos/ap-east-1:artifact-repos/rel/docker/ninja:latest

// ninja (functional service)
prn:geolocation:north-asia:aws/12345/ap-northeast-1:ninja/webapi
prn:geolocation:north-asia:aws/12345/ap-northeast-1:ninja/rdb
prn:geolocation:north-asia:aws/12345/ap-northeast-1:ninja/cache

// regional
prn:regional:north-asia:aws/12345/ap-northeast-1:ninja/webapi
```

這些資訊會註冊在服務目錄裡，未來相關認證授權、自動化管理、部署等，都會以這個結構為主。

## 6.5 本章回顧



從「第 5 章 系統架構之大樓理論」開始，延續管理服務的概念，把服務這棟大樓，透過抽象（Service Definition）與具象（Service Instance）的概念來描述軟體架構的運行特性，整理了 SDM 與 SIM 的最精簡結構，搭配上**資料中心（DC）**與**業務市場（Region）**，來構成多個實際營運的系統。

如果 SRE 有個作戰指揮中心，那麼指揮中心的戰況與佈陣地圖上，顯示的就是由 SDM、SIM、DC、Region 這些資訊組成的。

有些企業隨著規模越來越大，社區大樓不會只有一個區域，隨著時間發展，會有第二個、第三個區域，建商通常會用二期、三期來描述。對企業來說，很多社區就是有很多產品，屬於集團式經營的大型企業，套用大樓理論，不難想到最後會組成一座城市的規模。

一座城市中，如果只有很多社區大樓，是無法讓居民安居樂業的，其他的基礎設施是必要的，像是良好的交通規劃、都市的電力、水利系統、學校、廢棄物處理、就業機會、良好的市民活動公園等。這些實際上都是大型企業的共用基礎架構會面對的，這些「服務」在服務類型裡是定義在平台導向服務與基礎導向服務，有了這些基礎，城市才有機會發展得更完善，並帶來更好的生活品質。

很多小型企業、新創公司剛開始並不需要搞那麼大，反而是找現成的託管平台處理即可，但是不管是有很多大樓的超大集團企業、擁有幾個社區大樓的中大型企業、只有一棟平房的新創事業，實際上居民要居住的及系統要運行的基本核心都需要有清楚的 R&R，以處理好彼此的依賴關係，接下來上線後系統可靠性才有基礎的條件。

在「3.3 介面：SRE 需要負責部署？」討論過 SRE 是否要處理 CI / CD，實務上，無論組織的分工，是否有 DevOps 角色在團隊裡專職負責 CI / CD，或者由 SRE 統一處理，最終它會是個標準的流程，有標準的介面可以串接，那就可以透過程式程序化整個事情。

有些公司的產品團隊會有配置 DevOps Engineer，他們專門負責處理團隊內部的 CI / CD 的任務，同時與 SRE 或者 Infra 團隊協作，這類公司的組織結構最後都會往開發工具的方向走，即透過工具或平台來讓 DevOps Engineer 能更快速協助團隊處理 CI / CD 的需求。也就是 DevOps Engnieer 開需求給 SRE / Infra，由後者開發工具或平台給前者使用。

實際上不管怎樣的分工方式，CI / CD 整個過程可以透過標準介面處理，對於改善交付品質、處理上線前中後的需求，會更有效率，但是 CI / CD 往往因為個人認知、技術棧的習慣、組織的因素等多方角力，往往是一個沒人想碰或一碰就脫不了身的坑，時間越久越是明顯。

「軟體交付的四大支柱」是筆者提出精簡 CI / CD 過程的概念，也就是透過這四大支柱作為骨幹，然後往外拓展、長肉，圖 7-1 描述整個全貌與核心概念。

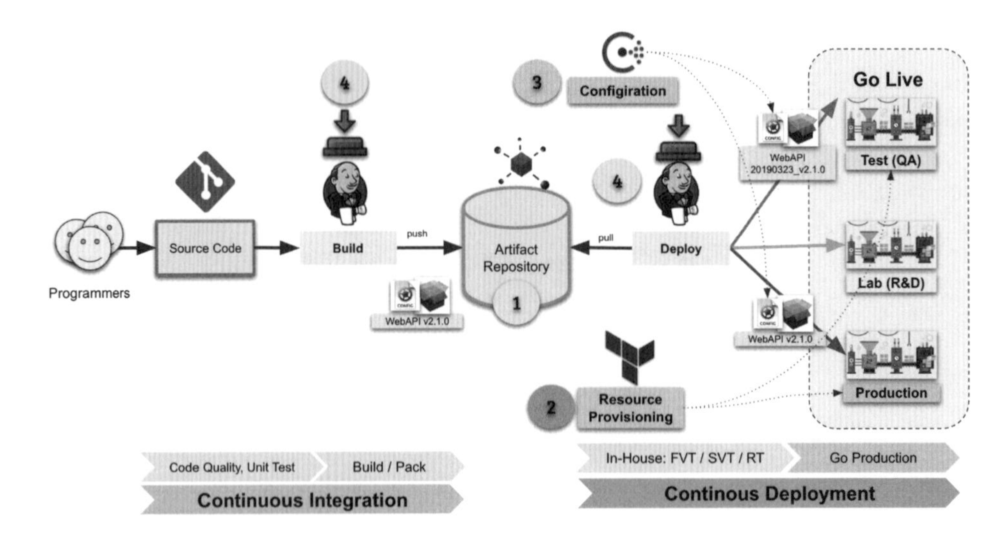


圖 7-1　軟體交付的四大支柱

圖中標示了四大支柱分別為：

1. **產出物管理**（Artifact Management）：包含 Artifact Metadata、Versioning、Build、Packing 等。
2. **環境建置**（Resource Provisioning）：常見的概念像是 Environment Provisioning、Infra as Code（IaC）、Config Management。
3. **應用程式配置管理**（Configuration Management）：Config、Settings、Secret。
4. **交付流水線**（Pipeline）：常見的工具像是 Gitlab、Jenkins、ArgoCD。背後本質是個非同步工作流程，執行的行為包含（但不限於）Publish、Deployment、Installation。

這個章節針對這些概念一一說明，並且定義相關的介面，在最後會以此為核心概念，透過開發平台方式呈現。

# 7.1 產出物：軟體交付的基礎單位

軟體工程師不管是前端、後端、維運、測試，平常都會使用很多**開放原始碼軟體**（Open Source Software，OSS），大家都怎麼取得這些軟體的呢？舉例來說，底下是安裝 kubectl 的安裝方式：

```
# See: https://kubernetes.io/docs/tasks/tools/install-kubectl-linux/
curl -LO "https://dl.k8s.io/release/$(curl -L -s https://dl.k8s.io/release/
stable.txt)/bin/linux/amd64/kubectl"
```

這一行指令代表透過 curl 下載穩定版的 kubectl 二進位檔案，其中這行：

```
$(curl -L -s https://dl.k8s.io/release/stable.txt)
```

取得版本名稱，像是 "v1.26.2" 這樣的字串，然後利用版本字串組合出實際下載檔案的路徑。

類似的例子像是 kops 的安裝：

```
# See: https://kops.sigs.k8s.io/getting_started/install/
curl -Lo kops https://github.com/kubernetes/kops/releases/download/$(curl
-s https://api.github.com/repos/kubernetes/kops/releases/latest | grep tag_
name | cut -d '"' -f 4)/kops-linux-amd64
```

概念則是透過 GitHub 的 API 取得**產出物描述資訊**（Artifact Metadata，**後述**），取出像是 Tag 或 Version 這樣的關鍵資訊，透過這個資訊組合出下載位置。

底下是更多取得 Artifact Metadata 的例子：

1. Kubernetes：URL https://api.github.com/repos/kubernetes/kubernetes/releases/latest。
2. Vscode：URL https://api.github.com/repos/microsoft/vscode/releases/latest。
3. aws-go-sdk：URL https://api.github.com/repos/aws/aws-sdk-go/releases/latest。

再舉一個例子是docker的安裝，也是一行：

```
curl -fsSL https://get.docker.com/ | sh
```

這些概念在OSS都很常見，而且很多人都用過，那軟體開發團隊自己的交付應該是怎樣呢？



## 7.1.1 定義軟體產出物

軟體本質是**可複用**（Reusable），寫一段程式碼，可以被反覆執行的次數越高，其價值越大，而軟體實際的交付行為也是一樣的概念。同樣一個交付版本可以被使用的次數越多，也就代表越有機會帶來業務價值。

Artifact中文翻譯成「產出物」，口語上也會用**映像檔**（Image）、**建置檔案**（Build）稱呼，主要就是應用程式的原始碼經過**編譯**（Compile）或**轉譯**（Transformation），最後把相關的依賴資訊**打包**（Packing），放在同一個目錄裡面，壓縮成一個檔案，這個檔案稱為「Artifact」，整個過程則稱為**建置程序**（Build Procedure，**簡稱**「Build」）。

**編譯語言**（Compiled Language）如Java、C#、C等，都需要經過編譯程序，透過Runtime執行；有些語言如TypeScript、ReactJS、VueJS等，需要透過「轉譯」來把原始程式轉換成Javascript，最後才打包起來；一些**直譯語言**（Interpreted language）如Python、Node.JS、Ruby、PHP，則直接把應用程式與依賴函式庫直接一起打包即可。不管是什麼樣的語言，大致上都要經過Build Procedure。

要注意的是，Build過程產出的東西不包含Configuration、Settings、Data之類的東西，通常會在裡面放的是像樣板（Templates）、範例（Samples）、初始資料（Initial Data）之類的。

## 7.1.2 產出物的描述資訊

Artifact必須包含以下這些重要的**資訊**（Artifact Metadata），讓其他人或者程式可以串接：

1. **應用程式名稱（Name）**：可以對應到「第6章 服務治理」提到的Service Definition Metadata（SDM）的服務名稱。
2. **版本（Versioning）**：建議使用Semantic Versioning，像是3.5.0、2.7.3。
3. **時間戳（BuildId）**：打包的時間，通常是像20180701-1200這樣的結構。
4. **簽入序號（HashCode）**：VSC（Git or SVN）簽入（Commit / Checkin）的雜湊值或序號。
5. **類型（BuildType）**：分成「釋出版」（Release）與「開發版」（Dev）兩種。
    - 釋出版：通常會有用數位簽章，確保Artifact的唯一性與不可否認性（Non-repudiation）。另外，也會有雜湊碼（像是SHA256）作為驗證檢查用。
    - 開發板：內部使用，可以設計特殊開關，方便團隊測試使用。例如：「上上下下左右左右」這樣的開關，打開隱藏的控制面板、隱藏資訊。

這些資訊是之後持續整合的關鍵資料，可以透過API的方式存放，不管是自動化測試、部署、還是交付給其他單位，最後就可以像GitHub提供的API一樣，讓CI Server做各種串接使用。

## 7.1.3 產出物的使用場景

Artifact目的就是要讓其他使用者或程式可以獨立部署。使用者包含以下：

1. **內部的人**：測試團隊、維運團隊、研究團隊，當然也包含開發團隊自己。
    - 跨地域的團隊，像是台灣團隊開發的Build，給美國團隊部署。
    - 跨團隊的權責切分，開發交付給測試的切點。
2. **外部的人**：像是交付給其他合作夥伴自行部署。
    - 遊戲產業很常是韓國負責開發，台灣負責維運。
    - 整併的組織，權責移交。
    - 新業務需求部署。
    - 給客戶使用的沙箱環境。

3. **災難還原**：每個 Production 都需要有個副本的建置，這個建置就需要透過一致性的 Artifact。

除了使用者，再來就是程式串接，常用的場景是 CI Server，在部署流程上做動態的配置，例如：



1. **Pull 模式**：每台機器上，有個 agent 會監視是否有新的 Artifact 版本，如果有，就自動更新版本。
2. **Push 模式**：透過 CI Server 上的流程，當完成開發、經過審核程序後，透過推送的方式把最新版的 Artifact 推到 Server 上。

## 7.1.4 沒有產出物的問題

在產品開發過程中，有時候會出現這樣的狀況：

「A 測出問題去跟 B 講，B 說程式在我的環境跑沒問題。」

這就是雙方對於問題時發生的「基準點」不一樣，所以容易造成溝通上的誤解，進而造成很高的溝通成本，比較好的的作法：

1. A 回報問題時，附上 Artifact Metadata 的資訊及執行環境的資訊（OS / Runtime）。
2. B 根據 Artifact Metadata 資訊，然後使用同樣的資訊復現問題。

Artifact Metadata 會包含像是 Version、BuildId、HashCode 等資訊，可以讓雙方精準溝通，而不會有雞同鴨講的狀況，可有效且精準的溝通。

而上線的時候，也是透過 Artifact Metadata 理解即將部署的版本資訊，不管是 SRE 或 DevOps，都可以有效地跟產品團隊溝通。上線後的事件也是用同樣的標準資訊溝通，甚至直接串接相關的服務做自動化判斷。

## 7.1.5 廣義的產出物型態

廣義的 Artifacts 可以有很多種型態，包含以下：

1. Application Build：也就是一般開發者寫的應用程式產出物，可能是透過：

- Compile：Java、C、Golang、C、C++ 等。
- Packing：Node.js、Python、PHP 等。

2. Container Images：最成功的就是 Docker 用 Dockerfile 編譯出來的 Images，裡面包含了作業系統、應用程式 SDK & Runtime、應用程式本身與相依的函式庫。
3. App Libraries：
   - 應用程式依賴的函式庫，通常需要做資安檢測，避免因為 CVE[※1] 問題的連鎖反應，對於資安有要求的公司，都會透過 Artifact Repository 的服務主動掃描，避免外界有問題的函式庫流入企業內部。
   - 自行開發的函式庫。
   - 像是 NodeJS 的 npm、C# 的 NuGet、Java 的 Maven、Python 的 pip 等。
4. VM Images[※2]：虛擬機的 Image，像是 Vagrant、AWS Machine Image（AMI）等。
   - 主要是一些中介軟體的配置管理、應用程式依賴的系統軟體、函式庫等。
   - 透過 Image + Auto Scaling 快速更新 OS Patch、Security Issues。

這些 Artifact 實際上基於一些因素（如資安、維運效率化、一致性、部署等因素）需要納管、受控。一定規模的企業都會有私有的 Artifact Repository，甚至把 Open Source 都複製一份，內部修改過後，檢查資安、安規、移除不必要的依賴，重新打包提供 Binary，並規定所有開發團隊只能透過內部 Artifact Repository 安裝、使用。

## 7.1.6 誰來觸發自動部署？

在「3.3 介面：SRE 需要負責部署？」提到「一鍵部署」的誤解與謬思，有了 Artifact 的概念後，整個軟體開發理想的測試情境是這樣的，以下是簡單的過程：

1. 測試人員部署指定的版本到指定的環境，透過手動或自動跑測試。

※1 公共漏洞和暴露（Common Vulnerabilities and Exposures，CVE）是一個與資訊安全有關的資料庫，收集各種資安弱點及漏洞，並給予編號，以便於公眾查閱。

※2 Netflix 是用 AWS AMI 的極致案例，請參見：URL https://netflixtechblog.com/ami-creation-with-aminator-98d627ca37b0。

2. 測試人員發現問題，檢查系統的 Log 找問題、檢查測試資料、情境。
  - 測試人員想比較兩個版本的差異來確認問題，指定「前一個」版本，重新部署環境。
  - 測試人員想比較兩個版本的差異來確認問題，指定「某個」版本，重新部署環境。
3. 測試人員確認問題的原因，開始開出 Defect，整理測試步驟、蒐集問題的 Log。



這些過程是基本的，實際過程可能更複雜，因為要跟開發團隊確認問題，甚至要確認環境建置之類的。這個過程中，如果測試中的環境被 CI 自動觸發（自動部署），那整個測試就會被中斷（測試等於被中斷）。測試人員可以透過 Artifact Metadata 取得版本資訊，在測試過程中，自由切換待測的版本，同時透過 CI 自主性的驅動，做到 Self-Service 的任務。

除了測試人員，DevOps 或者 SRE 也可以用同樣的模式，指定版本決定 Production 或者 DR 環境的部署。

## 7.1.7 產出物怎麼用

Artifact 最基本的作法是把 Image 直接放在公開的 Static Web Site，團隊裡面有需要的人都可以自由地去下載使用。這樣的過程適合在新創團隊的初期階段，沒有太多人手可以協助開發 API 及串接 CI / CD。

如果有 DevOps 或者 SRE 團隊，那麼每次建置完成後，把 Artifact Metadata 透過 API 存起來 ，下次要使用的時候就可以透過 API 取得需要的資訊，基本流程是：

1. 指定要取得服務的版本資訊，例如：取得 Ninja-API 最新的版本資訊，預期回傳版本資訊，像是字串 "3.3.5"。
2. 下載 Artifact：根據版本資訊組合出下載位置來下載 Images。
3. 依照部署策略執行部署。

這樣的使用概念可適用於前述的各種產出物類型，包含 Application Build、Container Images、Libraries 等。

## 7.1.8 小結

Artifact的目的是讓其他人可以自助式使用軟體，包含用來實驗、測試、驗證、業務，背後也隱含著更有彈性、也更容易串接整個部署流水線。當可以自助式觸發，代表可以做以下事情：

1. 可依據需求隨時切換指定的版本。測試人員會有這樣的需求，線上如果發生問題也會有同樣的情境。
2. In-House階段中，效能測試、整合測試等需求都可以隨選版本。
3. 開發PaaS / SaaS，使用者可以選擇哪一版本，例如：WordPress選擇5.0或6.0都可以，這樣的概念在各大公有雲都有。

有了Artifact的Metadata與基礎建設，接下來變成如GitHub那樣的API，那麼整個CI / CD更加系統化的作法就已經有基礎條件了。

可以選擇更換哪個版本，背後也代表環境已經完成建置，接下來討論處於職責模糊地帶的環境建置議題。

# 7.2 環境建置

## 7.2.1 什麼是環境建置？

「環境建置」用詞是「Resource Provisioning」，動詞是「Provision」，字面上的意思是「供給、服務開通」，源自電信行業的技術詞彙，它是指為了向用戶提供（新）服務準備和安裝網路的處理過程。

在公有雲上，以AWS為例，產品團隊每次開發一個新的服務，過程都要經過開發、測試、部署、監控、維運等任務，上述的任務在公有雲上有另一些事要做：「就是把需要的資源建好、把這些資源之間的關係配置好，像是VPC、EC2、EBS、ELB、S3、RDS、CloudFront、Route53、CloudWatch等」。

除了產品團隊的新服務資源建置，另外**災難還原計畫**（Disaster Recovery Plan，DRP）除了有一堆任務要規劃，像是 RTO / RPO、資料搬移成本、哪一些服務要先就緒、評估需要多少預算、每個產品團隊之間怎麼協作等，在真的要執行前，也需要先把必要的資源建好及把這些資源之間的關係配置好，像是 VPC、EC2、EBS、ELB、S3、RDS、CloudFront、Route53、CloudWatch 等。



建置一個完整服務的架構是複雜的，回到單一台機器來看，把應用程式擺（部署）上去之前，要完成哪些事呢？我們用圖 7-2 呈現這些事。

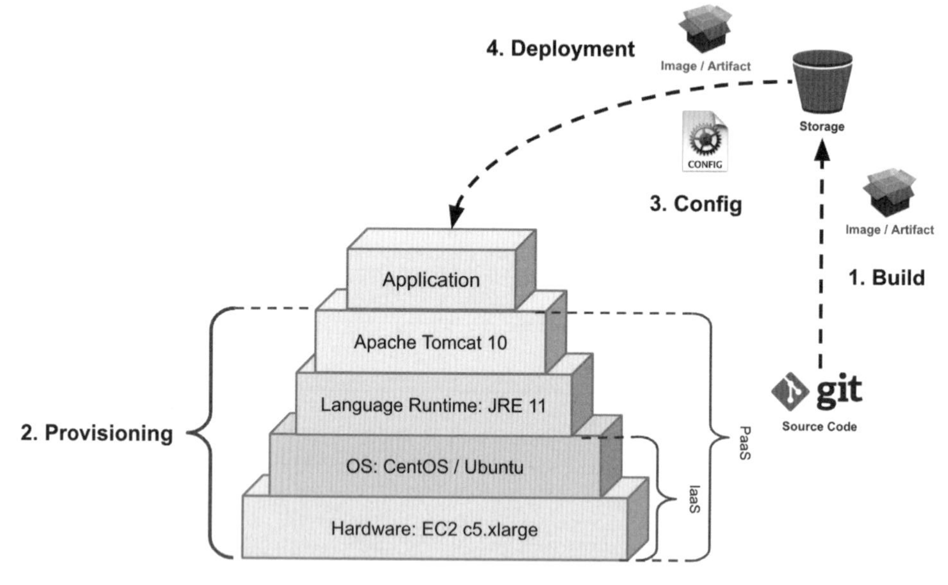


▌圖 7-2　環境建置流程

圖 7-2 的四個步驟是 (1) 先準備好 Artifact；(2) 建置環境；(3) 針對應用程式的需求準備 Config；(4) 最後才是部署上去。在建置環境的部分，從硬體層、作業系統、應用程式運行所需要的 Runtime、應用程式伺服器等四大類，這些每個層次都是一些資源，每個資源實際上也都有自己的配置要處理，而且有先後關係。

不管是在公有雲、還是一台機器，每次建置都會產生出很多「資源」，熟練的話，手動操作並不會花太多時間，但是如果要再重做一次，很容易忽略掉細節，造成品質不齊。如果要換手給別人做，容易因為人為疏失，造成執行的效率與品質差異。

公有雲出現之後，因為系統架構趨向於分散式架構，建置的複雜度與維護的難度也隨之提升。而公有雲本身也充分利用軟體的特性，提供了**可程式化**（Programmatric）的介面，像是 SDK / CLI 或 AWS 的 CDK（Cloud Development Kit），乃至於**宣告式**（Declarative）概念的 Infrastructure as Code（IaC），像是 Hashicorp Terraform、AWS CloudFormation，可以讓維運團隊有機會用程式碼的方式維護環境建置的流程，從最簡單的開一台虛擬機，到建置一個龐大的分散式架構。程式碼好處就是可以進到 Git 做版控、可複查、可管理。

如果不是用公有雲，可以透過像是 Ansible※3 自動配置系統內部的設定，更早期則是透過腳本程式，配合 ssh 的遠端指令，也是可以做到一樣的自動配置效果。

環境建置從很單純的到很複雜的都有，而透過程式的方式的主要目的除了效率，更多的是要面對複雜的架構所產生，但實務上「資源」還是有本質上的差異，不是所有資源都是每次都要重蓋的。

## 7.2.2 環境建置的層次

上一個小節「資源」的差異性，差異性指的是異動的難易度、更動頻率的差異，所以不適合用齊頭式的方式處理，像是網路設備就是不太容易異動的東西。就軟體的特性，好處是可以把這些資源都當作是虛擬的，就更容易齊頭式處理，「軟體定義網路」（Software Defined Network，SDN）因此而誕生。資源都有自己的特性與本質，軟體則可以透過軟性與抽象概念，讓資源的特質同質化，進而造成兩個極端與衝突。也因此，環境建置在執行面應該要有個平衡點，不是每次全部都重來，或者只蓋每個部分。

「第 5 章 系統架構之大樓理論」提及的一個服務經常就會有多個角色，像是 Web API、Database、Cache、Storage、LB 等角色，套用到 AWS 上，就會發現這些東西雖然都可以程式化，但實務上建置環境的每個環節並不是每次要齊頭式的重複建置，因為他們本質上是有層次差異的。例如：以 AWS 為例，要幫一個產品服務建置環境，經常要用的 AWS 服務有 EC2、EBS、VPC、SQS、DynamoDB、API

※3 URL https://www.ansible.com/。

Gateway、ELB、S3、CloudFront、CloudWatch 等，這些很明顯就有層次上的差異，把這些差異列成一個表來看：

| 層次 | 說明 | 異動頻率 | 異動週期 | 異動難易度 |
|---|---|---|---|---|
| Compute | 運算單元，像是 VM、EC2、Container。 | 高 | 每週 / 每天 | 普通 |
| Storage | 非結構化資料儲存單元，像是 AWS S3、Google GCS。 | 低 | 每年 / 每季 | 非常難 |
| Database | 結構化資料單元，像是 RDB、NoSQL、NewSQL 等。 | 低 | 每年 / 每季 | 非常難 |
| Networking | 網路相關，像是 LB、CDN、VPC。 | 低 | 每年 / 每季 | 非常難 |
| Observability | 觀測服務，像是蒐集 Log、Metric 資料的 Exporter、Log Shipper 等。 | 中 | 每季 / 每月 | 難 |
| Monitoring | 監控服務，像是 Dashboard 與後續觸發事件的事件運算單元。 | 中 | 每季 / 每月 | 難 |

表中的「異動頻率」指的是重新建置或改變設定的機會，這種改變通常是架構性質的異動。像是資料庫系統大多建置好之後，就不太會動，架構上會動的案例像是調整為讀寫分離架構、增加的複本（Replication）機器、調整成高可用架構，這兩種異動的任務難易度都是高的，如果不是用公有雲，大多數需要有經驗的 DBA 處理。資料庫平常更多的是維護工作，像是上新版的 Schema、備份、上 Security Patch、洗資料等日常維運工作。

「異動難易度」指的是建置整個系統的難易度，像是重新建立一套資料庫、讀寫分離，或者建立一套監控系統，包含資料蒐集、儲存、儀表板、後續事件處理等，建立一個存儲服務，像是 Ceph、GlusterFS、HDFS 等，這些是初始大多有一定的複雜度，但是難的需求不會天天做，通常執行都是以季為單位。

最常做的則是每個開發週期，產品服務本身的更版、更動的範圍也會影響環境建置的改動範圍。以常用的語意化版本（x.y.z），理論上因為新功能而需要更動架構的是改變大版號，因此需要透過嚴謹且有效率的 IaC 處理整個架構。

實際產品服務開發過程，環境建置更多是迭代式的演進，也就是每個階段做部分的調整，每次調整的過程也不是「整個」環境都重新建置，而是切區塊，部分的改動，用圖 7-3 描述這樣的狀況：

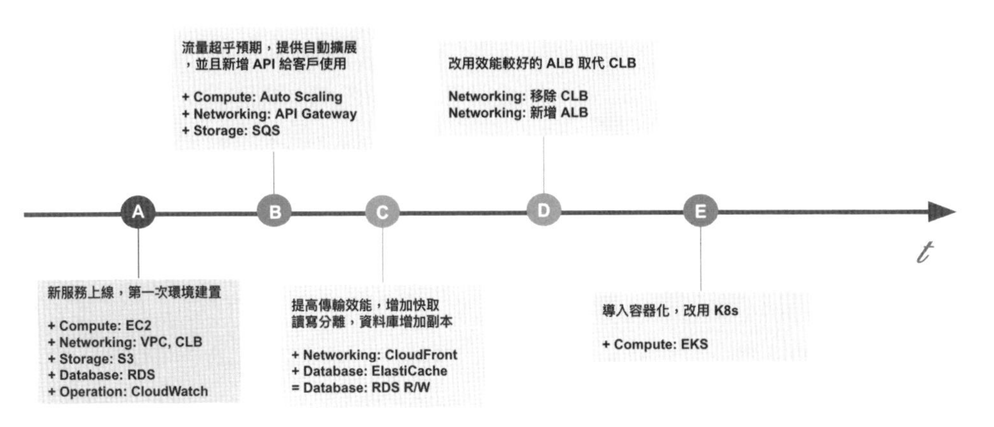


▍圖 7-3　環境的演進與層次

圖 7-3 表達兩個概念，第一個是「環境的演進」，第二個是「環境的層次」。演進是階段性、持續迭代，過程中資源會隨著架構調整，做增、刪、改。

圖 7-3 中的 A 是初始狀況，第一次建置，這個階段建議透過 IaC 的方式，但是要「分層」處理，因為不是每一層每次都會頻繁異動。這些東西彼此的關係如俄羅斯套娃一層一層堆疊，所以第一次做的時候，如果搞不清楚關係就會非常耗時。疏理清楚彼此的關係，個別用適當的技術實踐，未來才有辦法提高重複使用率。

接下來是 B 增加了一些新資源，面對外在改變，這邊的舉例是增加 Auto Scaling、API Gateway、SQS 等，提升容量以及效能的架構調整。

然後，C 與 D 的資源則是有增有減，像是增加 DB 副本，讓應用程式可以讀寫分離，增加快取。E 則是導入 K8s，應用程式大搬風。

這整個過程的改變是有層次的，所以當要用 IaC 自動化的時候，絕對不是一個大包裹，然後一口氣全部見完，而是像俄羅斯套娃的方式來一層一層的建置，這樣的設計才有辦法讓 IaC 的投入有最經濟的效果。

## 7.2.3 考慮軟體開發流程

軟體工程講究的工程方法，理性的分析與有計畫的設計。環境建置的本質就是非常務實的工程任務，所以搭配**軟體開發流程**（SDLC）的標準是最好的。先不論開發流程方法，一個軟體開發大多都要經過系統設計、系統分析，然後經過 Coding、Unit Test 等過程[※4]，最後交付給第一個使用者，通常是測試團隊。這是一般產品團隊開發人員所要經歷的過程，那負責環境建置的 SRE 團隊呢？其實用軟體工程的概念來看，也是一樣的。



環境建置透過 IaC，本身是軟體工程的一環，當然也要有分析、設計、測試過程。分析概念就是「第 5 章 系統架構之大樓理論」的想法，了解環境建置的需求者，預期需要使用的場景，也就是「5.2.4 現場：Go Live」章節提及的各種場景，像是 FVT、SVT、Sandbox 等。設計作法則是「5.2 描述架構的具體方法」所提及的具體概念，利用 OOP 的方式，直接描述出環境建置的資訊。

開發出來的 IaC，應該要可以滿足以下的需求：

1. 要建置一套環境給新客戶使用。
2. 舊環境要做作業系統升級、資安更新。
3. 新環境要做架構性的測試。
4. 功能性測試、整合性測試、迴歸測試等。
5. 效能性測試：容量、壓力、穩定、可靠等。
6. 架構改善與重整。

要滿足這些狀況，代表 IaC 要提供參數，讓使用者決定怎樣的場景，或者幫忙預設場景。從這個過程，可以發現環境建置有機會改善很多東西：

※4 開發人員都需要經歷這三個循環：Design、Coding、Unit Test，合稱「DCUT」（唸作「D-Cut」），更多內容請參閱筆者的共同著作《軟體測試實務：業界成功案例與高效實踐 [I]》的「第 5 章 從零開始，軟體測試團隊建立實戰」。

1. 架構重構，不斷的改善。

2. 能提供完整且乾淨的環境，給測試、開發、新產品試用（Sandbox）等。

3. 減少資安問題。

4. 減少維運成本。

上述不管是滿足需求，或者是改善架構，最後對於使用者而言，這些都是可以透過 API 的介面，直接封裝整個執行過程，PaaS 服務背後設計的概念就是封裝 IaC 的參數，透過流程引導，讓使用者自己決定需要的資源、甚至是架構，最典型的例子是 AWS 的 RDS、ElastiCache、CloudAMQP 提供的 RabbitMQ 服務。



## 7.2.4 小結

軟體大師 Martin Fowler 在 2014 年寫過一篇文章「Microservice Prerequisites」※5，定義了三個 Microservice 必要條件：

1. Rapid provisioning：快速建置環境。

2. Basic Monitoring：基本的監控。

3. Rapid application deployment：應用程式快速部署。

SRE 需要處理的除了快速建置，更多要做的是可規模化的概念，也就是可以讓使用者自行決定需要的資源、需要的架構，最後拿到資源，把應用程式擺上去或直接使用。當企業要做業務拓展的時候，思考的問題不是能不能拓展或需要多少時間，而是要花多少金錢成本以及對客戶的效益，SRE 透過 IaC 及 API 概念來快速建置環境，是最有價值的地方。

IaC 與 API 的進一步，請參閱最後一部分的討論。

※5 URL https://martinfowler.com/bliki/MicroservicePrerequisites.html。

# 7.3 應用程式配置：軟體的內部介面與依賴反轉

應用程式在啟動（Startup）或初始化（Initial）的時候，都需要透過載入配置檔（Configuration，以下縮寫 Config）讓應用程式啟動有所依據，像是要連哪一個資料庫、要使用哪一把 API Key、Session Timeout 的參數等。



Config 載入的流程經過這麼多年的發展，基本上已經有一個常見的策略模式了，這些概念很重要，卻也很常被忽略，最後系統上線後只能夠透過改 Code 重新部署才能處理問題，好的設計應該是改配置就能滿足需求。

先做名詞定義：

1. **配置（Configuration）**：指的是儲存在某種 Storage 形式，像是檔案系統、資料庫；或者第三方的服務，像是 Hashicorp 的 Consul。
2. **設定（Settings）**：Config 裡的 Key / Value（K/V）一對一對的東西稱為「設定」。
3. **應用程式（Application）**：經常簡寫 AP 或 App，以獨立 Process 存在的 Daemon（Web）或者透過 CronJob 短週期執行的批次應用，像是用 Java / C# / Golang / PHP 寫的 Web App 或非同步作業 Console 應用。

## 7.3.1 讀取策略

「讀取策略」指的是應用程式在初始化的時候，如何讀取與載入配置檔的先後次序、還有取捨。大部分的應用程式（特別是 Open Source Software，OSS）設計的配置大概都有圖 7-4 的概念。

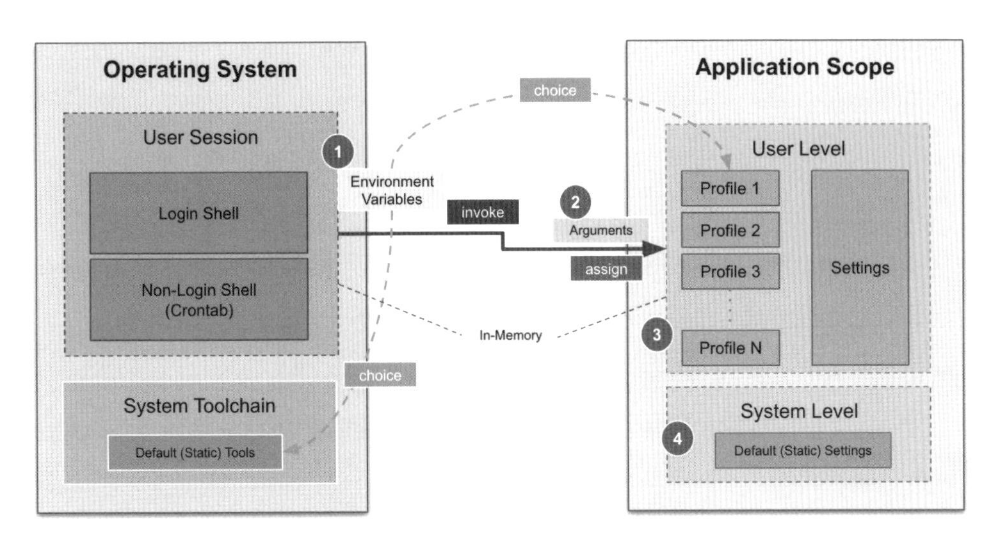


圖 7-4　應用程式配置檔的讀取策略

1. **左邊區塊**：從作業系統角度切入，User Session 分成「Login Shell」和「Non-Login Shell 」兩個狀態。
2. **右邊區塊**：User Session 的狀態下，應用程式（例如：nginx or express app、dotnet console 等）透過調用（Invocation）帶起 Process 的過程。
   - 環境變數（Environment Variables）與參數（Arguments）隨著 Invocation 帶給 Process。

應用程式讀取配置的策略的先後次序如下：

1. 應用程式讀取環境變數設定值：根據現在的 Session（Login、Non-Login），讀取環境變數的值：
   - 注意環境變數的用途是「選擇、分流用途」，而不是指定數值，像是選擇 Profile、選擇環境（Production、Staging、Test），而不是指定某個參數（Port Number）。
   - 選擇 Profile 表示包含選擇不同認證授權的 Token 來源、環境資源。
   - 注意 Session 的狀態讀取的來源有所差異，例如：Login-Shell 與 Non-Login Shell 初始的流程就不一樣。

2. 應用程式檢查啟動參數（Arguments）是否有值，有的話會覆寫 Profile。

  - 參數通常是要針對某個 Settings 暫時性的複寫，適用場景是測試、查找問題使用。
  - 參數如果有指定，則會複寫載入記憶體 Profile 裡面的值。



3. 應用程式讀取使用者設定檔（Config）：通常讀取次序在環境變數之後，透過環境變數的選擇用途，指定大範圍的檔案或者目錄結構。

  - 配置檔的形式分成「靜態」、「動態」兩種，靜態像是存在 Storage 的 JSON、YAML，動態像是存在 RDB、Consul 裡的 Key / Value（K/V）。
  - 配置讀取的模式分成「Pull」、「Push」兩種：
    - Pull：應用程式主動去某個地方拿，像是檔案系統、資料庫等。
    - Push：配置檔的來源透過 Event 的方式把異動推給 Application。

4. 上述如果都沒有，直接使用 System Level，也就是放在應用程式程式碼定義的預設值。

常見的一些工具讀取配置的策略大概都是這樣，像是大家常用的 kubectl、aws cli、vscode、git 等。

這個配置與設定的讀取策略是設計時要留意的，線上服務出問題時、用新工具時及開發新應用程式時，依照這個邏輯才能正確確認應用程式有讀取到正確的配置。

實際上，實作讀取策略的讀取次序，有可能跟上述描述剛好相反，但是結果是一致的，例如：透過繼承概念實作讀取策略，那就是先讀預設值。

## 7.3.2 注入來源

通常 AP 在設計時，在 Code Level 會有「**預設**」設定值，然後在第一次啟動應用程式時，自動產生使用者配置，裡面會寫入一份預設值（或者留白）。另外，應用程式本身的執行程式通常也可以透過參數複寫這些設定值，或者可以透過環境變數（ENV）選擇不同的配置。

所以配置的設定值的來源有這些地方：

1. **程式碼裡的預設值**（Code Level）：在應用程式裡宣告的預設值。
   - 通常是寫在 Constants、Interface、Enum 或者 c 的 header（.h）。
   - 相對於使用者層級設定，預設就是系統層級設定（System Level Settings），像是 Linux /etc 底下的都是系統層級的設定。
2. **使用者層級設定**（User Level Settings）：
   - 使用者層級的配置，通常會放在「$HOME/.<appname>/（目錄）」或「$HOME/.<appname>rc（檔案）」。
   - 第一次應用程式初始的時候，初始設定的策略有幾種，依照應用程式設計特性而定。
     - 系統層級複製一份過來。
     - 從出廠預設複製一份。
     - 或者留空。
     - 初始透過問答（prompt）的方式產生，像是 oh-my-zsh 初始過程。
   - 讀者可以在自己系統（macOS / linux / Windows）$HOME 底下發現很多用點（dot）開頭的目錄或者檔案，這些就是使用者層級的設定檔。
   - Linux 登入時的初始流程，也具備同樣的概念。
3. **臨時的參數啟動**（Injected by Arguments）
   - 通常給進階使用者、開發者自己使用 ※6，可以臨時替換配置檔裡的設定，不需要改檔案內容就能測試。
   - 有些應用程式稱為「ad-hoc」。
4. **環境變數指定**（Environment Variables）：選擇適當的配置項目，像是選擇不同身分及配置。

※6 筆者曾經設計過的測試架構與框架也是利用同樣的概念，讓開發 Testcase 的過程可以透過參數化的方式複寫配置，提高「測試 - 測試案例」的便利性。相關內容請參閱筆者部落格中「Designing Test Architecture and Framework」的初步介紹。

- AWS CLI 預設就是透過 AWS_PROFILE 選擇不同的 AK、SK，沒有指定則讀取預設。
- Environment Variables 的來源與 unix shell 初始流程很有關係。

### 7.3.3 環境變數的應用

環境變數常見的用法有以下幾種：

1. **指定使用者的 Profile**：環境變數本身是 Session Base，適用的情境就是依照使用者身分，提供 Profile 選擇。
2. **關鍵路徑的指定**：像是 HOME、LOG_PATH、Lib Path 等。
3. **系統層級的交互參數**：像是 C compiler command、LDFLAGS（linker flags）。

建議應用程式自己的業務邏輯的參數都是放在 Configuration 裡，而不是透過 Environment 注入。

### 7.3.4 參數的設計

另外，通常建議設計一個 Flag（像是 --verbose、--debug、--dryrun），讓應用程式初始化之後顯示上述的配置，可以用來快速確認目前啟動是否正確。甚至直接做 Validation，只要配置有錯誤，就直接中斷應用程式。

### 7.3.5 摘要應用程式介面規格

通常在除錯時，都要確認一些基礎資訊的正確性，包含以下兩種方向的內外資訊[※7]：

1. **由外而內**：輸入資料來源的正確性（API Request、Response Payload）。
2. **由內而外**：應用程式的配置正確性。

※7 這裡的內、外指的是應用程式從 Artifact 跑起來變成 Process 之後，這個 Process 進出的資訊流。以 Web App 來說，「由外而內」是透過 Web API 提供資訊所造成的行為，像是發出一個 REST API 請求；而「由內而外」則是 Process 自身內部 Event 或者生命週期提供的資訊，像是 Configuration、監聽檔案系統事件觸發的行為。

如果系統已經執行一段時間，通常找問題的點都會在「1. 由外而內」，也就是輸入資料的正確性，像是 API 的 Payload 某些值有錯誤、超出範圍。

如果系統是新部署（更版 / 業務拓展 / 測試環境），通常要先確認的是「2. 由內而外」、再來才是「1. 由外而內」。很多時候都是應用程式初始過程中的配置有問題，像是外部依賴的位址給錯了（通常是 copy & paste 忘了改）、或者某些 secret 給錯、對於系統外部程式的依賴版本錯誤等，而怎麼初始配置的流程則是除錯過程中必要知道的 Know How。

筆者把上述的「1. 由外而內」+「2. 由內而外」稱為**應用程式介面規格（Application Interface Spec）**，範圍涵蓋以下：



## 由外而內：使用者看得到的介面

形式如下：

1. **API**：形式包含 Web API、Libraries API。
2. **通訊協定與資料結構**：
   - REST Request / Response、HTTP Headers。
   - JWT Payload、Cookies。
3. **通訊認證**：
   - 企業內部系統之間的通訊認證模式，相關概念請參閱「第 6 章 服務治理」。
   - 對外部系統的通訊認證模式。

## 由內而外：開發團隊看得到的介面

1. **Environment Variables**：明確環境變數的用途與適用範圍。
2. **Configuration**：Config 與 Settings 的定義、配置檔案的策略、設定操作策略。
   - Static：檔案或者 DB，分成主動或被動操作模式。
   - Dynamic：通常透過 Event-Driven，像是 Feature Toggle 的實作、Hashicorp Consul 等。

3. Secret：與 Configuration 同屬性，但因為牽涉敏感，所以通常獨立個別處理。

- Loading 的技術概念與 Configuration 一致，同樣分成 Static、Dynamic，機制就是 Pull 或 Push 等模式。
- Data Storage Source 會配合 KMS 方式加解密，也會有其他的管理政策配合。

4. Database Schema：不管是 RDB 或 NoSQL，都是要有結構定義的。

5. Storage Structure：非結構性的資料存放結構，通常都要有目錄結構的定義與宣告。

### 7.3.6 小結

開發者很常討論 OOD 的 DI（Dependency Injection，**依賴注入**；Dependency Inversion，**依賴反轉**），談的是 Code Level 的注入資訊反轉以及注入策略與模式，這些都是程式啟動後 Runtime 過程 Object 的行為，不管是範圍（Scope）還是物件啟動的生命週期。

而本文著眼的是「應用程式初始化」（Initial、Startup）時，配置載入的流程策略與模式，我把這些配置稱為 Application Interface Spec 的其中一部分。Configuration 是應用程式層級的 DI，透過它可以靈活的控制應用程式的行為、邏輯，讓使用者有能力控制整個應用程式的行為，不需要改程式碼，重新編譯打包。這在設計一個新的應用程式時，就必須確立好 Application Interface Spec 的範圍，然後經過開發的持續迭代，持續修正與調整。

## 7.4 交付流水線

**持續整合**（Continuous Integration，CI）與**持續部署**（Continuous Deployment，CD）兩個經常被合稱**持續交付**（Continuous Delivery）。「持續交付」在技術上指的是軟體工程的「交付流水線」，常說成 Pipeline **或** CI / CD；在組織與文化上討論

的「持續交付」，則是團隊帶給客戶的商業價值。底下描述的是以軟體工程為主，並以 Pipeline 或 CI / CD 代稱。

持續部署階段也可以用持續交付替代，因為「部署」一詞用於 Web Services 的交付，而其他 Mobile APP 與 Desktop APP 則是稱為「發布」（Publish），把三種應用形式給予合稱「交付」。



Pipeline 就像組裝手機的生產線，每部手機要經過幾百道工序 / 工站，才能完成組裝，然後進行測試。從組裝的前置作業，包含確認各個供應商的零部件、零部件檢驗（IQC）、包裝工序等，然後組裝產線的組裝工序、組裝工人的訓練、經過幾百個步驟，最後完成一部手機；下一步才是測試、檢驗、包裝、運到倉庫，這整個過程也是一個很複雜的流水線。

Pipeline 過程像是手機組裝，也要經過很多工序，但因為軟體交付本身可以用軟體控制，所以效率可以更高、更有彈性，但也因此衍生出各種作法，甚至各種派別。

軟體開發的 Pipeline 最核心的有三件事情：(1) **建置**（Build）；(2) **交付**（Delivery）兩個階段；把這兩件事連接起來的 (3) **工作流程**（Workflow）。建置階段的主要操作對象是「原始碼」（Source Code），結果是「產出物」（Artifact）；交付階段處理的對象則是「產出物與環境（Environments）的關係」，結果是「產出物與環境整體的運行關係」。

建置階段經常會衍生出任務，像是串接 Unit Test、Integration Test、Code Scan、Code Review，交付階段則有環境建置（Provisioning）、配置管理（Configuration Management）、部署策略（發布策略）等，是讓整件事情更完善的下一步。

Pipeline 是整個產品開發過程中，最容易被忽略、輕忽的部分，時間越久，問題會越深越不容易處理。因為過程的任務需要時間開發與測試，本質上也是個軟體開發任務，需要有 Design、Coding、Unit Test（DCUT）※8 的過程，整個開發任務包

※8 Design、Coding、Unit Test 合稱「DCUT」，唸作「D-Cut」，是一個 Programmer 的核心工作任務。詞源自 IBM 的開發流程，詳細內容請參閱筆者共同著作《軟體測試實務：業界成功案例與高效實踐 [I]》裡的「第 5 章 從零開始，軟體測試團隊建立實戰」的詳細介紹。

含了設計、開發、測試、維運四大環節。但普遍專案任務進行，不會有這些嚴謹的過程，反而比較是像是組織裡的 Side Project 私下進行。

SRE 經常也要處理 CI / CD 任務，無論組織的大小、團隊的規模，但對於 SRE 而言，透過軟體工程方法，具體提高持續交付的「效率」，讓產品開發團隊有更好的**開發體驗（Developer Experience，DX）**，則是更重要的事。



這個小節將討論以下的內容：

1. **本質原理**：CI / CD 背後的本質原理是什麼？
2. **核心機制**：從架構角度的技術本質，以及對於 SRE 團隊而言，應該提供怎樣的方式，讓產品團隊有更好的開發體驗。
3. **企業階段的取捨**。

## 7.4.1 本質原理

首先，「交付流水線」是一連串的任務組合，就像產線很多工作站，每個工作站進行一個**任務（Task）**，很多工作站串接起一個工作流。以 CI / CD 常見的 Tasks 為例，整理如下：

| 編號 | 任務（Tasks） | 說明 |
| --- | --- | --- |
| A | Code Review | 執行程式碼複查。 |
| B | Code Scan | 執行程式碼掃描，是否符合 Code Convention、是否符合資安規範。 |
| C | Unit Test | 執行單元測試。 |
| D | Build | 編譯、打包，過程中也執行以下任務：<br>● 依賴函式庫的安全檢查，如果依賴於有資安疑慮的套件會中斷。<br>● 打包完成後，把 Image 推到 Artifact Repository。 |
| E | Provisioning | 依照需求執行環境建置，完成執行後刪除。 |
| F | Publish | 執行 Mobile APP 的發布流程，依照 iOS / Android 的需求執行個別流程。 |

| 編號 | 任務(Tasks) | 說明 |
|---|---|---|
| G | Deploy | 執行Web Service的部署流程，依照需求執行藍綠(Blue / Green)、滾動(Rolling)等部署策略。 |

這些任務都還可以更細分，像是部署可以區分藍綠部署、滾動部署任務，或者部署到預先發布環境(Staging)等，這每個任務都是獨立的單位，需要有方法串連它們，這些串連它們的方法稱為**事件(Events)**，事件分成「主動」與「被動」。常見的事件有Commit、Merge、Tag、Branch、Approved等，這些事件大多與Git的行為有關，所以GitOps概念由此而來，而不管是Git還是SVN在技術上都支援Hook(鉤子)概念，也就是在任務的前後(如pre-commit、post-commit，pre-merge、post-merge等)可以進行額外的任務。在機制上，類似Web API設計上常用的Callback機制，這些都可以在Git / SVN的metadata裡找到。

圖7-5描述Tasks與Events串起來之後的抽象概念，在這裡我們先忽略各種分支策略，專注於任務與事件的概念：

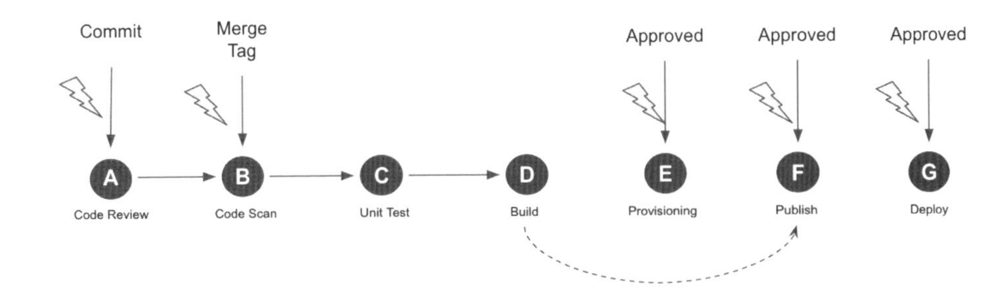


▌圖7-5　交付流水線的任務與事件

而每個Tasks在運行過程中，會產生以下的行為：

1. **發出另外的Events**：
   - 觸發另一個任務(Task Invocation)。
   - 拋出例外事件(Exceptions)。
   - 通知訊息(Notitication)。

2. **輸出資料**：

- 產生出產出物（Artifact）。
- 產生出 Log 資料。
- 產生出報表統計資訊。



因應 Task 運算過程的需要，整個系統通常需要外部輔助資源，像是：

1. 需要取得依賴套件。
2. 取得 Configuration 資訊。
3. 取得 Secret 資訊。
4. 存放輸出結果（像是 Artifact）的地方。

這些額外輔助資源通常都會以「服務」（Services）形式出現，像是 Artifact Repository、Configuration Management、Secret Management 等。

所以每個 Task 又會再生成 Event，同時需要額外基礎服務（Services）做配套措施，如此反覆延續。截至目前為止，整個 CI / CD 已經有以下因素要考慮：

1. **任務**：實際運算單元，通常是 script 形式存在。
2. **觸發事件形成工作流程**：任務執行過程產生的事件。
3. **任務執行過程需要的配套服務**。

從這些現象不難發現，CI / CD 整個流水線的本質是由事件誘發後，發動串接多個任務所構成的**非同步工作流程（Asynchronized Workflow）**，要支撐這樣的工作流程則需要先釐清整個核心機制有哪些，才不會因為工具的複雜度而感到困惑。

## 7.4.2 核心機制

前面帶出「非同步工作流程」這樣的概念，其中最小的單位是「任務」（Task），Task 本身就像個 Function，有輸入、輸出，同時運行過程會送出 Events，需要經過完整軟體開發流程，包含 Design、Coding、Unit Test（DCUT），每個 Task 都應該可以獨立運行與測試，其本質是高內聚、低耦合的單元，其整體概念如圖 7-6 所示。

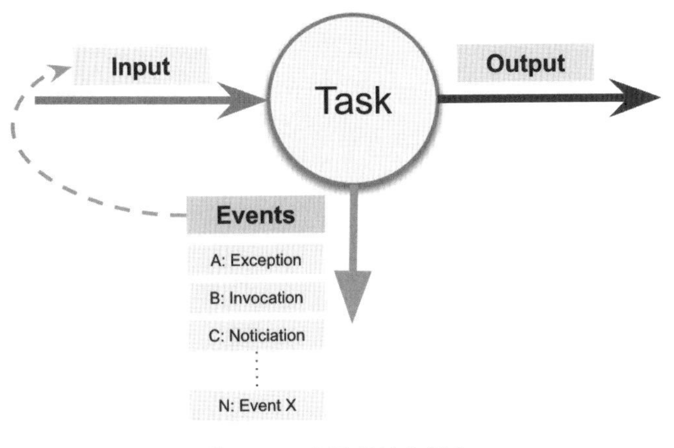


圖 7-6　任務的核心概念

Task 輸入會有個起點，像是 Git 觸發的事件，包含了 Commit、Merge、Tag、Branch 等，本質也是個 Event；除了 Git，也包含另一個 Task 發出來的 Event，像是 Task A 做完，下一棒是 Task B 串接起來；或者接受外部的事件，像是透過 Slack 送出的主管 Approve 事件。

除了串起 Task 或接收外部事件之外，Task 還有很重要的 Event 則是「例外」（Exception），也就是當 Task 執行過程發生非預期的事件應該怎麼處理？像是發生網路異常、認證授權失敗事件等 ※9。

Task 本身也會有產出的結果，形式有輸出的 Log，通常是檔案或者 Standard Output（stdout）。檔案則是運算過程產出的主要結果，像是 Artifact 這樣的 Binary 檔案。有些則會透過 API 形式送出去，像是版本資訊、部署資訊等。

基於以 Task 為核心機制概念，套上 CI / CD 三個核心任務：「Build → Provision → Deploy」三個，如圖 7-7 所示。

※9　應用程式在運行時也有一樣的概念，詳細內容請參閱「10.1 應用程式標準化：生命週期」的介紹。

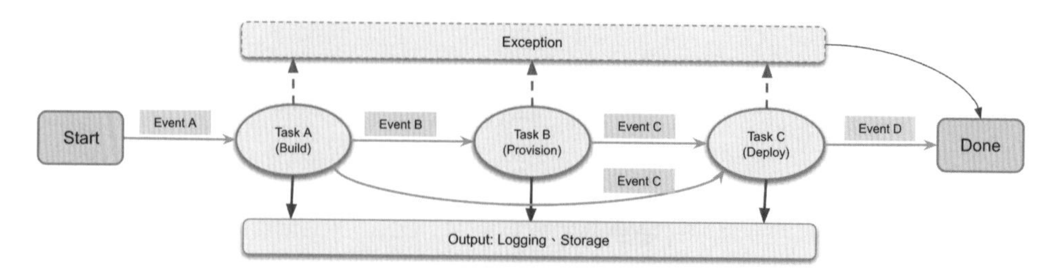


▌圖 7-7　事件驅動的流水線

圖 7-7 用三個最核心的任務，描繪了因為事件驅動而串連的工作流程，回應圖 7-4 最單純的流程概念。圖 7-7 中包含了每個 Task 因為 Event 串起一個主要流程（A → B → C），還有因為例外衍生的流程。促使事件驅動的核心技術則是 Message Queue（MQ），以 MQ 為中心的整個流程如圖 7-8 所示。

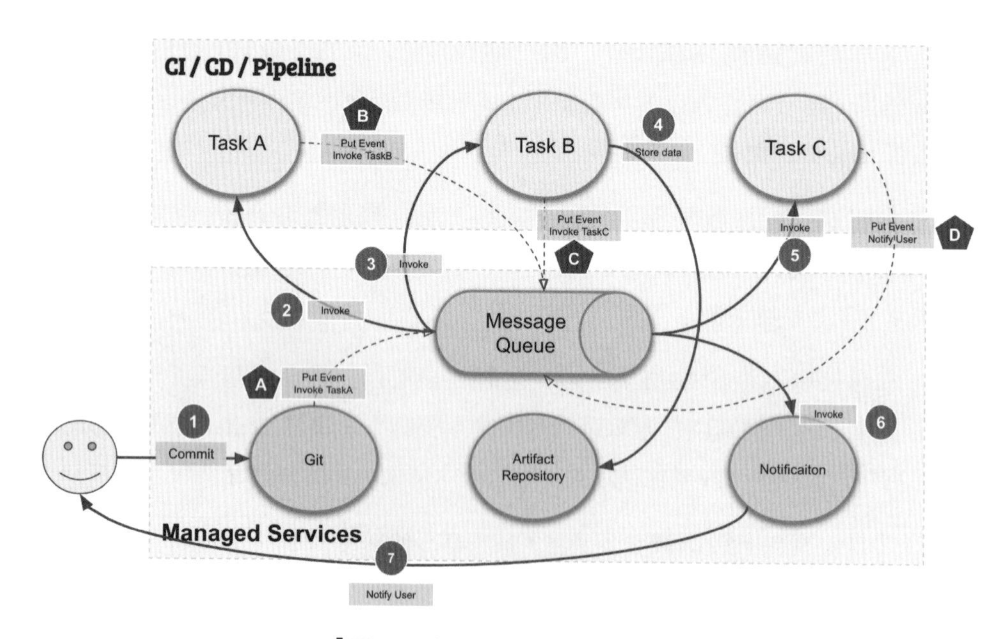


▌圖 7-8　以 MQ 為中心的核心機制

圖 7-8 完整描述以 MQ 為核心機制，每個 Task 彼此之間串起來的流程。圖 7-8 中的中下兩個區塊是由很多 Service 構成的，包含 MQ 及其他 Infra-Services，Task A~C 則是維運團隊開發的任務，標示 1~7 則是主流程，標示 A~D 則是事件驅動訊息。這個流程是最基本的，透過 MQ 其實可以做更複雜的流程，像是實作分散式運算

（Distributed Computing）等，也因此「事件驅動」其實是現在大部分 CI Server 實作的基本核心機制。

Task 透過 MQ 組成工作流程，而 Task 除了事件訊息之外，兩個階段各有主要的操作對象（Target Objects）：「CI 階段是 Source Code，產出是 Artifact，CD 階段則是 Artifact 與 Environments」。除了這兩個，它們在執行過程中都需要相依於一些服務，不管是儲存、配置、Secret 等，總之這些服務的存在，讓兩大階段才得以順利進行，概念如圖 7-9 所示。



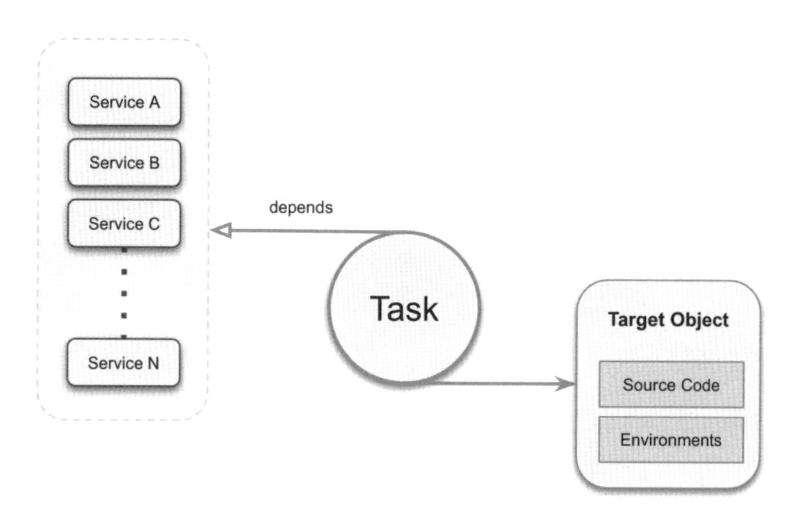


圖 7-9　任務的關係系統、目標對象

所以從技術本質來看，普遍交付流水線的設計包含了以下：

1. **任務（Task）**：任務執行單元，像 Build、Deploy、Unit Test、Code Scan 等，這些事情通常是透過 Script 或特定程式語言開發，經過 DCUT 流程，通常會需要與第三方工具串接做整合
2. **事件驅動（Event-Driven）**：事件驅動則是怎樣發動一個流程或者任務，可透過人為觸發（Approve / Bug Report）、還是 commit 觸發、還是 tag / branch 觸發、還是 Slack 觸發等。
    - 流程控制（Flow Control）：因為事件驅動而組成的流程控制，流程控制則是把 Task 接起來的控制，包含先後次序，甚至是條件控制。

- 動態狀態機（Dynamic State-Machine）：事件驅動本身是複雜度，但只要是流程就應該考慮**狀態機**（Finite-State Machine，FSM），只是在大部分的 CI / CD 過程，會隨著時間越來越長，狀態機也會是動態的，像是環境建置可能做完一次之後，下次改動就很久之後了。

3. **基礎服務**（Infra-Oriented Services）：執行任務過程所需要的基礎服務，像是 Arfiact / Config Repository、Secret Vault、IaC、CI Service 等。

當系統架構變大、變複雜，為了加速 Pipeline 執行的效率，通常會考慮增加運算資源，隨之而來的工程問題：**分散式運算**（Distributed Computing），但也因此會帶來**分散式架構**（Distributed Architecture）議題。

因為事件驅動的因素，促使流水線可以完成很多複雜的任務，把整個流程串得非常靈活，但是它也會流水線隨著時間的移動變得越來越複雜，事件驅動本身除錯難度也高，加上大家對於流水線認知理解的落差，造成流水線日益複雜，甚至沒人敢去碰的狀況，這些都是因為事件驅動造成的現象以及衍生的問題。市面上很多工具其實都已經封裝這些東西，但是也因為封裝了，降低使用門檻。

撇除工具提供的功能，寫一個好的 Task、做好基本的 Flow Control，需要基本軟體工程能力，還有寫程式的紀律。如果純手工，沒有工具支援，要做好這兩件事情還可以，這也是普遍人在談的自動化程式範圍，但如果要做到事件驅動、分散式運算的需求，那麼就需要良好的軟體工程素養了。

## 7.4.3 企業階段

現代的流水線很習慣會透過現有的 CI Service 來控制，不管是 Jenkins、Gitlab、ArgoCD、GitHub Action、CircleCI 等，背後要解決的需求本質其實都沒有什麼變，但很常因為工具的設計、加上不了解實際原理的狀況之下，變相被工具綁架，也就是為了做而做，但卻不知道為什麼會動。

隨著企業發展階段來看，要處理的規模與範圍會有所差異，基於前言提到的「錘子現象」的概念，而整理出下表，可適用於各個階段，任務的深度、複雜度與其複用程度多寡呈正相關。

| 編號 | 任務（Tasks） | 草創期 | 成長期 | 發展期 |
| --- | --- | --- | --- | --- |
| A | Code Review | 人工（git hook） | 半自動 / 工具 | 自動 / 工具 |
| B | Code Scan | 先跳過 | 半自動 / 工具 | 自動 / 工具 |
| C | Unit Test | 人工執行 | 自動 | 自動 |
| **D** | **Build** | **自動** | **自動** | **自動** |
| **E** | **Provisioning** | **手動** | **半自動** | **全自動** |
| F | Publish | 人工發布 | 半自動 | 全自動 |
| **G** | **Deploy** | **半自動** | **自動** | **自動** |



### 7.4.4 小結

不管是產品團隊還是維運團隊，「交付流水線」都是需要長時間持續改善的地方。本章節透過本質原理的分析，探索其中最核心的原理，進而找到核心機制，讓讀者可以更能夠掌握交付流水線的本質，減少被工具綁架，或者陷入工具選擇迷思的狀況。

## 7.5 本章回顧

「軟體交付」是一家軟體公司交付價值的關鍵基礎建設，而了解其成熟度的方式，筆者認為就是這四個關鍵點：

1. 產出物：軟體交付的基礎單位。
2. 環境建置。
3. 應用程式配置：軟體的內部介面與依賴反轉。
4. 交付流水線。

所以筆者把這四個概念稱為「軟體交付的四大支柱」，有了柱子，接下來房子蓋好才會穩且安全，住起來才會舒服。

很多且很重要的東西並沒有特別被提及，像是Secret Managemnt、Feature Toggle、Code Scan等，這些也是在軟體交付過程中很重要的任務，但是在Day 1四大支柱則是更優先要先做好的。

在「1.2 現象：自動化其實是個錯覺？」提到了負反饋的重要性，以及「2.2 制度：讓維運團隊自主運作的制度框架」提到的上線前、中、後的準備任務，不管是單一的單體架構、還是複雜的分散式系統，都像是氣象觀測或健康觀察一樣，「時間趨勢」是不可缺少的概念：「每天、每週、每月、每季、每年…」週期性的觀測。

「If You Can't Measure It, You Can't Improve It.」

—現代管理學之父 彼得・杜拉克（Peter Drucker）

要改善系統的狀況，「觀測與監控」是非常重要的課題，也是 SRE 的必修課。本章節整理了做好觀測與監控背後的要訣與心法，讓 SRE 掌握整個系統的「局」。

## 8.1 觀測、監視與控制

「觀測、監視與控制」這三者的關係可用圖 8-1 來表示。

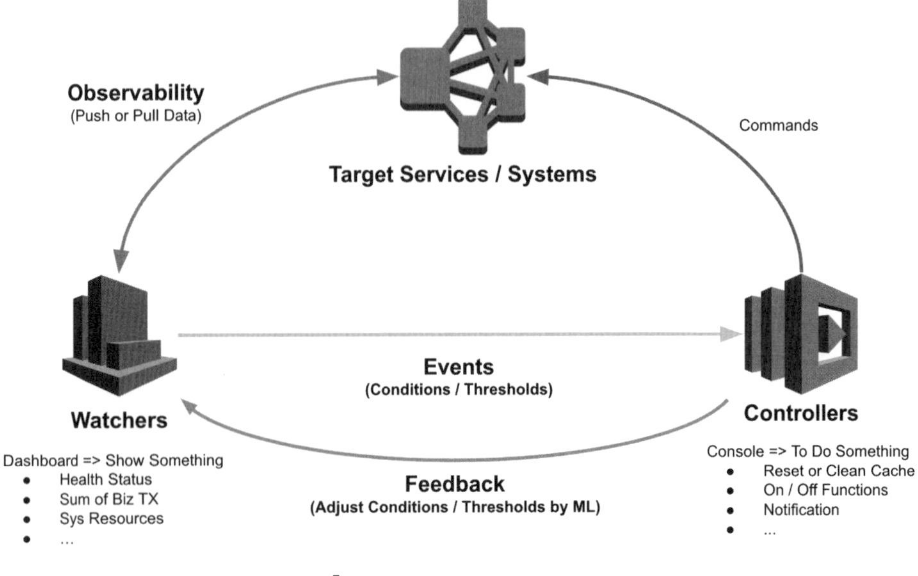


▌圖 8-1　觀測、監視、控制

圖 8-1 的目標對象就是我們在乎的「系統」，第一個步驟就是觀測（Observability）系統的狀況，然後依據蒐集到的資訊來執行監視任務，確認是否符合期望值，當監視過程中發現數值有不同的狀況，則依照條件、臨界值送出事件，這個事件會觸發控制器做對應的任務。不管是產品開發或維運團隊，系統只要上線，都要面對這樣的需求。

## 8.1.1 觀測

**觀測**（Observe）是針對**目標系統**（Target System）的**內在症狀**（Symptom）及**外在特徵**（Characteristic），匯總成可以量化的數值，轉化成具體**指標**（Metric）的**量測**（Measurement）行為。觀測者透過指標的週期性趨勢，判斷目標系統的狀況是正常（綠燈）、需觀察（黃燈）、異常（紅燈），進而產生行動。

假設目標系統是人體，外在特徵像是體重、身高、膚色、髮量等，內在特徵像是血壓、心律、血糖、血脂、肝功能指數、骨質密度等生理特徵，這些生理特徵都需要透過儀器固定時間量測、記錄，以觀察整體趨勢並推算可能的狀況。

除了人體，另一個常見的例子是「氣象觀測」，例如：雨量、溫濕度、風向、地震等，背後實際的方法也都是在待測地理範圍之內，在適當的位置裝設量測儀器，持續蒐集資訊，最後彙整成我們所看到的雨量報告、地震報告等。有了這些報告，與歷史資訊彙整，透過電腦推算出所謂的「預報」。

不管是人體、氣象、還是系統，觀測的資訊都是經過**取樣**（Sampling）蒐集，經過一段時間之後，呈現出來的是趨勢狀況。「取樣」的意思是針對量測目標以固定**週期**（Period）（其倒數為**取樣率**）取得當下的**資料點**（Data Point），這其實是不連續的觀測資訊。但是當 Period 很小，像是 1ms 的時候，代表量測的待測系統的真實性也越高。另一個取樣的例子是聲音的取樣，CD 的取樣率是 44.1k，表示每秒取樣 44,100 次（Period = 1 / 44.1k），所以呈現出來的聲音品質就會更真實。

系統的觀測分成**外在指標**與**內在指標**兩個角度，「外在指標」是透過外部的請求所誘發的現象，「內在指標」則是因為外在請求的驅動或非同步事件驅動，隨之產生的症狀，以下用一個非同步系統舉例，如圖 8-2 所示。

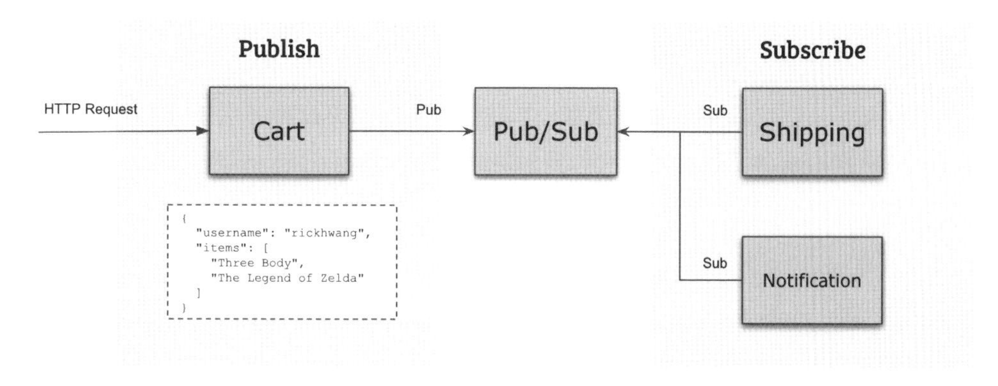


▌圖 8-2　簡易的 Pub / Sub 系統

這個系統描述了三個服務之間，透過 Pub / Sub 溝通，達到「非同步訊息傳遞」及「一個訊息對多個服務」的目的。這個系統的內在與外在觀測指標，整理如下表：

| 服務 | 外在指標 | 內在指標 |
|---|---|---|
| Cart | RPS、Latency、Error Rate、Network Throughput | CPU、Memory、Disk I/O |

| 服務 | 外在指標 | 內在指標 |
|---|---|---|
| Pub / Sub | Positive / Negative Delivery Ack Rate、Delivery Rate、Publishing Rate※1 | CPU、Memory、Disk I/O |
| Shipping | Consume Message Quantity | CPU、Memory、Disk I/O |
| Notification | Consume Message Quantity | CPU、Memory、Disk I/O |



從表中不難發現，這張表用每個服務當作待測系統單位，每個系統裡都會有很多運算單元（Computing Resources），它們形成了內在指標，而系統與系統之間的關係形成外在指標。

「指標」應該都要具備以下資訊：

1. **指標單位（Unit）**：Percent、Count、Byte。
2. **統計方法（Statistic）**：Sum、Average、Max、Min、Sample Count。
3. **取樣單位（Period）、取樣率（Sampling Rate）**：有些適合「每秒」來看，有些適合「每分鐘」來看，有些則適合用「每週」來看。

「指標單位」表示指標的最基礎單位，這是了解一個系統指標最重要的起點，很常因為沒有理解最基本單位，而造成對於系統錯誤的判斷。

像是 CPU 使用率，在 Linux 裡的 top 指令用數字 1 代表一個 core 的整體使用率為 100%，實際上其背後是指 CPU 的取樣單位時間內，CPU 被應用程式占用的總時間。假設 CPU 1 秒可以處理 1000 個指令，而應用程式在執行時，1 秒需要 100 個指令，那麼使用率就是 0.1。在 top 指令會顯示三個數字，分別代表每分鐘、每 5 分、每 15 分鐘的平均負載（load average），也就是統計方法和取樣單位。

再舉一個例子，AWS DynamoDB 的 Read、Write Capacity Unit（RCU、WCU），代表每次讀寫時的基礎單位。RCU 意思是每秒可以讀取 4KiB、WCU 是每秒可以寫入 1KiB，這兩個指標的單位是 Byte、統計資訊是 Sum、計算（取樣）單位為每秒。

※1 這裡是以 RabbitMQ 的指標為例，實際以各個實作為主。RabbitMQ Metrics：URL https://www.rabbitmq.com/monitoring.html#queue-metrics。

像這種在設計階段就已經定義的業務特性指標，然後依照這樣設計出來的產品，對於觀測系統的狀況會很有幫助，同時這個指標背後代表的則是「成本」。

不管是系統還是業務的關鍵指標，這些指標背後都隱含對於整個系統服務的業務特性、領域知識，換言之，他們都有故事可以說，可以提供很多背後的設計及業務的意義。了解一個人是否健康，看健康報告；要去一個國家旅遊，透過地理及氣象資訊，了解氣候是否宜人；認識一個系統，切入點應該是從「系統指標」開始。



## 8.1.2 監視

有了觀測目標系統的指標，接下來是**監視**（Monitoring），筆者用「監視」而不是「監控」，因為中文語意上的「監控」包含了「監視」與「控制」兩個意思，這裡更多時候的比重是放在「監視」（Monitoring），或者說「觀看」（Watching），就像電腦螢幕稱為「監視器」，重點在於提供資訊給系統管理員，也就是Show Something。

監視本身並沒有控制能力，換言之，無法直接依據指標狀況控制系統，但他可以觸發相關事件來產生行動，並且他必須提供正確且可靠的訊息，例如：氣象局蒐集了大氣壓力的資訊所呈現的氣壓資訊，然後才可以做出預測來提供給民眾。

對於SRE而言，呈現監視資訊最常用的方法是**儀表板**（Dashboard），儀表板可以呈現觀測結果提供的具體資訊，透過各種圖表呈現流量資訊，例如：設定觀測的臨界值（Threshold）、反映出系統的健康狀況（紅黃綠）以及服務的外在指標、內在指標、業務指標等。

Dashboard的設計可依照「第5章 系統架構之大樓理論」與「第6章 服務治理」提及的原則，由上往下、由廣到深，最上層對外可給客戶看，也就是很多公有雲、大型Web Services提供的Status Site，像是AWS的Health Dashboard；對內則可以讓高層主管很快抓住整個產品服務的整體狀況。而對內時，就會細緻化到每個服務的狀況以及各自的外在指標、內在指標、依賴關係等。

## 8.1.3 控制

「控制」指的是透過觀測蒐集到的訊息，再用 Dashboard 呈現可以判讀的訊息，當滿足特定條件而觸發事件訊息後所採取的行動（Do Something），在程式設計裡就是常見的 Hook 或者 Call Back 的概念，透過這個機制可以做一些事。



這個行動經常會透過程式寫一段程序，去調整目標系統的參數。在實際的架構設計裡，會採用事件驅動（Event-Driven）設計，像是 AWS 透過 SNS 做驅動，事件可以丟給 EC2、Lambda、甚至是一個 Workflow 處理。

以營運驅動的產品，在營運中心常常會看到各式各樣的 Dashboard，而中心很多座位上坐著很多人，他們前面都會有個名為**主控台（Console）**的設備，去調整、控制整個系統，例如：在高公局的監控中心、電影的太空船、航空母艦上的艦橋，就很常出現這樣的畫面。

## 8.1.4 小結

整理三者的職責分別如下：

| 角色 | 目的 | 呈現形式 | 實踐技術 |
|---|---|---|---|
| Monitoring / Watcher | Show Something | Dashboard | Grafana / CloudWatch |
| Controller | To Do Something | Console | Event-Based / ML / AI |
| Observability | Collect Information | 隱性（Agent/Shipper） | Queue / Push or Pull |

從這三者角色中不難發現，這是個非同步事件驅動的架構，也就是說，所有的系統監控都需要有個事件驅動架構來支撐，這個監控才會完整，大家說的「自動化」才會存在。

# 8.2 設計指標

「指標」(Metric)是針對待測目標觀測(Observability),再透過取樣(Sampling)取得數據,所取的點狀資料(Data Point)是最後在監控時的決策依據。

「指標」背後更深層的意思是「領域知識的摘要」,上一小節使用人體、氣象等生活中的例子,而在這個小節中筆者想探討的是怎麼設計適當的系統指標?

## 8.2.1 領域知識

上一小節提及一個系統有「內在」與「外在」的指標,這兩種都是系統的領域知識。我們以常用的 Web Server - Nginx 為例,它應該有哪些指標?官方分成「系統指標」(System Metrics)與「流量指標」(Traffic Metrics)兩大類,對應到本章節是「內在指標」與「外在指標」兩個。流量指標 ※2 摘要有以下:

1. client.latency.{total | max | min | count}
2. client.network.latency.{total | max | min | count}
3. client.request.latency.{total | max | min | count}
4. client.ttfb.latency.{total | max | min | count}
5. client.response.latency.{total | max | min | count}

從上述的指標不難發現,描述的是 Nginx 本身提供的能力的描述,像是客戶端的延遲(Latency)統計、網路延遲、請求延遲、回應延遲等,其中有些特殊名詞如 TTFB 是「Time to First Byte」※3,這樣的概念則是 Nginx 這種服務需要了解的,因而定義出來的指標。

※2 更多內容請參閱:URL https://docs.nginx.com/nginx-controller/analytics/metrics/overview-traffic-metrics/。

※3 TTFB 是以客戶為中心的概念,更多內容請參閱:https://en.wikipedia.org/wiki/Time_to_first_byte。

Nginx在系統裡是網路資料傳輸的角色，所以系統指標大部分會和時間有關係，也就是傳輸的效率（Efficiency）及效能（Performance），效率用延遲（Latency）時間呈現，效能則用吞吐量（Throughput）。更細緻的呈現效率的方法，則是看第一個Byte從Web Server到Client的時間。Nginx內在指標則是如CPU Usage、Memory Usage、Network Usage等常見的系統資源狀況。



上述的內外兩個部分都是所謂的領域知識，也就是在上線前就可以獲得知道的。如果因為其他需求而需要知道額外的指標，像是Nginx的連線過程TCP的狀態指標，如圖8-3所示。

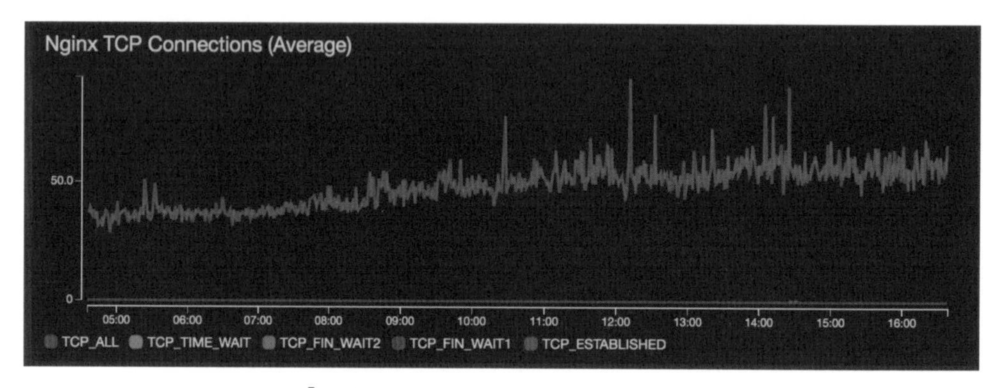


圖8-3 Metrics of Nginx Connections

圖8-3是把系統裡TCP狀態變成可以觀測的指標，透過這樣的方式來讓SRE可以做決策與判斷。以類似的想法繼續延伸Nginx的需求，Nginx是個左手進（Upstream）、右手出（Downstream）的中介者，如果我們想要更細緻知道Downstream的HTTP狀況，但Nginx本身沒有提供，則應該怎麼做？

Nginx的例子背後隱含的都是領域知識的想法，也就是會有因為領域知識的需求，額外定義出新名詞或新概念來描述系統的狀態。其他系統的例子如AWS的Application Load Balancer（ALB），也因為它的設計與應用，對外有著不同尋常的指標[※4]，例如：

※4 URL https://docs.aws.amazon.com/elasticloadbalancing/latest/application/load-balancer-cloudwatch-metrics.html。

1. ActiveConnectionCount：從客戶端同時的 TCP 連線總數，這是個總和（Sum）數字。

2. ConsumedLCUs：使用的 Load Balancer Capacity（LCU）數量，是 ALB 的計價模型單位，以每小時為單位計算。

3. DroppedInvalidHeaderRequestCount：ALB 發現不合法的 HTTP Headers 請求數量。

4. GrpcRequestCount：收到 gRPC 協議的請求數量。



類似這種 ALB 特有的指標還有很多，這些特殊指標都是領域知識所需要的，所以系統出現特殊或非比尋常的現象，代表隱含著屬於自己特殊領域的特徵值，這些資訊最後會需要一個名詞來描述它，而形成特有的指標。

指標通常是名詞，不管是單一名詞或複合名詞。另外，指標會有量測的統計方法，像是取樣點（Sampling）、最大最小（Max / Min）、平均值（Average）、總數（Sum）。

接下來延續 Nginx 的例子，做出服務自己特有的指標。

## 8.2.2 取樣量測

在系統使用 top、htop、ps 工具取得系統的狀況，像是 load average 的資訊：

```
top - 10:33:16 up 21 days,  1 user,  load average: 1.20, 0.91, 0.37
Tasks: 222 total,   1 running, 221 sleeping,   0 stopped,   0 zombie
%Cpu(s):  0.7 us,  1.4 sy,  0.1 ni, 92.8 id,  0.0 wa,  0.0 hi,  0.1 si,
4.9 st
MiB Mem :   7957.0 total,   5240.3 free,   1446.8 used,   1269.9 buff/cache
MiB Swap:    976.0 total,    976.0 free,      0.0 used.   6261.2 avail Mem
```

透過定期取得（取樣）/proc/stat[※5] 的資訊，如下：

※5 每個欄位定義可參閱：URL https://man7.org/linux/man-pages/man5/proc.5.html。

```
~$ cat /proc/stat
cpu  5851 235 3429 70232 609 0 207 5487 0 0
cpu0 1353 32 1011 17577 137 0 18 1384 0 0
cpu1 1389 82 832 17656 152 0 22 1367 0 0
cpu2 1547 43 855 17596 124 0 24 1324 0 0
cpu3 1560 77 729 17401 194 0 141 1410 0 0
```



經過計算，讓工具（top / htop / ps）呈現給使用者。

假設我們要量測的對象是系統裡的 TCP 狀態變化，首先要了解 TCP 本身的領域知識，以狀態機來看 TCP 運作過程，我們關心與 Nginx 有關的狀態有 TCP_ALL、TCP_TIME_WAIT、TCP_FIN_WAIT1、TCP_FIN_WAIT2、TCP_ESTABLISHED 這五個（讀者可以找到其他更多），而這些狀態我們可以寫出一個類似於 /proc/stat 檔案的內容，最後可以用其他工具呈現成圖表。

在 top 例子中的 /proc/stat，內容其實是 Linux Kernel 的虛擬檔案，由 Kernel 維護裡面的資訊。而我們關心的 TCP 五個狀態，則是透過我們自己定義的方式取得，本文以 netstat 當作主要的取得方法，範例程式如下：

```
#!/bin/sh

ts=$(date +%Y-%m-%dT%H:%M:%S)
logts=$(date +%Y%m%d)
all_tcp_log="/var/log/tcp/${logts}.log"

# tcp for all sockets
tcp_all=$(netstat -nat | wc -l)
tcp_time_wait=$(netstat -nat | grep TIME_WAIT | wc -l)
tcp_established=$(netstat -nat | grep ESTABLISHED | wc -l)
tcp_fin_wait1=$(netstat -nat | grep FIN_WAIT1 | wc -l)
tcp_fin_wait2=$(netstat -nat | grep FIN_WAIT2 | wc -l)
tcp_close_wait=$(netstat -nat | grep CLOSE_WAIT | wc -l)

echo "$ts `hostname` SYS $tcp_all $tcp_time_wait $tcp_established $tcp_fin_
wait1 $tcp_fin_wait2 $tcp_close_wait" >> $all_tcp_log
```

這段程式透過像是 crontab 的方式，定期發動取樣，取得類似以下的資料點（Data Point）：

```
2022-12-23T10:56:20 gtapp10 SYS 68 6 43 0 0 0
2022-12-23T10:56:30 gtapp10 SYS 70 6 45 0 0 0
2022-12-23T10:56:40 gtapp10 SYS 77 13 45 0 0 0
2022-12-23T10:56:50 gtapp10 SYS 77 13 45 0 0 0
2022-12-23T10:57:01 gtapp10 SYS 76 12 45 0 0 1
2022-12-23T10:57:11 gtapp10 SYS 76 12 45 0 0 0
2022-12-23T10:57:21 gtapp10 SYS 76 12 45 0 0 0
```

有了這些 Data Point，往下就可以透過各種的 Log Shipper（Filebeats / Fluentd）及圖表工具（Grafana / CloudWatch / Kibana）來做出儀表板，進而可以發動後續的行為或決策。

### 8.2.3 小結

「設計指標」需要產品團隊與維運團隊共同合作，「外在指標」通常需要產品團隊定義，技術則由維運團隊實踐；「內在指標」則由維運團隊預先定義部分的系統指標，只要一個新的服務上線，就會有預先的基礎資訊可以看。需要設計的指標往往是透過異常事件驅動，進而增加異常事件的症狀且經過計算後得到的數據。

## 8.3 服務健康

「第 5 章 系統架構之大樓理論」定義了服務對外的存取控制點，通常公開節點會是透過 HTTP 走 Web API 或 gRPC。對於負責的團隊而言，要如何知道現在服務是健康的？如果服務本身有依賴於其他服務，要如何判定健康？就像醫生拿到一個人的健康報告時，要怎麼判定他是健康與否？

## 8.3.1 健康檢測

一個服務是否就緒（Readiness），需要有個判斷依據，最常做的條件是像這樣：

1. 每隔 K 秒，外部的**檢測器**（Checker）對服務的特定 URL 發出請求。
   - 正常：收到 HTTP 200 或內容為固定字串，例如："OK" 或 JSON Payload。
   - 異常：如果 P 秒沒有回應，會重新嘗試 Q 次，最後暫停 R 秒後重新開始。
2. 成功檢測 N 次，系統算是健康，狀態為 Ready。

時序如圖 8-4 所示。

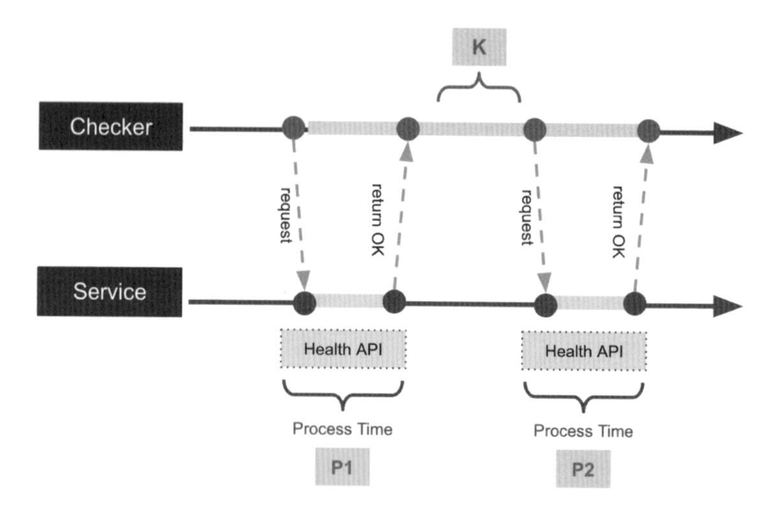


圖 8-4　被動式健康檢測

這個作法是一種「被動模式」，也就是服務的健康是由一個外部檢測器（通常是可靠的第三方服務，類似家庭醫生）持續發出請求檢測，只要符合檢測的條件與規則，服務的健康狀態會從 Unhealthy 變成 Healthy，這個過程稱為**健康檢測**（Health Check，HC）。

舉個例子來看：

1. K=2，每 2 秒發出一次請求（K=2）。
2. N=3，檢測兩次。

3. P=5，超過 5 秒就開始重試。

4. Q=3，重新嘗試三次。

5. R=1，連續失敗 Q 次後，暫停 1 秒。

檢測順利的時間的計算：

(N − 1) × K = (3 − 1) × 2 = 4 秒

如果發生異常，最長的檢測時間：

(P × Q) + R = (5 × 3) + 1 = 16 秒

總結：

1. 從開始檢測到確立服務正常，需要 4 秒。
2. 從開始檢測到確立服務異常，需要 16 秒。

這兩者的時間會影響服務啟動及發生異常時的判定依據。如果有被依賴，那也會影響其他服務判定的邏輯。健康檢測的判定方式通常由檢測器提供設定方式，不管選擇哪一種檢測器，都要理解正常、異常檢測的時間長度。

除了被動模式，另一種設計則是「主動模式」，由服務自行定期發送**心跳封包**（**Heart Beat**）給指定的**健康檢測接收器**（**Health Hub**），接收器同樣依據規則與條件判定服務是否健康。避免因為 Health Hub 發生故障，主動模式的 Health Hub 本身需要具備高可用性（HA），而導致整個系統的狀態變成未知狀態。Health Hub 實作上會是一個獨立服務，在「第 6 章 服務治理」裡屬於基礎導向類型，提供給整個產品服務使用，概念如圖 8-5 所示。

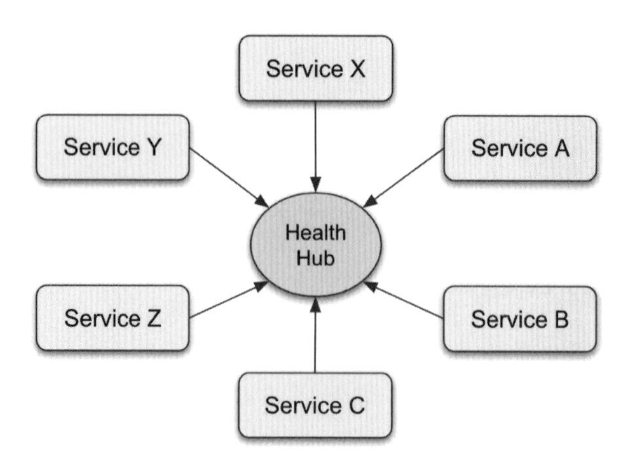


圖 8-5　主動式健康檢測

主動、與被動檢測模式各有其優缺點，整理如下表：

| 檢測模式 | 架構特性 | 優點 | 缺點 | 適用場景 |
|---|---|---|---|---|
| 主動 | •集中式架構<br>•中央管理 | 健康狀態較為精準，反應時間快。 | Health Hub 架構複雜，需考慮高可用及 Queue 機制；服務需要實作統一個 Heart Beat 通訊。 | 對狀態要求高即時性的即時系統。 |
| 被動 | •分散式架構<br>•各自管理 | 服務實作單純，現有產品多數已經提供，像是 AWSELB、Nignx 等。 | •檢測的時間較長。<br>•需要了解 Lead Time 計算。 | 對健康狀態要求不高的服務，像是藍綠部署過程的狀態。 |

了解檢測的基本模式，接下來針對被動模式提到每次發出檢測時，都會送出 API 的請求，那收到請求的 API 要回什麼？要去查 Database 嗎？還是回個字串就好？或者說，要做什麼才算檢測好了？接下來，我們來討論檢測的層次。

## 8.3.2 檢測層次

被動模式的檢測是以服務為單位，假設服務 Ninja 提供了一支 API 叫做「/_health_check」，那麼這支 API 實際上要做什麼事，然後才回覆 Checker：Ninja 現在是「健康」的？我們來看看圖 8-6 的架構圖（Live on SVT※6）。



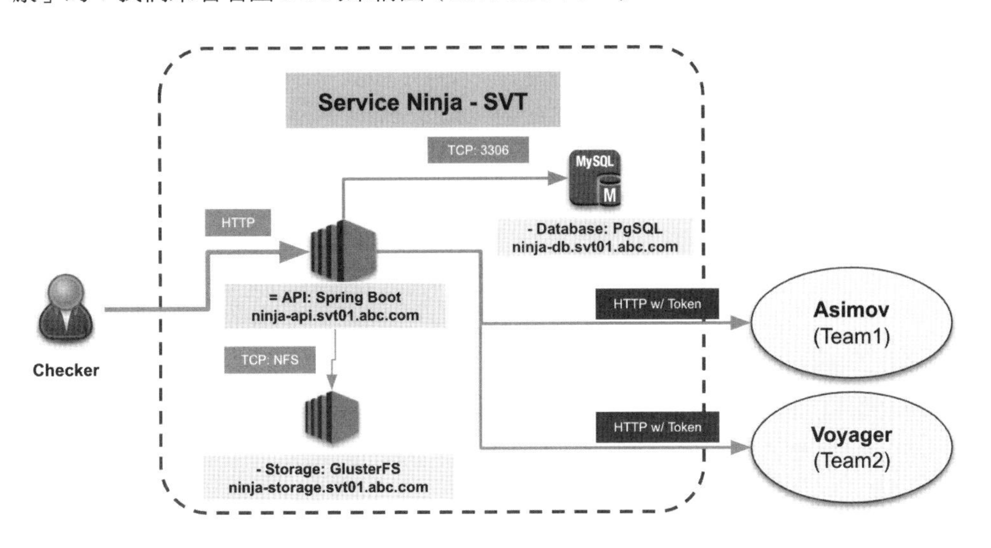


▎圖 8-6　健康檢測的層次

這張圖對外的 API 從路徑的排列組合來看，有以下幾種：

1. **路徑①**：Checker → API。
2. **路徑②**：Checker → Ninja（API → Database）。
3. **路徑③**：Checker → Ninja（API → Storage）。
4. **路徑④**：Checker → Ninja（API）→ Asimov（API）。
5. **路徑⑤**：Checker → Ninja（API）→ Voyager（API）。

---

※6　System Verification Test（系統驗證測試），深入的介紹請參閱筆者的共同著作《軟體測試實務：業界成功案例與高效實踐 [I]》中「第 5 章 從零開始，軟體測試團隊建立實戰」的詳細介紹。

路徑①的重點就是告訴 Checker 現在是健康的，最常見、最輕量的作法是回覆字串或一個靜態頁面。筆者把這個檢測稱為**輕量檢測**（Light Health Check），概念類似 COVID-19 的快篩、簡易版的健康檢查，對於開發團隊也比較沒有額外的負擔。

但是輕量檢測一定會有人覺得不太夠，因為無法真的判讀服務的功能是否正常。這時候可以往前一步檢測服務內部的角色之間是否都正常，也就是路徑②、③兩個，一樣透過 API 的方法改成以下的方式：



1. **路徑②**：/_health_check?**path=database**
2. **路徑③**：/_health_check?**path=storage**

透過參數指定要檢測的路徑，針對 Database 真的送出一段查詢，針對 Storage 真的去讀一個檔案。這個檢測一定會比輕量間測還要重，整個 Lead Time 會比較長，因為除了增加網路傳輸時間，也增加了查詢時間或 I/O 時間，我把這個檢測稱為**服務內部檢測**（Internal Health Check），檢測的路徑依照服務架構的複雜度而定，適合**同步通訊模式**（Synchronous Communication）。

最後一個是路徑④、⑤，除了檢測 API 自己之外，也檢測依賴的服務健康，API 可以這樣設計：

1. /_health_check?**depend=asimov**
2. /_health_check?**depend=voyager**

這樣就可以個別檢測 Asimov※7、Voyager※8 這兩個服務，當 API 發動對外檢測的時候，只需要檢測它們的輕量檢測 API 即可。請求如果沒有反應，可能是自己的 API 壞了或者等不到依賴服務的回應。這裡在「/_health_check」這支 API 本身，需要針對實作的 HttpClient 有些限制，像是往後的請求 Timeout 時間，預設上限是 30s。設計上會直接透過 API 參數指定，像是「/_health_check?depend=voyager&timeout=3」，可以直接改為 3 秒沒有回應就算失敗。回應的 Payload 結構範例如下：

※7 科幻小說作家以薩．艾希莫夫（Isaac Asimov），寫下機器人三大定律、基地系列、銀河帝國三部曲、機器人系列、科普文學而聞名於世。

※8 航海家一號是目前飛離太陽系最遠的人造探測器。

| | |
|---|---|
| { "ninja": { **"status": "Healthy"**, "depends": [ "asimov": { **"status": "Healthy"** } ] } } | { "ninja": { **"status": "Healthy"**, "depends": [ "asimov": { **"status": "Unhealthy"** } ] } } |

```
{
  "ninja": {
    "status": "Healthy",
    "depends": [
      "asimov": {
        "status": "Healthy"
} ] } }
```

```
{
  "ninja": {
    "status": "Healthy",
    "depends": [
      "asimov": {
        "status": "Unhealthy"
} ] } }
```



有時候，也可以對他們做服務內部檢測，像是這樣：

1. `/_health_check?`**`depend=asimov&path=database`**
2. `/_health_check?`**`depend=voyager&path=storage`**

這樣的檢測筆者把它稱為**深度檢測**（Deep Health Check），最常用在線上系統異常時，來判定整個依賴歸屬問題。

整理這三個檢測層次如下表：

| 檢測層次 | Round Trip | 適用場景 | 實作 |
|---|---|---|---|
| 輕量（Light） | 最快，< 100ms | 從外部第三方的狀態檢測。 | 最容易。 |
| 內部（Internal） | 尚可，< 200ms | 服務自身的異常處理。 | 簡單，最好標準化。 |
| 深度（Deep） | 較慢，> 200ms | 跨服務異常處理，找呼叫鏈路異常點。 | 需要定義標準協議，最好有 SDK 實作。 |

當使用深度檢測的時候，識別服務的資訊就會開始越來越重要，這也是為何在「第 6 章 服務治理」提及要針對服務做基礎名稱定義，像是 SDM 與 SIM 的宣告。

## 8.3.3 小結

服務本身的狀態是一個分散式系統整體健康的依據，但是健康狀態會有紅燈、綠燈之外，更多時候的問題是健康狀態在黃燈，然後並沒有深度去定義黃燈要怎麼辦？其背後牽涉的是整個服務彼此的依賴問題。本章節透過三個層次的定義，搭配

「服務治理」與「大樓理論」的想法，讓健康狀態儘可能不要停留在黃燈，而是更具體地在清楚的層次。



## 8.4 本章回顧

維運團隊掌握產品的狀況，就像醫生掌握病人的狀況、現代人喜歡透過數位裝置知道自己的心率、血壓等，要知道狀況就代表後面要有指標，就像各種醫療儀器的數據，觀測則需要長時間週期性地了解指標趨勢，進而決定是否透過外在方法去控制，不管是使用藥物或改善飲食、生活作息。

SRE 透過更具體的工程方法，把觀測、健康狀態用系統性方法串接起來，掌握整個系統的「局」後，接下來不管是自動化還是策略性行動，才會有所依據。本章提供基本的核心概念，也提供如何設計指標、服務健康的系統化作法，讀者可藉此延伸，找到適當的工具或者自行開發。

# 開發平台與平台工程

# 維運左移：內部開發者平台

Part 1、2 談的都是維運的實際問題與領域知識，多數是概念與原則性質，接下來這個部分要談的是「怎麼把領域知識透過軟體工程直接做出來」。Part 1、2 可以當作**需求分析**（Requirement Analysis，RA），Part 3 則是**系統分析**（System Analysis，SA）與**系統設計**（System Design，SD），過程會提供具體的使用場景、實踐規則、設計概念。

SA 與 SD 的目的是希望能做出一個更具體的系統、服務、甚至是產品，而且具備通用特性的（Generalized），讓 SRE 在處理維運議題的時候，直接套用標準化、工程方法、效率化、甚至具備可規模化來處理更複雜的維運需求。而 SRE 的核心概念：「可靠度」（Reliability）也會在這樣的條件之下，淺移默化地往開發流程左移，從軟體開發流程的早期階段（Early Stage），就會直接內建（Built-in）程式、系統架構，引用**測試左移**（Shift-Left Testing）概念，稱為**維運左移**（Shift-Left Operating）、**可靠度左移**（Shift-Left Reliability）。

為了因應「維運左移」的需求，所以有了**內部開發者平台**（Internal Developer Platform，IDP）的概念出現，目的就是要讓產品團隊在服務開發過程中，可以透過系統方式無縫處理**非功能需求**（Non-Functional Requirement，NFR），而 IDP 正是要滿足這些非功能需求的具體實踐，實踐 IDP 的工程方法則稱為**平台工程**（Platform Engineering）※1。

「第 6 章 服務治理」定義服務類型的時候，除了**業務領域導向**（Domain-Oriented Services）以及**功能導向**（Functional-Oriented Services）的服務，另外還有**平台導向**（Platform-Oriented Services）、**基礎導向**（Infra-Oriented Services）兩種服務，基礎導向通常由 Infra Team 負責，平台導向服務則由 SRE 負責，其背後的基礎也是 IDP。

不管是哪一個概念或想法，最終 IDP 的目的是：

「人管系統、系統管服務。」

※1 URL https://platformengineering.org/。

這概念和很多投資者的「用錢賺錢」概念一樣，也就是「透過系統去管理更多系統」，這樣才能用很少人做很多事。

## 為什麼需要開發者平台？

什麼是「平台」(Platform)？想像中、理想的開發平台應該是長得怎樣？

顧名思義，「平台」是讓使用者直接使用，使用的時候只需要知道基本的輸入與結果就好，剩下的資訊、環境、基礎建設等軟硬體都會由平台處理。生活當中有各式各樣的平台，像是高鐵交通系統，使用者只要知道出發地與目的地，然後知道怎麼購票，到時候人只要到對應的車站，依循著車站路線指引，在指定的時間上車，車子時間到了就會出發到目的地。這整個過程中，使用者不需要懂高鐵是怎麼做到每小時 400 公里，只需要知道怎麼搭上高鐵對號座位、怎麼刷票進出即可。

平台需要具備「通用特性」，也就是滿足大多數人的需求，「大多數」代表要有 90% 以上、甚至 95% 以上都可以使用，符合這樣特質的有大家使用的桌面作業系統(Windows)、瀏覽器(Chrome、Firefox)、手機移動作業系統(Android、iOS)。

給開發者的理想開發平台的樣子大概會是怎樣呢？有沒有類似的平台？在軟體工程中，常見的如 Linux、K8s 都算是開發者常用的平台。Linux 提供一個穩定的核心(Kernel)、豐富的函式庫、資源管理工具、互動式介面(Shell)、使用者圖形介面等，讓開發者基於自己任務上的需求，完成應用程式的開發。Linux 裡面有很多小工具，背後的設計哲學是小而美、每個工具都能夠做到盡善盡美，只要把每個小工具串起來，就可以變成一個龐大、精巧的系統。

另一個給開發者的平台是 K8s，對於開發者而言，只要透過宣告式(Declarative)描述檔，告訴平台我要什麼，就能夠完成部署與維運任務。K8s 背後的設計有著濃濃 Linux / Unix 的哲學意味：

「你明白自己在做什麼，並且會遵循你下的任何指令、任何事。」※2

※2 Mike Gancarz 是《Linux and the Unix Philosophy》一書的作者，這本書闡述了 Linux 設計的哲學與思想。

這句話代表使用者需要具備一定的知識儲備，例如：需要懂K8s的架構、運作原理、分散式運算、網路等。實務上能夠具備這樣的Programmer是少數，具備這樣條件的維運工程師也萬中選一，所以這個美好的理想很容易就破滅。有人會覺得K8s是給維運團隊的，而不是給開發者。

再舉微軟投資的開源專案Dapr（Distrubted Application Runtim）※3 為例，它是一個基於Sidecar模式以及Mutiple-Runtime與Building Block概念，完全針對開發者設計的分散式應用程式框架，目的是讓開發者可以開發出原生符合分散式架構的應用程式。但使用Dapr開發應用程式，本身還是需要具備一些基礎知識，例如：了解Sidecar、部署原理，甚至因為Dapr是基於K8s，也要了解K8s。

不管是Linux、K8s、Dapr，對於一般的學習者而言，還是太難、太複雜，把這些技術換成Database、Networking、Algorithm、Data Structure、Compute Architecture and Structure等，其實也會得到一樣的結論。

實際上，不是開發者們不願意或能力不足，大多是任務進行過程中，並沒有足夠的時間或者環境，讓他們能夠逐步掌握這些技能，所以發生的現象就是「開發者根本不想做維運」。

實際上不是這樣的，在時間資源有限的狀況之下，在精神與體力都允許狀況之下，相信工程師們都是願意做好開發，也願意做好維運，只是這麼多的工作量下，有沒有一個比較好的「平台」可以幫忙搞定、降低工作負擔呢？

接下來，我們就來思考如果有機會這樣的平台應該如何設計吧！

※3 URL https://dapr.io/。

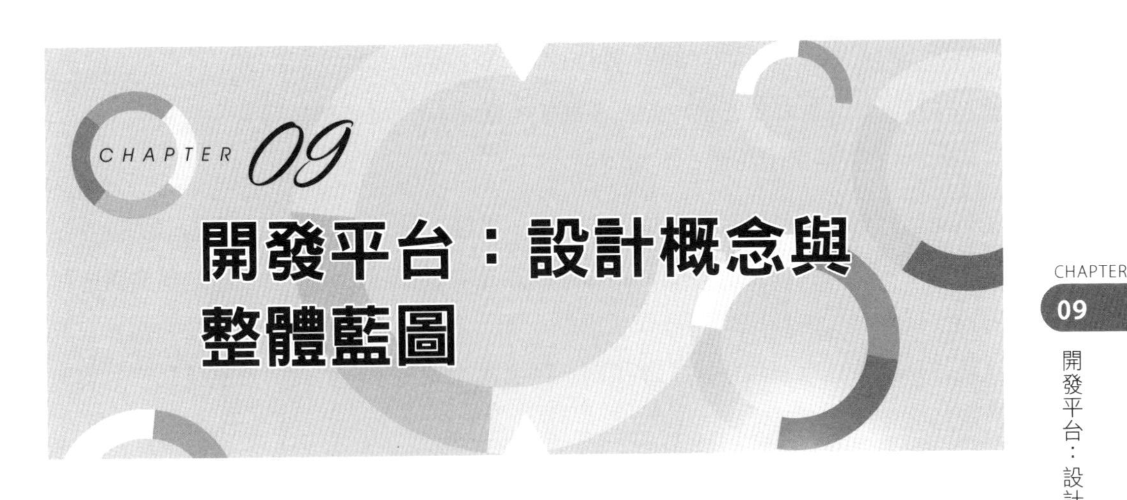


# 開發平台：設計概念與整體藍圖

## 9.1 以終為始

在不考慮資源、組織結構的狀態下，產品團隊怎麼去面對非功能需求是最理想的？我們以終為始來思考這樣的問題。

### 9.1.1 上線前後的具體任務

我們以終為始來思考負責 Ninja 服務的產品團隊會遇到怎樣的任務與問題。底下列舉一些常見的問題：

1. 我們還需要請 SRE 協助處理 Log 的問題？ Log 的格式要遵循什麼規則嗎？我們還需要自己開發 Log 的 Libraries ？
2. 我們還需要自己寫 K8s YAML 嗎？可不可以請 DevOps / SRE 幫忙寫？
3. 上線後 Config / Secret 如果有更新，可以提供更新的方式嗎？ Secret 要符合法規。
4. 既然 K8s YAML 都寫了，每個人都要學 kubectl 怎麼用。部署有其他方式嗎？Rollback 呢？更版呢？
5. 系統服務中，如果有業務需求，怎麼調整 Pod 的數量？有沒有介面可以使用？
6. 上線後處理問題，有沒有更有效率的查找 Log 的方式？

7. 每次上線都需要 Readiness / Liveness 的設定，這可否統一？

8. API 有沒有排查問題的統一介面？例如：以 SessionId 查詢使用者的使用狀況、以 RequestId 查詢請求路徑。

列舉這些都是產品團隊很常遇到的問題，處理任務的過程中有些要與 SRE 協作，有些則不用；每次任務的影響範圍有些只是在產品團隊內部，有些則是需要跨團隊溝通；任務發生的時間點可分成「預期」與「非預期」，「預期」代表有機會在開發階段排進去任務清單中，「非預期」則通常上線後才會遇到，特別是業務的突發狀況時需要介入處理。

這些任務林林總總，整理分析成下表：

| | 任務描述 | 影響範圍（內部 \| 跨服務） | 觸發時機（預期 \| 非預期） | 處理團隊 |
|---|---|---|---|---|
| 1 | 處理 Log 相關議題，包含 Shipping、結構等需求。 | 服務內部 | 預期 | 維運 |
| 2 | 依照服務需求設計 K8s YAML，包含 Deployment、Service、Ingress 等。 | 服務內部 | 預期 | 產品 + 維運 |
| 3 | 調整 Config / Secret：調整功能開關、調整參數，Secret 須要符合法規規範。 | 服務內部 | 非預期 | 產品 |
| 4 | 執行部署：更版部署、Rollback、上線後調整版本。 | 服務內部 | 非預期 | 產品 + 維運 |
| 5 | 資源調度：機器數量增減、設定上限值。 | 服務內部 | 非預期 | 維運 |
| 6 | 排查線上問題，提供 Log 查詢、Metric 的 Dashboard、跨服務追蹤 Tracing。 | 跨服務 | 非預期 | 產品 + 維運 |
| 7 | 確認服務狀態。 | 服務內部 + 跨服務 | 非預期 | 產品 + 維運 |

| | 任務描述 | 影響範圍（內部 \| 跨服務） | 觸發時機（預期 \| 非預期） | 處理團隊 |
|---|---|---|---|---|
| 8 | 查詢 API 使用狀況，包含 Latency、錯誤率、使用率以及 RequestId。 | 服務內部 + 跨服務 | 非預期 | 產品 + 維運 |



## 9.1.2 理想的體驗

前面列了很多任務，很多都需要透過跨團隊協作。在實際的情境中，跨團隊協作沒什麼不對，但是難免有很高的溝通成本，加上產品團隊與 SRE 團隊如果沒有良好的溝通默契，對於技術背景的理解及業務情境的資訊落差，難免會有摩擦或誤解。

對於產品團隊而言，最理想的體驗是什麼？如果有一個標準介面，提供了各式各樣的方法，讓產品團隊可以直接透過介面的方式操作，就像是在使用一個 SaaS 平台一樣，是否會更好？如果有一個給開發人員使用的工具，這個工具可以用在產品服務上線前中後都可以使用，整合了 SRE 相關的經驗與資源，是否效率會更佳？

如果上述列舉的任務變成這樣，對於產品團隊來說，應該是更好的體驗：

| | 任務描述 | 誰處理 |
|---|---|---|
| 1 | 處理 Log 相關議題，包含 Shipping、結構等需求。 | 開發平台自動處理 |
| 2 | 依照服務需求設計 K8s YAML，包含 Deployment、Service、Ingress 等。 | 產品團隊 + 開發平台 |
| 3 | 調整 Config：調整功能開關、調整參數，Secret 須要符合法規規範。 | 產品團隊 + 開發平台 |
| 4 | 執行部署：更版部署、Rollback、上線後調整版本。 | 產品團隊 + 開發平台 |
| 5 | 資源調度：機器數量增減、設定上限值。 | 產品團隊 + 開發平台 |
| 6 | 排查線上問題，提供 Log 查詢、Metric 的 Dashboard、跨服務追蹤 Tracing。 | 產品團隊 + 開發平台 |
| 7 | 確認服務狀態。 | 開發平台 |
| 8 | 查詢 API 使用狀況，包含 Latency、錯誤率、使用率，以及 RequestId。 | 產品團隊 + 開發平台 |

上表描述的內容完全把 SRE 團隊抽離，而是讓開發團隊透過開發平台的方式處理這些日常需要的任務，對 SRE 團隊而言，就是「把維運任務依賴反轉，回到產品團隊」，說白話就是「自助式」的概念。SRE 團隊提供標準的方式，讓產品團隊自助式的完成任務。



表中的任務代表著很多故事（Stories），而團隊代表著使用者（Users），把這兩者交乘出來合成 Users & Stories Matrix（**使用者與故事矩陣**），整理如下：

| | Stories | Users | | |
|---|---|---|---|---|
| # | 任務描述 | 產品團隊 | 維運團隊 | 開發平台 |
| 1 | 處理 Log 相關議題，包含 Shipping、結構等需求。 | | | V |
| 2 | 依照服務需求設計 K8s YAML，包含 Deployment、Service、Ingress 等。 | | | V |
| 3 | 調整 Config 與 Secret：調整功能開關、調整參數，同時符合法規規範。 | V | | V |
| 4 | 執行部署：更版部署、Rollback、上線後調整版本。 | | | V |
| 5 | 資源調度：機器數量增減、設定上限值。 | | | V |
| 6 | 排查線上問題，提供 Log 查詢、Metric 的 Dashboard、跨服務追蹤 Tracing。 | | | V |
| 7 | 確認服務狀態。 | V | | V |
| 8 | 查詢 API 使用狀況，包含 Latency、錯誤率、使用率以及 RequestId。 | V | | V |

這張表中故事的主詞是誰呢？以第一個任務來說，故事描述的內容並沒有主詞，把主詞套上去之後，會變成這樣：

「[ 開發平台 ] 處理 Log 相關議題，包含 Shipping、結構等需求。」

套用第三個任務，會變成這樣：

「[ 產品團隊 ] 使用 [ 開發平台 ]，調整 Config 與 Secret，同時符合法規規範。」

原本每個任務的使用者都需要兩個團隊參與，透過開發平台之後，維運團隊的時間就會專注在處理開發平台需求的開發，而產品團隊則專心在業務需求的開發，需要自己進來處理維運任務的時間就會變少了。

## 9.1.3 re:Invent－開發者平台

有了前面的問題分析、使用者體驗期望，筆者嘗試打破大家已經知道的 PaaS（Platform as a Service），重新具體定義下一個世代的**內部開發者平台**（Internal Developer Platform，IDP）的核心概念、設計目的、設計原則有哪些。

### IDP 的核心概念

1. **實踐維運左移**（Shift-Left Operating）：維運團隊透過軟體工程方法提早介入軟體開發生命週期，在 Day 1 就用**軟體工程實踐** Design for Operation。
2. **提供「非功能需求」的最佳實踐**：包含可靠性架構、持續交付、監控與維運任務需求。
3. **滿足使用者開發體驗**（Developer Experience，DX）：讓產品開發團隊的專注業務需求開發，並與產品團隊無縫整合，提高開發體驗。

### IDP 的設計目的

1. **提高開發效率**：透過工具、應用函式庫、平台介面，產品開發團隊可以加速應用程式、測試和部署，進而提高開發效率。
2. **促進團隊協作**：IDP 可以把開發人員、測試人員、維運人員等角色連接起來，促進協作和知識共享，進而提高開發團隊的整體效率和品質。
3. **簡化開發流程**：IDP 可以透過標準化程序簡化繁瑣和重複的任務，例如：環境建置、測試、部署等，進而減少產品團隊與維運團隊的工作負擔。
4. **提供一致的開發環境**：IDP 可以提供一致的開發環境，確保產品服務開發的一致性和可重複性，減少因不同開發環境造成的問題。

5. **降低成本**：透過 IDP 管理功能，企業可以集中管理和共享 IT 資源和基礎設施，進而減少重複的 IT 投資和管理成本。進一步的是可以創造新的獲利模式，像是 AWS 之於 Amazon 一樣。

## IDP 的設計原則



1. **抽象化（Abstract）**：儘可能地抽象化並封裝底層基礎設施，讓產品開發團隊專注於業務需求的開發和交付。
2. **自助化（Self-Service）**：自助化是 IDP 設計的起手式，讓產品團隊各種角色（開發、測試、維運）能夠自主選擇所需的 IT 資源和服務，可以更快速地建置環境與測試服務。基於自助化的理想，背後理想的狀態是 IDP 整體**產品化（Developer Platform as a Product）**。
3. **標準化（Standardize）**：IDP 要提供開發標準，包含開發和交付流程，可以確保每個服務的品質與安全性可以「複製」與「量產」，同時不同團隊之間的協作效率。
   - 提供開發規範，包含適應於各種語言的 Coding Convention、已核可的函式庫、工具列表。
   - 提供架構與工程的最佳實踐，包含系統架構、API 設計原則、CI / CD、維運。
   - 提供標準自助式介面，讓產品開發團隊可以快速開啟新服務，透過自動程序申請需要的資源，實踐產品 MVP 過程無阻礙。
4. **自動化（Automatic）**：IDP 提供應用程式的建置、測試、部署等標準介面，並封裝細節，提高開發效率和降低錯誤率、縮短開發週期。
5. **可擴展性（Extendability）**：IDP 具備可擴展性，未來可以面對產品團隊的擴充、甚至不同程式語言加入，同時也能支援多種公有雲平台或者各種不同的託管服務。
6. **安全性（Secure）**：IDP 針對資訊安全提供預設的最佳實踐與整合，包含各種環境配套措施，有效讓服務天生就滿足資安要求。
7. **開放性（Open）**：IDP 應該具備開放性，可以和其他工具或服務進行整合，提供給產品團隊更多的選擇和自由度。

### 9.1.4 具體的使用場景

從具體任務、體驗到定義 IDP，對於產品開發者而言，到底要怎麼用？底下列出四個**使用場景（User Scenarios）**，從這四個使用場景來聚焦：

1. **使用場景一**：建立一個新服務，快速執行 MVP。
2. **使用場景二**：部署服務到測試環境，進行藍綠部署、執行測試與除錯。
3. **使用場景三**：讓服務 Go Production。
4. **使用場景四**：處理產品異常狀況，執行 Rollback 版本與除錯。

在本書中，這四個場景都透過一個叫做「dpctl」（Developer Platform Control）的 CLI，透過這個工具就可以完成整個流程。dpctl 是用來描述整個 IDP 概念的實踐介面，本書為了方便闡述概念而以 CLI 形式呈現，實際上它也可以是一個 Web Application、圖形介面或者其他形式存在。



#### 使用場景一：建立一個新服務，快速執行 MVP

這個場景是 IDP 最核心的應用，也是所謂的「Happy Path」，每個新人、新專案、新想法都要可以很快的（一小時之內，甚至十分鐘），且不需要寫任何一行程式碼來完成整個流程。具體的流程如下：

1. 開發者使用內部認證（IntranetId）方式登入。
2. 使用專案樣板建立一個新的專案，並指定開發的主要語言、服務識別。
   - 預設使用 REST API 架構樣板。
   - 服務負責團隊。
3. 開發者在本機環境或開發環境執行起來，預設樣板可以直接執行類似「Hello World」的基礎功能。
4. 確認可以執行後，就可以發動建置，推送 Image 到開發者的 Artifact Repository。
5. 依據 REST 架構需求，在 Lab 環境建置一個完整的環境，包含了必要的運算資源、資料庫、網路配置、儲存等，IDP 完成建置後，回傳一個環境配置的 ID，例如：env-id = 9527。

6. 最後是直接指定部署的環境、版本，IDP 依據這些資訊來完成部署任務，IDP 會自動做 Light Health 檢查，確認沒問題後，告訴使用者實際可以連線的 URL 位址。

整個流程的實際操作過程如下：

```
## Step 1: Login intranet as a programmer
~$ dpctl login
... your intranet id: jack.lin@abc.com
... password: *******
... welcome to OZ Platfrom, powered by OZ-SRE team
... for more information, type "dpctl help"

# Step 2: create a new project with templates
~$ dpctl new --arche-type java.rest-api --sid oz.ninja --email ninja@abc.com

## Step 3: Run the application on local
~$ cd oz.ninja
~$ dpctl run
... run application with podman
... browse http://127.0.0.1:8080

## Step 4: build and push to artifact repository
~$ dpctl build
... the artifact metadata:
   - versioning: 1.0.0
   - build-type: dev
   - build-id: 20230303-1200
... packing and pushing to an artifact repository with a dev channel.

## Step 5: provision the resources with rest-api archiecture for the lab.
~$ dpctl environ
... set the service instance metadata by default
   - mode: lab
   - data center: aws:<lab-account>:us-west-2
   - architecture: rest-api
   - endpoint: nick-fury.lab.abc.com
   - expire: 8h
   - env-id: 9527
```

```
## Step 6: deploy to env: 9527
~$ dpctl deploy --id oz.ninja --version 1.0.0 --env-id: 9527
... deploy [oz.ninja] to env [9527]
    - version: 1.0.0
    - build-type: dev
progress ....... done.

ping health: OK, version 1.0.0-dev, build: 20230303-1200

open https://nick-fury.lab.abc.com
    - light health check: https://nick-fury.lab.abc.com/_health
    - releng: https://nick-fury.lab.abc.com/_releng
```

整個流程有幾個重要的特性，首先是「跨程式語言」。每個程式語言的建置、版本、部署等，統一由 IDP 提供介面封裝，對於使用者而言，都是同樣的介面。背後實作是透過提供各式各樣的程式樣板（Code Templates），這些樣板包含企業內會用到的程式語言種類（Java、C#、Golang、Python）、常用的應用樣態（Worker、MVC、REST、Desktop、FVT、Integration Test、Performance Script 等），樣板中會把最佳實踐、甚至是公司的資安政策直接置入，像是 AAA 的用法、可以使用的函式庫與依賴等。

第二個則是 IDP 會提供「架構實踐」樣板，REST API 的預設架構中，實際上「預設」的架構可以由企業內部架構師、SRE 提供最佳樣板，透過工具（Terraform、CloudFormation、CDK）依循最佳實踐來實作，以此概念擴散給團隊使用。

這個場景除了建立 MVP 外，另外就是新人訓練或企業內部訓練可以使用。

## 使用場景二：部署服務到測試環境，進行藍綠部署、執行測試與除錯

第二個場景的使用者是「測試人員」，換言之，是基於已經有 Artifact 之後的使用場景，但環境是測試人員自己建置的，整個流程會比場景一少了幾個步驟，如下：

1. 測試人員使用內部認證（IntranetId）方式登入。

2. 測試人員建立一個測試環境。

3. 指定部署的服務、版本及環境，最後進行測試任務。

整個流程的實際操作過程如下：



```
## Step 1: Login as a QA
~$ dpctl login --intranet-id anita.chen@abc.com

## Step 2: 建立 FVT 環境
~$ dpctl environ --sid oz.ninja --mode fvt
... set the service instance metadata by default
   - mode: fvt
   - data center: aws:<fvt-account>:us-west-2
   - architecture: rest-api
   - endpoint: steve-rogers.fvt.abc.com
   - expire: 8h
   - env-id: 6741

## Step 3: 部署待測版本
~$ dpctl deploy --sid oz.ninja \
   --version 1.0.0 --build-type dev \
   --env-id: 6741

... deploy [oz.ninja] to env [6741]
   - version: 1.0.0
   - build-type: dev
   - build-id: 20230303-1200
progress ......., done

ping health: OK, version 1.0.0-dev, build: 20230303-1200

open https://steve-rogers.fvt.abc.com
   - light health check: https://steve-rogers.fvt.abc.com/_health
   - releng: https://steve-rogers.fvt.abc.com/_releng
```

## 使用場景三：讓服務 Go Production

前面場景一、二的主要發動流程的角色都是「人」，適合在開發過程中的團隊協作過程。很多時候，大家也希望這個流程可以自動化，特別是到 Production 的時候。這個場景的驅動流程是由 CI Server 角色驅動，流程如下：

1. CI Server 的角色使用內部認證（IntranetId）方式登入。
2. 自動建置正式版的 Artifact。
3. 依據需求建立 Production 環境，並完成相關 Infra 配置。Production 環境會依照企業 IT 的管理政策，自動套用相對應的命名規則，像是 DNS、Storage、K8s Resources 等，更多概念會在第 10 章中說明。
4. 指定正式版本部署到 Production 環境，並確認是否完成部署。

整個流程的實際操作過程如下：

```
## Step 1: Login as a CI User
~$ dpctl login --intranet-id ninja@abc.com -P

## Step 2: Build release image
~$ dpctl build --type rel
... the artifact metadata:
  - versioning: 1.2.0
  - build-type: rel
  - build-id: 20230305-1200
... packing and pushing to an artifact repository with a rel channel.

## Step 3: 建立 Production 環境
~$ dpctl environ --sid oz.ninja --mode production \
    --region japan --dc aws:<prod-account>:ap-northeast-1

... set the service instance metadata by default
   - mode: production
   - region: japan
   - data center: aws:<prod-account>:ap-northeast-1
   - architecture: rest-api
```

```
    - endpoint: api.abc.com/ninja
    - expire: never
    - env-id: 9447

## Step 4: 部署正式版本
~$ dpctl deploy --sid oz.ninja \
    --version 1.2.0 --build-type rel \
    --env-id: 9447

... deploy [oz.ninja] to env [9447]
    - version: 1.2.0
    - build-type: rel
    - build-id: 20230305-1200
progress ......., done

ping health: OK, version 1.0.0-rel, build: 20230305-1200

open https://api.abc.com/ninja
    - light health check: https://api.abc.com/ninja/_health
    - releng: https://api.abc.com/ninja/_releng
```

到 Production 與 Test、Lab 的差異就是「環境」，所以這裡背後封裝了一層環境架構的資訊，因為 Production 的架構實作上一定要面對更複雜或更具規模的架構，但是 Production、Test、Lab 的抽象架構實際上都是一樣的，這也是「第 5 章 系統架構之大樓理論」裡描述的 Service Definition 與 Go Live 的意義，過程中筆者透過虛擬碼描述了架構的抽象介面，並且保留實作給不同的目的，讓同一個介面可以滿足各種環境，使用者只要下同樣的指令即可，而實作環境建置（IaC）的團隊，則依照不同環境需求來實作不同的架構。

## 使用場景四：處理產品異常狀況，執行 Rollback 版本與除錯

最後一個常見的場景則是「處理異常」，Rollback 版本是很常用的方法，基本的流程如下：

1. CI Server 的角色使用內部認證（IntranetId）方式登入。

2. 指定要還原的版本，然後部署到 Production 環境。

整個流程的實際操作過程如下：

```
## Step 1: Login as a CI User
~$ dpctl login --intranet-id ninja@abc.com

## Step 2: 指定 Rollback 版本
~$ dpctl deploy \
   --sid oz.ninja \
   --version 1.1.0 \
   --build-type rel \
   --env-id: 1999

... online version: 1.2.0 (20230305-1200)
... rollback to 1.1.0 (b20230304-1200)
progress ......., done

ping health: OK, version 1.1.0-rel, build: b20230304-1200

open https://api.abc.com/ninja
   - light health check: https://api.abc.com/ninja/_health
   - releng: https://api.abc.com/ninja/_releng
```

對於 Rollback 而言，要做的就相對單純，只要針對環境來指定部署版本即可。

## 9.1.5 小結

這一小節描述了內部開發平台的需求緣由、定義使用者故事矩陣、為 IDP 下一個具體的定義，最後提出從產品團隊的使用者角度來看實際的使用情境（User Scenario）長得怎樣。有了這樣一層介面，大概可以想像 IDP 實際上能做什麼。

CI / CD 交付流程中，每個團隊要的可能有若干差異，對於 IDP 而言，會提供最重要的關鍵任務，也就是「第 7 章 軟體交付的四大支柱」的四個關鍵任務，剩下的可以讓團隊自行去增減任務。

想像一下，如果一家企業的產品有 1500 個 Microservies 應該是怎樣的狀況？產品團隊要怎麼更有效率地開發及溝通？在這樣的規模之下，要怎麼兼顧開發與維運的分工？ IDP 的設計目標就是在這樣的規模下，產品團隊與維運團隊依舊能夠高效率溝通與協作。

了解理想的樣子與概念後，接下來要開始討論的是「這樣的內部開發者平台應該要怎麼做出來」。



## 9.2 使用者介面

上一小節勾勒出 IDP 背後的需求、定義、使用場景，這一小節依照使用場景來展開兩大需求：「基礎架構」、「平台架構」，並勾勒出整個系統架構設計的思路。

使用者定義為產品開發團隊的 Programmer，包含 Backend、UI（Frontend、Desktop）工程師，透過這個使用者介面完成上一小節的所有場景。本書以 Command Line Interface（CLI）為主要的使用者介面，稱為「dpctl」，實際上這個工具也可以作為 Web 介面的基礎核心，完成類似於 SaaS 服務的網頁介面。

使用者介面的結構如下：

```
~$ dpctl

  Find more information at: https://idp.abc.com/v1/user-guide/

  Available Commands:
    login      to authorize the permission and policy, login with intranet-id
    new        create a new service with templates
    run        run the service
    build      build and publish the image to artifact repository
    environ    manages the environment resource set.
    deploy     deploy the specified artifact to environment
    catalog    manage the service metadata in catalog
```

```
  Internal Commands:
    help      show this help information
    version   show current version
    update    check if any update for dpctl
    upgrade   run the upgrade for dpctl

  Flags:
    --help
    --debug
    --verbosee

Usage:
  dpctl [flags] [commands] [options]

Use "dpctl <command> --help" for more information about a given command.
Use "dpctl options" for a list of global command-line options.
```

dpctl 本身透過擴充指令（Command）的模式可以增加額外模組，範例提供了幾個核心，這也是本書 Part 2 所描述的概念，每一個 Command 就是一個章節描述的概念，透過這個 CLI 可更具體地把實際應用呈現出來。

## 9.2.1 建立新服務：dpctl new

以 dpctl new 這個指令來說，展開指令包含以下參數：

```
~$ dpctl new --help
Create a new project with specified arche-type. The project will be applied
by specified programming language, and best practice.

Syntax
    dpctl new [options] [parameters]

Examples:
    # 建立一個 REST API 專案，程式語言是 python3
    dpctl new --id rest-api --runtime python3 --sid oz.ninja
```

```
    # 建立一個 Console 應用，程式語言是 java18
    dpctl new --id console --runtime java18 --sid oz.banana

    # 建立一個 NodeJS Module 應用（npm）
    dpctl new --id lib --runtime nodejs --sid oz.apple

    # 建立一個前後端分離的網站，後端使用 .NET6，前端則是 ReactJS
    dpctl new --id website  --runtime dotnet6 --ui react --sid oz.kiwi

Options
  ● -i, --id: ArcheType Id, 應用程式與程式語言的範例樣板，詳細參閱 ArcheTypes
    說明
  ● -r, --runtime: 應用程式的 runtime 類型，包含版本資訊，例如：Java8 還是 Java11
      ● 與 ArcheType 選擇做匹配
  ● -s, --sid: 服務識別名稱，用來註冊的 Service Catalog，透過規範約束
  ● -u, --ui: 圖形界面框架選擇，支援 React、Vue、Electron
      ● 依照 ArcheType 定義決定是否支援此參數
```

這個參數還有幾個關鍵的內容，可隨著產品團隊的需求來自行增減。

這個指令包含了很多隱含的「開發規範」在裡面，像是每種語言的習慣專案結構、每種應用程式類型的樣態，這些開發規範需要由開發團隊的 Lead、主管、架構師一起針對慣例做收斂。如果大家對於這種慣例沒有想法，最好的方法就是直接引用社群常用的慣例，像是 Java 的 Maven 就有很多這樣的開發慣例。

除了開發規範，參數中也支援多種語言，提供給大型團隊各種生態系都有機會整合的標準作法。小型團隊語言數量可能只會有一個，然後提供不同版本，像是 Java8、Java11、Java18 等。

另外，有些服務本身有 UI 使用介面，像是 Web 的 React、Vue，有些 Desktop 則是使用 Electron 這種通用框架。這些都是可以由團隊內部的技術專家組成內部社群，或者直接引用開源社群常用的樣板當作最佳時間原則。

產生新的服務背後還有很多議題，包含了命名規則、Repos 結構、各種程式語言的慣例，以及用來處理 Manifest、Config、Logging、Secret 的內置 Language Standard Libraries 等，將會在下一個章節中深入討論。

## 9.2.2 建置服務：dpctl build

再來是「建置」的部分，也就是 Artifact，展開最基本的參數如下：

```
~$ dpctl build --help
Build the project, and submit the artifact metadata and image to the
repository.

Syntax
    dpctl build [options] [parameters]

Examples:
    # 把現在服務的內容，打包後，送到 dev Channel
    dpctl build --type dev --pack-type docker

    # 指定 Build-Id，然後打包，送到 dev Channel
    dpctl build --type dev --build-id 20230315-1200

    # 指定專案模組，打包送到 rel Channel，適合一個 repos 多個專案模組結構
    dpctl build --type rel --module oz.utils

    # 指定版本編號，複寫 Artifact Metadata 檔案
    dpctl build --type rel --version 3.5.3

Options
    ● -m, --module: 指定 Repos 的模組名稱，適用單一 Repos 多個模組（產出物）結構
    ● -t, --type: 建置類型，分成 rel、dev 兩種
    ● -p, --pack-type: 打包模式，包含 raw、docker、lang-lib（nuget、npm、pip）
    ● -v, --version: 指定版本編號，並且複寫 artifact metadata 的內容
        ● 專案結構裡有 artifact metadata 檔案，預設會讀取檔案內容的版本編號
```

建置最關鍵的概念點在於「build-type」，也就是區分成「rel」與「dev」兩種，對應到「5.2.4 現場：Go Live」提到的「Production」與「In-House」兩大概念，這兩者產生出來的 Image 使用上及流通性都有所差異，In-House 只有在短時間之內有效，通常保留時間不會超過半年，而 Production 則會永久保存，作為各個新業務拓展的基本參照。

再來是各種實際產生出來的檔案格式，以及各個程式語言都有的套件管理模式。檔案格式不管是怎樣的應用程式，最原始的應該都是「raw type」(原生格式)，也就是把編譯出來的二進位檔案與依賴的函式庫打包的壓縮檔。另外，則是容器化流行起來後的「docker image」，這個封裝依據 arche-type 直接提供應用程式常用的 Dockerfile 範例，直接產生適當的 docker images，開發團隊不需要再額外花時間去寫 Dockerfile，而是指定好 Base Image、啟動方式等資訊即可。



除了原生格式與容器映像檔，程式語言本身的套件管理格式也是發布常用的方式，所以提供像是 C# 的 NuGet、Java 的 Mevan、NodeJS 的 npm、Python 的 pip 等套件發布方式，就變成非常重要。這些在產品服務團隊開發過程中，需要透過 Tech Lead、架構師協作拆分的共用元件，如能這樣有效管理、提高重用性，對於整個開發效率會非常高。

### 9.2.3 建置環境：dpctl environ

再來是「建置」的部分，展開最基本的參數如下：

```
~$ dpctl environ --help
Manage the environment for the project without deploying the artifact.

Syntax
    dpctl environ [options] [parameters]

Examples:
    # 建立一個實驗環境，預設 8h 會自動刪除
    dpctl environ --action provision --sid oz.ninja \
        --mode lab

    # 建立一個 FVT 環境，放在 AWS 新加破機房
    dpctl environ --action provision --sid oz.ninja \
        --mode fvt \
        --dc aws:<fvt-account>:ap-southeast-1

    # 建立一個 Production 環境，指定 Region 與 DC
    dpctl environ --action provision --sid oz.ninja \
```

```
    --mode production \
    --region japan --dc aws:<prod-account>:ap-northeast-1

Options
  • -a, --action: 執行的操作 provision, list, find, destory
  • -s, --sid: 服務識別名稱，用來註冊的 Service Catalog，透過規範約束
  • -m, --mode: 環境類型，預設有 lab, fvt, svt, production，可以自行定義
  • -r, --region: 業務區域，依照企業需求定義，透過 dpctl catalog 設定
  • -d, --dc: 企業支援的資料中心定義，透過 dpctl catalog 設定
```



對於一般的產品開發團隊而言，「建置環境」是個複雜的工作，所以實際上在組織裡都是 Infra 或者 SRE 團隊在執行環境建置，首次建置大多數會透過 Infra as Code（IaC）方式建置，實務上常見的技術包含 Terraform、CloudFormation、CDK、Ansible 等，而建置過程依照架構需求建議如「7.2 環境建置」介紹的分層處理概念設計 IaC 模組。

因為對於產品團隊而言，之後架構上的資源其實不會有太多變化，除非特殊需求，例如：整個架構重新設計、建置新的服務、架構改動成非同步的架構等，否則大部分的架構都是可以重複使用的。

所以這個建置環境功能對於產品團隊而言，只需理解架構類型、環境類型、業務區域、資料中心等概念，剩下的由維運團隊透過 IaC 方式自動產生即可。這些概念的資料應該是由上往下定義，也就是①透過業務單位定義有哪些業務市場，像是北美市場、東亞市場、東南亞市場、東歐市場等；②資訊決策單位則負責訂資料中心，像是使用 AWS、GCP、Azure、甚至是自建機房，透過定義這些機房的 Metadata，讓產品團隊可以直接選擇並執行部署；③產品開發單位則負責定義開發流程有哪一些「現場」，依據「Go Live」的定義，細分在開發過程中的環境及上線後的環境。這些定義都一樣可以透過 dpctl 直接管理與修改，當然 dpctl 則會透過登入指令來確保誰能改這些資訊的授權管理。

「環境建置」功能透過抽象介面可讓產品團隊與維運團隊有一個聚焦介面，另外也為成本做管理與控制。因為在建置過程中，其實背後也包含這些資源集合（Resource Set）是歸屬於哪個團隊、使用的狀況如何，這些都是可以直接管理與追蹤的。

環境建置最後用一個 env-id 代表資源集合，接下來用來銜接流程使用。

## 9.2.4 執行部署：dpctl deploy

接下來是「部署」的部分，部署依賴環境的建置，先有環境才能部署，展開參數如下：



```
~$ dpctl deploy --help
Deploy the artifact to the specified environment.

Syntax
    dpctl deploy [options] [parameters]

Examples:
    # 部署 oz.ninja 1.0.0 到環境 9527
    dpctl deploy --id oz.ninja --version 1.0.0 --env-id: 9527


    # 部署 oz.ninja 1.0.0 開發版 到環境 6741
    dpctl deploy --sid oz.ninja \
        --version 1.0.0 --build-type dev \
        --env-id: 6741

    # 部署 oz.ninja 1.2.0 正式版 到環境 9447
    dpctl deploy --sid oz.ninja \
        --version 1.2.0 --build-type rel \
        --env-id: 9447

Options
    • -a, --action: run, status
    • -s, --sid: 服務識別名稱，用來註冊的 Service Catalog，透過規範約束
    • -v, --version: artifact 的版本號碼
    • -b, --build-type: artifact 的類型
    • -e, --env-id: 環境的編號
```

部署需要具體指定哪個環境及哪個版本。

這個指令背後封裝了幾個概念：

1. 如果是 K8s，則隱藏了 K8s YAML 的結構，直接透過服務 manifest 的宣告來動態產生。而 YAML 的結構則由 SRE 維護 Helm Chart。
2. 如果是部署到 VM，則隱藏的是一些 agent base 的 RPC 呼叫（Pull Mode）或 ssh 進去下指令，換言之，怎麼把 Artifact 放到 VM 裡的哪個目錄，這個過程已經被封裝起來。
3. 部署策略：預設採 Rolling，也就是每個運算單元一個一個更新，K8s 會使用 K8s 自己的機制，VM 則 IDP 要實作怎麼更換的邏輯及演算法。

這些概念的細節與實作都是 SRE 本來要開發的工作，只是透過 dpctl 這個通用介面來讓產品團隊有機會知道哪些可以用，然後怎麼用，最後結果會怎樣。

部署最後會透過標準介面（Health Check、Versioning API）回報執行的狀況，這些資訊可以透過參數 status 取得狀態。

## 9.2.5 服務治理：dpctl catalog

最後是「6.1 服務目錄」的管理，這個功能提供 Service Definition 與 Service Instance 的操作，完整介面如下：

```
~$ dpctl catalog --help
Manage metadata of service in catalog, such as register, deregister.

Syntax
    dpctl catalog [options] [parameters]

Examples:
    # 註冊 oz.ninja 的 defintion 到 Service Catalog
    dpctl catalog --id oz.ninja --action register --type definition

    # 從 Service Catalog 註銷 oz.ninja 的 definition，注意相關的資源也會被刪除
    dpctl catalog --id oz.ninja --action deregister --type definition

    # 註冊 oz.ninja 的 instance(env) 到 Service Catalog.
```

```
    # 執行 provision 的時候會自動產生
    dpctl catalog --id oz.ninja --action register --type instance

    # 註銷在 Service Catalog 的 Instance
    dpctl catalog --id oz.ninja --action destory --type instance --env-id 9527

Options
    • -s, --sid: 服務識別名稱，用來註冊的 Service Catalog，透過規範約束
    • -a, --action: register, deregistor, active, inactive, destory
    • -t, --type: definition, instance
    • -e, --env-id: 環境的編號
```



「6.1 服務治理」中提及，這裡包含了服務定義與服務實例的註冊與管理流程。要注意的是，服務治理實務上不會隨意讓工程師執行，特別是針對 Production 環境。實務上，不管是定義還是實例都要透過審批流程確立，因為背後可能包含專案的成立與否、成本等政治因素。

## 9.2.6 小結

這個章節透過 dpctl 介面來展開設計的基本細節，也帶出 Part 2 所有概念的實踐方法。只要有這個介面，後續就可以依照需求排列組合需要的情境。但是對於開發 dpctl 的 SRE 團隊而言，接下來要思考的是架構設計層面，也就是如何從抽象化到具象化的過程，這也是本書一直希望強調用軟體工程解決維運問題的起始點。

而使用者介面應該是透過 CLI 還是 WebUI，則是由實際組織規模與團隊資源來決定，這兩者抽象化之後的背後本質是一樣的概念。

# 9.3 系統架構

上一個小節透過 dpctl 展示了實際上有哪些功能與參數，接著來把背後隱藏的概念展開，這些被「封裝」藏在後面的「平台設施」是 IDP 要準備好的架構，「High Level View」概念如圖 9-1 所示。



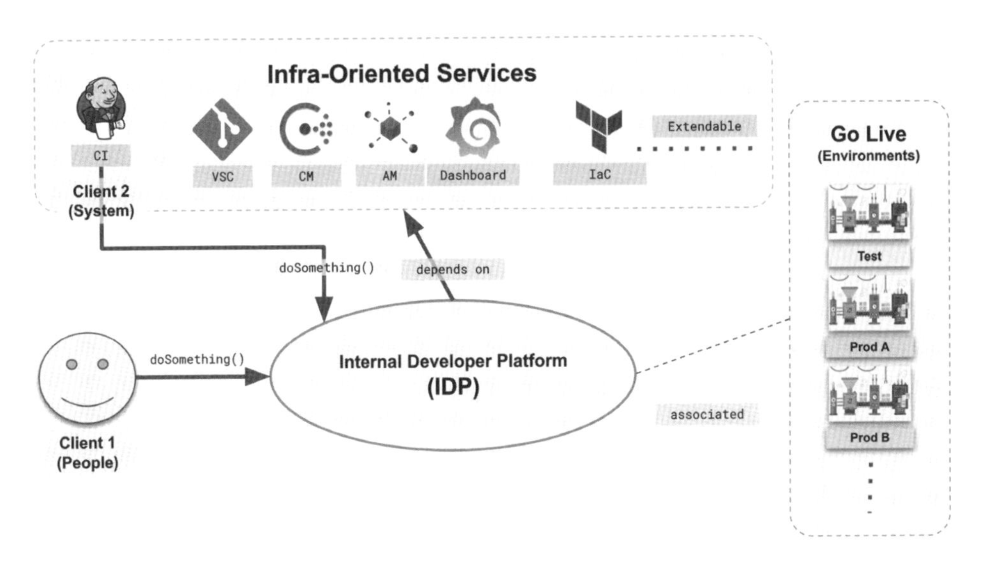


▍圖 9-1　IDP：High Level View

整個架構有以下的使用者：

1. **人**：包含產品開發團隊、維運團隊，在開發過程中，當流程尚未確認之前，都需要透過人把流程確立下來，確立過程需要除錯與驗證，然後才是透過系統去執行程序。
2. **系統**：當人完成程序的確認，也完成除錯與驗證，接下來會整合到系統，讓系統去執行程序，以增加效率，這時候同樣的執行過程是透過系統執行。整個 IDP 處理流程的角色，主動程序（同步任務）大多會是 CI 這個角色負責控制，有些被動程序（非同步任務）則由 IDP 自己發起。

IDP整個設計概念都會依賴於Infra-Oriented Services或相關技術（像是IaC：Terraform、CDK），這些服務不管是自建、還是使用託管服務，都是透過IDP的介面封裝起來，讓使用者不需要特別去理解它們怎麼用以及它們放在哪裡，使用者只要會用即可。圖9-1中呈現的是常見的CI、VCS（Verson Control System）、CM（Configuration Management）、AM（Artifact Management）、Dashboard等，這些服務可以依照團隊需求持續擴充，例如：可以增加Code Sacn的服務，讓IDP協助把流程串起來；也可以增加On-Call的工單系統等。



相關技術如IaC以標準介面讓使用者透過dpctl發動執行，取代以往由SRE團隊自己手動執行Terraform、CloudFormation、Ansible的方式，把觸發的主動權反轉給產品開發團隊，而不是SRE。

無論該系統有沒有提供API，都可以透過這個概念來重新定義適當的介面給使用者，並隱藏不必要的資訊，簡化整體複雜度。這樣做的目的就是要抽象化後面的實作，因為實際上實作的產品種類太多，產品開發團隊並不需要真的了解那些產品的細節，而真正需要了解實作細節的只有維運團隊。

## 9.3.1 API First

IDP架構整個設計是引用物件導向設計模式（Design Patterns）中常見的Facade Pattern※1，透過REST API的方式封裝後面服務的功能，用這樣概念是為了讓開發IDP過程有個次序，也就是在dpctl尚未開發之前，先以API First的概念來讓維運團隊可以有效隔絕使用者與系統的邊界，以減少使用者直接操作維運服務的機會。

例如：很多公司會使用AWS作為基礎IT平台，但是AWS其實是個非常複雜且龐大的系統，其學習門檻不低。而實際上在使用時，產品團隊往往需要的只有AWS提供功能的10%，所以不需要把所有AWS功能與權限全部放出去，而是透過篩選及封裝的方式，只提供需要的功能給產品團隊使用，降低大家使用時的選擇困難※2。所以透過API的方式來封裝常用的AWS功能，提供給產品團隊使用，例如：

---

※1 URL https://en.wikipedia.org/wiki/Facade_pattern。

※2 減法原則是設計系統時常用的原則，特別是導入一個複雜的系統（如AWS）的時候，只提供必要的資訊給使用單位，可以有效降低溝通成本，同時強化使用率。

1. 開關機 EC2、EC2 上下 ELB / ALB。

2. CloudWatch 的 Alert 發送通知到 Slack or Telegram。

3. 調整 EC2 Auto Scaling 的機器數。

4. 上傳檔案到 S3。

除了功能的封裝，同時也封裝了 AWS 需要的認證授權（IAM Policy / AAA）機制、跨帳號機制、跨資料中心等問題，這些「選擇」常常會讓產品團隊搞不清楚狀況，所以依照團隊實際的需求來封裝這些功能、遮蔽不必要的資訊，讓產品團隊不需要看到那麼多東西，也可以很方便使用 AWS 的服務，如圖 9-2 所示。

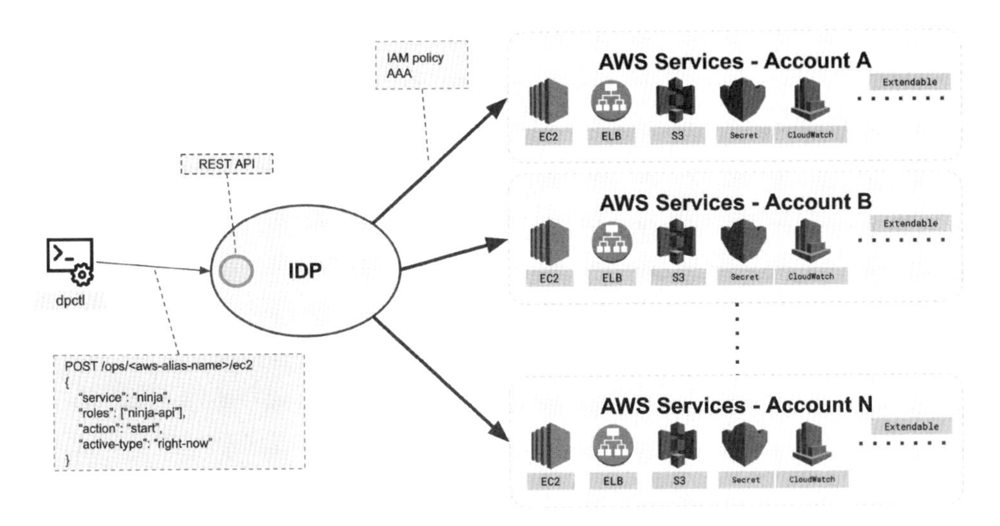


▌圖 9-2　IDP：API First 概念

圖 9-2 以啟動 Ninja 服務的 API 機器為例，並且在 REST API 宣告了 AWS Account 的名稱，讓使用者只要透過查表就可以知道怎麼用，然後依照架構規範定義的角色，就可以操作那些資源。

在 IDP 開發初期階段，SRE 團隊提供 API 及有管理的 Key（還是要 Key），讓開發團隊可以自行串接。等到 dpctl 開發好之後，透過 dpctl login 的認證授權，定義使用者的身分（Role-based），登入怎樣的角色就會取得對應的權限。

同樣的概念以 dpctl build 來說，以 NEXUS 這套 Artifact Managment 為例，它提供了很完整且強大的功能，包含各種常見的 Artifact Types，同時也有自己完整的認證授權機制、儲存機制，但是這樣太過強大的功能，間接也導致使用複雜，對於使用者而言，很容易因其複雜度而打退堂鼓，導致維運團隊要推動時的難度。

透過同樣的概念，只提供標準的 API，並簡化非必要的資訊，如圖 9-3 所示。



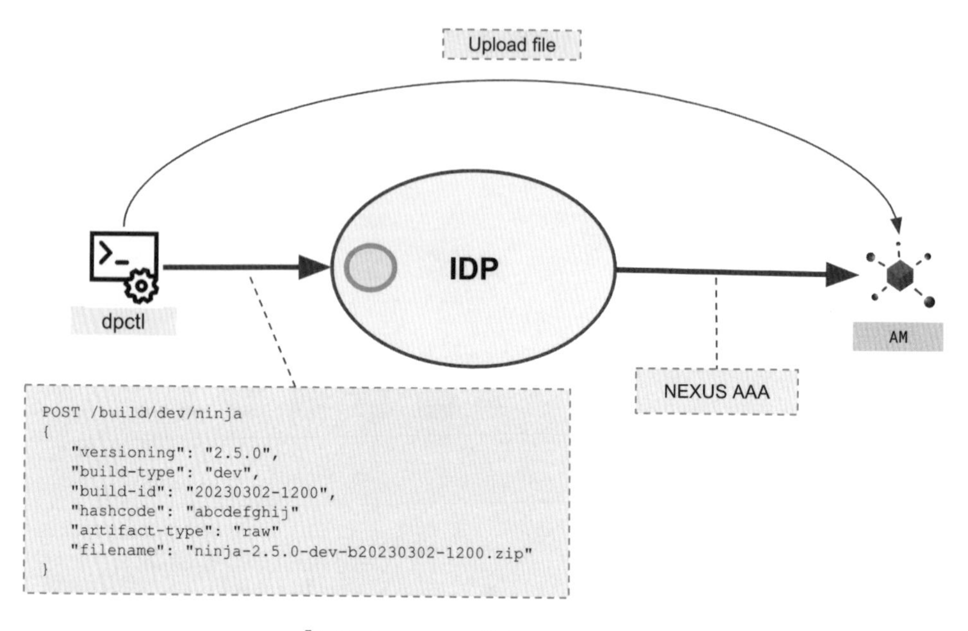


▌圖 9-3　API First 概念：Build Artifact

圖 9-3 同樣透過 API 的方式來提供 Build 必要的介面，讓 Artifact Metadata 可以上傳、上傳檔案，如同使用 AWS 一樣，簡化 NEXUS 本身的認證授權機制，讓使用者更容易使用。實際上，背後如果要把 NEXUS 換成 S3，對於使用者而言，是完全不需要改程式的。

## 9.3.2 Standard Development Kit（SDK）

IDP 架構的使用者（圖 9-1 Client1）與系統（圖 9-1 Client2）本身透過 dpctl 操作，dpctl 背後其實是封裝呼叫 REST API 的細節，包含認證、API Payload 的處理邏輯、錯誤處理等，讓使用者有更容易使用的介面。因為如果直接讓使用者呼叫 REST

API，實際上使用的過程還是太過低階（Low Level API），也就是要自己處理很多細節，同時 IDP API 其實也會因為演進而更版，使用者就要頻繁改程式，造成實際專案推進的阻力。

所以，實際上在進行這類平台式架構的推動時，第一步除了要準備好 API 之外，另外從使用者角度則需要再封裝一層，也就是所謂的「High Level API」，目的是讓使用者不用直接呼叫 REST API（可能還有其他 gRPC 等），而是以變動更少的 CLI 或 Libraries 的方式，透過這兩種介面再次封裝。

dpctl 是一個 Command Line Interface（CLI），可以給人使用，也可以寫成 script 給系統串接。CLI 的好處是無關程式語言、環境，所以任何角色都可以用它快速驗證需要的情境。針對 9.1 小節描述的使用場景，都是透過 dpctl 直接執行，但是 CLI 做錯誤處理或複雜的流程，就相對不是那麼方便。

IDP Libraries 是一個程式語言封裝 REST API 呼叫的函式庫，支援各種常見的語言，像是 NodeJS 的 npm、python 的 pip 模組、C# 則是 NuGET 套件等，負責處理一些產品開發團隊常用的共用功能（Utility），最核心的功能包含以下：

1. Service Metadata：包含 SDM、SIM 的處理與定義。
2. Configuration：靜態讀取、動態更改、結構定義。
3. Logging：標準格式、產出形式（Stdout、File 等）。
4. Secret：Secret 讀取。

這些功能都有一個共通的介面，這個介面無關程式語言，而只有宣告，各個語言則依照語言特性、命名慣例等實作，成熟階段則可以透過樣板產生器產生。這些功能也可以隨著 IDP 自身演進而增減、調整。例如：增加內建的 Linter 檢查、企業內部自行開發的 JSON、gRPC 函式庫、內部自行開發的 Identity 產生器、共用 GUI 元件、Graceful Shutdown 處理等。

IDP Libraries 比較複雜的是多語言的支援，在企業產品開發團隊還在 200 人以內的團隊，建議不要允許太多樣化的程式語言，最多三個就很多了，最好是兩個。例如：靜態語言為主的 Java、C#、Golang，動態語言則是 NodeJS、Python、PHP 等，這兩大類支援各一種IDP Libraries的實作，由內部資深的開發工程師支援開發實作、維護。

如果開發團隊超過200人以上，依照業務發展趨勢，多種語言的支援與生態系會漸漸變成一種必然的趨勢。那IDP Libraries支援的數量就會比較多，但是IDP Libraries有提供標準介面，各種語言只要依照介面去實作。實際上，要支援多語言的實作，只要工程師實作過一個語言，要換成另一個語言實作並不難。



把dpctl和IDP Libraries兩個使用者會接觸到的元素放在一起，外加其他第三方的整合工具，稱為IDP的**標準開發工具箱（Standard Development Kit，SDK）**。這個SDK是成對發行，由SRE團隊（或稱Platform Engineering團隊）維護，作為未來推動維運任務改善的引子，只需要大規模的引用某個技術或管理政策，SDK更新後，請產品團隊跟著更版，依照更版指引（Migration Guide）就可以降低導入新方法的阻礙。

## 9.3.3 認證授權

在IDP的設計中，透過Intranet ID的單一帳號方式，只要有登入的認證行為，依照登入的角色或負責的產品服務，就可以完成之後的授權。因為實務上IDP後面一定會有各式各樣的Infra-Oriented Services，這些服務不管是內部自建、還是使用託管服務，都會遇到怎麼處理或者串接SSO的問題，而產品開發團隊的使用者往往會搞不清楚這些服務各自的認證授權機制，更殘酷的是維運團隊自己可能也搞不清楚它們的認證授權，更別提實際上要怎麼有效管理。

所以，IDP在設計之初，就要把這些概念封裝起來，透過RBAC（Role-Based Access Control）或ABAC（Attributed-Based Access Control）的方式，整合到IDP SDK與CLI裡，實作可以使用已經成熟的Google SSO、Auth0、AWS SSO等成熟的解決方案。

### 9.3.4 小結

這個小節把 IDP 怎麼做的設計思路，引用設計模式的 Facade Pattern 讓使用者與後面實作隔開，因為實務上維運團隊會引用很多外部第三方的服務，像是 Artifact Repository、CI Server、監控的服務、Dashboard 等，這些東西大部分的設計都是給維運團隊使用的，換言之，對於產品團隊而言，會增加學習成本，因為自己又要花時間去了解怎麼串接。

在軟體開發過程中，會碰到系統的一定都有「開發」、「維運」、「測試」這三種工程角色，讓大家都有一樣的介面，但是又可以滿足各自的實務上的需求，則是 IDP 設計上首要考量的。

## 9.4 本章回顧

本章展開 IDP 背後設計的核心概念，從使用者角度切入，分析使用者能做什麼。然後攤開使用者介面有哪些最基本的要素，以及這個使用者介面未來的可能性，闡述的概念是：

> 「透過設計思維，讓 SRE 知道該做什麼，產品開發團隊知道有什麼可以用。」

針對「第 7 章 軟體交付的四大支柱」提及的概念，整合了 IDP 設計的想法。四大支柱每個部分在市面上都已經有成熟的技術，團隊已經能透過它們做些什麼事情，但是全部放在一起，往往十個團隊會有十一種版本作法。

本質上來看，IDP 的設計是中央集權與地方自治的共同體，也就是把大家都要遵守的規則，透過中央去管理，透過系統化的方式把制度落地，但是又保留彈性，讓地方可以有適度的彈性與選擇，甚至是擴充的方法。

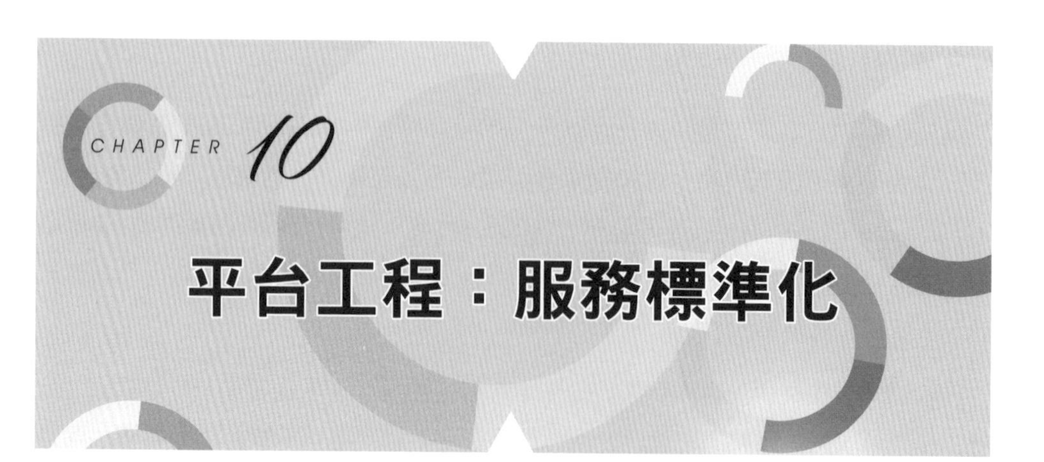


# 平台工程：服務標準化

**產品服務**（Services）具備完整的目的與架構，其中最主要的運算角色是由產品團隊裡的 Programmers 用程式語言寫的，稱為**應用程式**（Application，AP）。AP 有①長時間執行（Long Running）等待的**常駐程式**（Daemon）※1，像是接收瀏覽器請求 Web；②短時間執行（Short Running）、透過排程或常駐程式觸發而執行，但卻是短週時間（像是執行十分鐘）的**終端應用**（Console）。

不管是 Web 還是 Console，這些應用程式整合到產品服務的時候，都需要面臨標準化問題，只要有效地被標準化，維運的問題就會隨之減少；或者要改善整體性的時候，只要透過標準化，就可以很快且大規模的調整。

本章節將討論應用程式標準化的具體作法，從生命週期、標準化介面、產品服務層級的標準化，以及最後這些標準化的具體樣板應該要怎麼規劃且要注意些什麼。

※1 Daemon Process 在 Linux 作業系統裡被稱為「守護進程」，會常駐在記憶體裡等待執行任務，或者執行週期性任務等，它會長時間在系統等待著，為了方便理解，本文以「常駐程式」稱之。

# 10.1 應用程式標準化：生命週期



不管是Daemon或者Console的應用程式，無論程式語言與架構，實際上它有兩種層次的介面，一個是給使用者看得到的介面，是一種**公開介面**（Public Interface），像是Web API、標準函式庫；另一種介面則是產品團隊或維運團隊看得到，稱為**內部介面**（Internal Interface），也就是應用程式的Configuration或CLI的參數。

不管是公開還是私有介面，本質上它們都是靜態資料結構。應用程式需要透過這些介面活起來（從磁碟載入到記憶體中）或者停止（從記憶體中消失），活起來與停止的過程則是生命週期，包含了「啟動」（Initial Procedure）、「運行」（Runtime）、「卸載」（Shutdown）三個階段，這些階段做的任務（Tasks）包含已經被「標準化」及「客製化」的任務，還有整體的例外處理，同樣也包含了「標準化」及「客製化」兩個層次。整體概念如圖10-1所示。

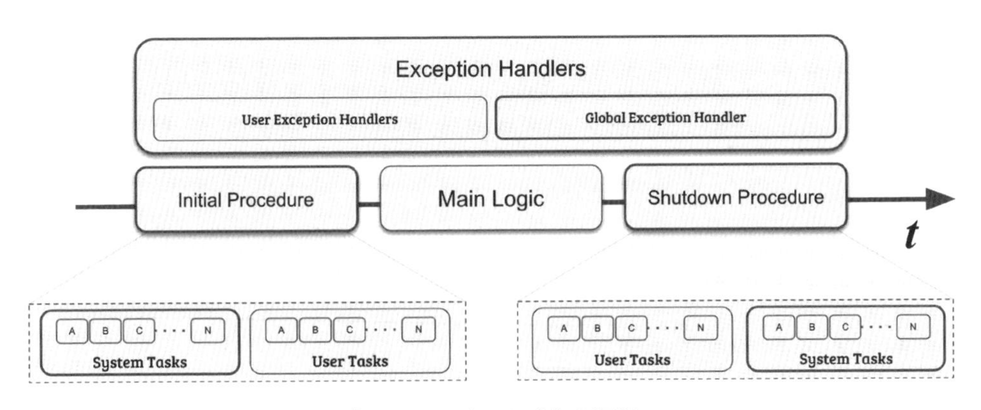


圖10-1　應用程式生命週期

「標準化」與「客製化」的概念類似於作業系統的「系統層級」（System Level）與「使用者層級」（User Level）的設計。接下來針對每個階段說明其標準化的重點。

### 10.1.1 啓動

一個應用程式在執行的時候，有很多依賴資訊需要準備好才能執行，但因為這些資訊「什麼時候需要」或「準備時需要花多少時間」都是一個變數，也因此衍生出兩種常見的模式：「主動初始」與「被動初始」。



「主動初始」是指應用程式啟動的時候，主動完成所有必要的任務，例如：

1. 讀取配置檔。
2. 執行過程需要的憑證。
3. 確立資料庫可以正常連線。
4. 確立依賴的服務是健康的。
5. 其他。

所有任務啟動的時候完成執行與確認，過程如果遇到無法執行，像是無法連線資料庫，那麼應用程式就算是啟動失敗，需要對外拋出例外，然後讓系統管理者接手處理。

「被動初始」也稱為「Lazy Loading」※2，基本概念是透過非同步機制，在應用程式的程序需要的時候，以非同步機制獲取必要的資源，像是需要取得必要的憑證檔案、確認外在的服務健康狀態等。

不管是主動還是被動模式，在 IDP 的概念裡，主要目的是要標準化必要的任務。底下是 IDP 需要定義的：

1. **Config 與 Secret 的讀取方式**。
2. **內部角色依賴**：強依賴、弱依賴。
3. **內部服務依賴**：強依賴、弱依賴。
4. **外部第三方服務依賴**：強依賴、弱依賴。

※2 Lazy Loading 也廣泛使用在網頁畫面呈現（Rendering）過程，目的是改善瀏覽體驗。

Config與Secret具體設計在「7.3 應用程式配置：軟體的內部介面與依賴反轉」有詳細介紹，其重點就在於讓IDP標準化做準備。應用程式在K8s裡執行的時候，可以透過K8s本身的Admission Webhook※3自動配置Config和Secret，應用程式只遵循標準讀取的介面，像是檔案路徑即可，如約定Runtime的目錄結構如下：

```
❯ tree -d
.
├── config/                // 配置檔案
│   ├── secret.json        // 機敏資訊(optional)
│   └── settings.json      // 靜態設定
└── bin/
    ├── *.jar              // 應用程式執行程式，依照語言擺放
    ├── manifest/          // 應用程式的識別資訊，參閱「服務治理」
    │   ├── sdm.json       // Service Definition Metadata
    │   └── releng.json // Artifact Metadata
    └── public/            // 公開靜態資料，CSS/JS/Images
```

其中配置檔部分是固定的路徑，檔案則由K8s Admission Webhook再啟動Pod的時候產生，放在固定位置。

載入Config與Secret之後，下一步針對依賴做處理，決定應用程式是否繼續執行還是中斷，這些檢查包含產品服務自身角色依賴的健康檢查，例如：①跟資料庫依賴的檢測，當發現資料庫不存在的行動策略是什麼；②跟其他團隊的服務有依賴，如果對方有異常，則行動策略是什麼；③外部第三方服務的依賴檢測，像是合作夥伴提供的簡訊服務。

對服務依賴來說，最直接的方式就是「直接通訊」，Service A依賴於B、C及外部A、B，啟動後就直接去檢查它們的Health Check API。但是服務的運算單位通常會是多個，像是多台VM、多個Pod，那麼這些檢查通訊的次數要再乘上運算單位的數量，如圖10-2所示。

※3 請參閱：URL https://kubernetes.io/blog/2019/03/21/a-guide-to-kubernetes-admission-controllers/。

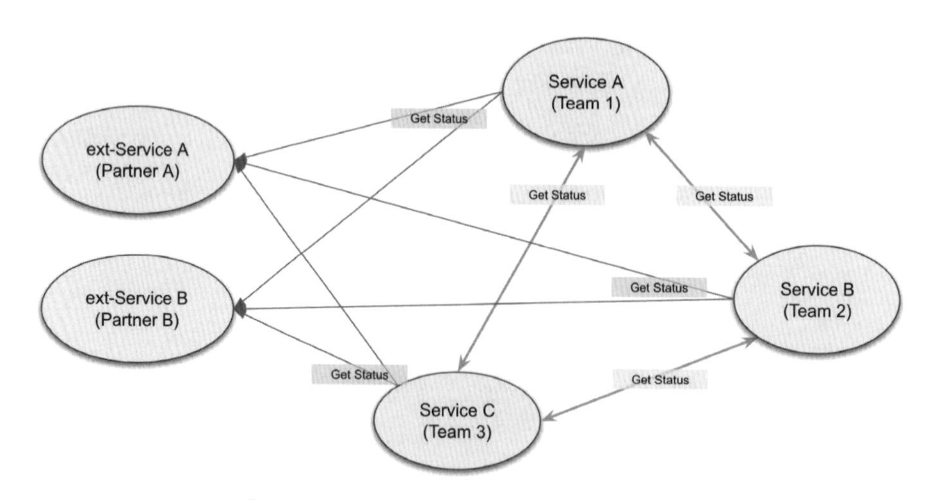


▌圖 10-2　應用程式啓動依賴檢查：網狀模式

如果 Service B 也是一樣的作法，也有多個內外部依賴，會發生跟 Service A 一樣的問題。以此類推，不難理解在整個系統裡很容易因此有不必要的雜訊通訊，造成茶壺裡的風暴現象。這種「網狀通訊」(或稱「直接通訊」)的概念簡單，整體通訊架構會很複雜，服務網格（Service Mesh）透過 Sidecar※4 模式處理這樣的需求，但卻帶來更加複雜的基礎架構，駕馭起來不容易，且管理上更是另一個挑戰。

網狀模式的依賴處理會讓整體變得複雜且不易管理。理想的狀態可以透過「服務目錄」、「服務發現」取得相關資訊，把網狀的結構變成星狀，如圖 10-3 所示。

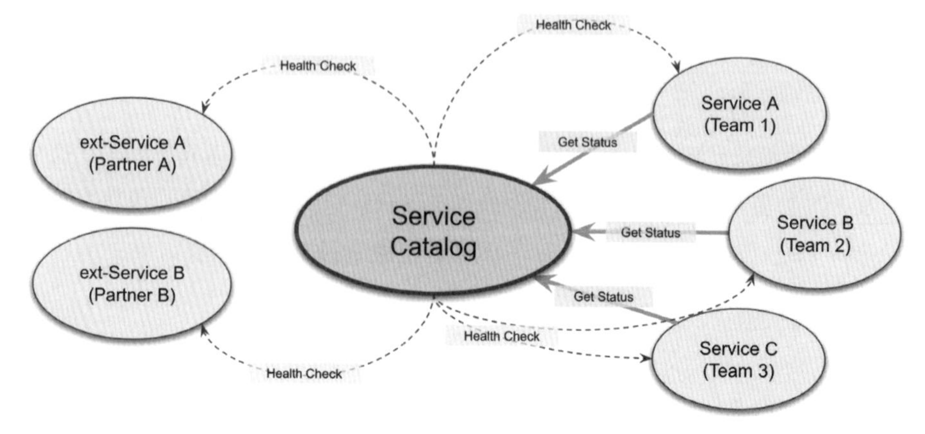


▌圖 10-3　應用程式啓動依賴檢查：星狀模式

※4　相關概念請參閱筆者的譯著《分散式系統設計》的第 2 章介紹。

透過「服務目錄」（Service Catalog）或「服務發現」（Service Discovery）提供的健康狀態，服務之間只要相信狀態的正確性即可。如此所有服務對於彼此的健康、外部依賴的健康與否，都有一致性的認知，會取得一樣的資訊。星狀模式的缺點在於「集中式架構的可靠性問題」，當服務目錄故障時，會發生整個系統不可用的狀況，所以服務目錄本身的高可用、效能設計就是很重要的。



## 10.1.2 運行中：標準介面

應用程式初始時要取得其他服務的狀態、版本資訊，這些服務都應該要有的介面，需要在 IDP Libraries 裡就定義好，包含以下介面：

1. **定義資訊**：提供服務定義資訊（Service Definition Metadata）。
2. **部署資訊**：提供服務實例資訊（Service Instance Metadata）。
3. **版本資訊**：提供應用程式使用的 Artifact Metadata，包含版本、團隊資訊。
4. **健康檢測**：提供健康檢查的 API，包含輕量（light）、深度（deep）。

這些介面提供的資訊屬於公開、沒有機敏性，大部分不需要認證授權，且大多都是輕量的資訊、資料量不多的。Daemon 的應用程式如 Web 應用程式，則透過 REST API 形式提供或者走 gRPC；如果應用程式是 Console 類型（沒有對外的 Web 介面），則透過 IDP Libraries 主動回報狀態給服務目錄。

不管是 Daemon、Console，IDP Libraries 在實作時的背後概念其實是一樣的，前者提供的是被動的取得，後者則是把資訊主動往外送。

## 10.1.3 運行中：日誌與例外處理

不管是怎樣的應用程式，執行中的行程（Process）隨時都可能因為異常而拋出例外（Exception）事件，有些例外是使用者（Programmers）自己拋出來的，有些則是系統層級拋出來的。不管是哪個層級，最上層的上帝視野要能夠都接住這些例外。

在 Linux 系統裡，Process 結束可以透過「ExitCode 是否為 0」來判斷是否正常離開，只要大於 0 的數字都代表異常，透過 Standard Error（標準錯誤輸出，stderr）

可以取得相關資訊。stderr 的資訊再讓後面處理 Logging 的系統處理，送出異常訊息，並通知維運團隊、產品團隊。

對於 IDP 而言，需要直接提供「全域例外處理」（Global Exception Handler，GEH）標準機制，它是最上層、Process 終止前的把關者，它也會觸發卸載程序（Shutdown）。IDP 除了在 Libraries 預先定義 GEH，標準化其結構與格式，另外要有後續處理的介面，包含收集訊息的地方、送出事件及後續行動的機制，整體概念如圖 10-4 所示。



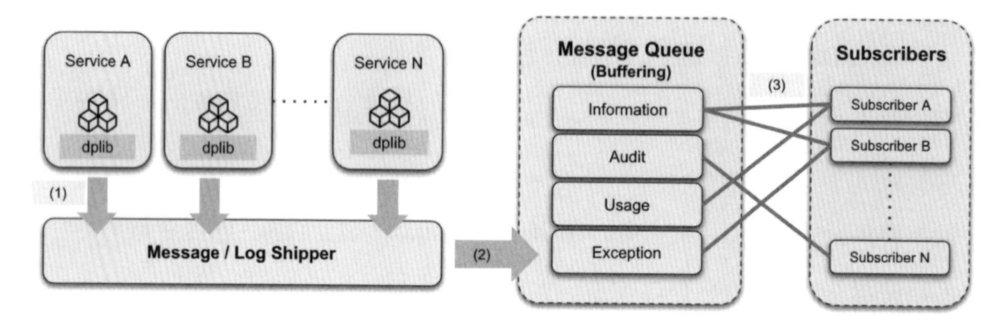


▌圖 10-4　例外處理架構

圖 10-4 呈現 IDP 整體處理日誌與例外的架構概念，這個架構是 Pub / Sub 模式，用在處理多對多的非同步訊息交換。圖中每個角色定義如下：

1. **使用 IDP Lib 的服務**：左上每個服務都使用 IDP 的 IDP Libraries，它主動處理 Log 與 Exception
   - 預設模式以 stdout / stderr 為主。
2. Message / Log Shipper：負責接收服務 stdout / stderr 的訊息，往目標搬移這些資訊。
   - 在 K8s 裡可以透過 Sidecar 的方式，在 Container 裡常駐 Fluented、Filebeat、Logstash 等 Log Shipper。
   - Log Shipper 需要依照定義的 Log Format 定義的 LogType，把資料搬到對應的 Queue。

3. Message Queue：接收 Log Shipper 送來的訊息，且暫存在緩衝區裡。這裡需要依照 LogType 把訊息存在對應的 Queue 裡。

- 正常資訊：用來產生指標（Metric）、統計、查詢問題。
- 稽核資訊：確認誰、要做什麼、是否被允許三個層次資訊，也就是認證、授權。
- 用量資訊：用來統計使用量，未來如果要計算成本、產出的依據。
- 例外處理：只要標示例外的，直接處理對應的行動。

4. Subscribers：訊息訂閱者，依據 LogType 處理。

搬移的資料資料會被放在一個緩衝訊息服務，然後由後面的訂閱者依照訊息的類型處理。



### 10.1.4 運行中：動態控制

「動態控制」指的是應用程式在運行中，需要透過外在方式調整系統的設定，像是因為維護需要，需要臨時調整 Configuration 裡面 Session 服務 timeout 及 token-renew 的時間，如下：

```
"service-depends": {
    "internal": [{
        "service-id": "oz-member-session",
        "enabled": true,
        "parameters": {
            "cookie-name": "jsession",
            "session-timeout": "4h",          // 臨時改成 5m
            "session-token-renew": "30m"      // 臨時改成 1m
    }}]
}
```

如果線上已經有 10 個運算單元（Pod or VM）在運行，最簡單粗暴的方法就是用同樣的 Artifact 版本，配上新的 Configuration，然後重新部署，這樣不會不好，但代表著執行的人需要直接能夠操作 K8s 或公有雲，違反了 IDP 設計的封裝原則，而且間接也反映執行者需要對於 K8s 或公有雲有基本的掌握與駕馭能力。

IDP 的方式則是透過 IDP CLI 下指令，類似於 K8s 的 kubectl 可以直接修改某個 configmap，然後透過 Pub / Sub 機制，讓 IDP Lib 訂閱，當收到 Event 的時候，直接更改 Runtime 記憶體的參數，依照需求臨時改動。如下：

```
~$ dpctl --sim-id oz-ninja-tw-6471 edit configmap webapi
```



這個指令首先指定哪一個運行環境的 SIM（Service Instance）的識別，然後要修改角色配置，整個流程與架構如圖 10-5 所示。

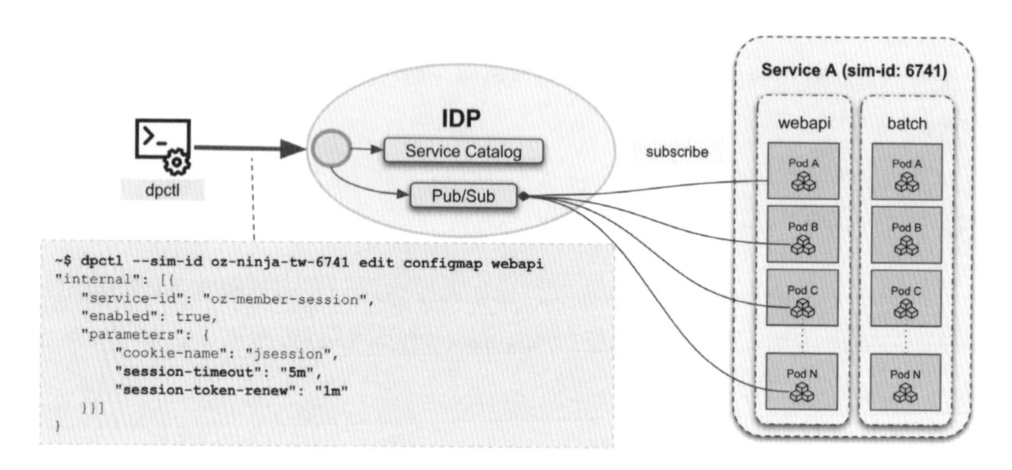


▌圖 10-5　動態控制架構

圖 10-5 左邊的 dpctl 透過參數，由 IDP 依據 sim-id 到「服務目錄」找到對應的資訊與角色，接著取回 configmap 資料，然後使用者把 timeout 與 token-renew 時間修改成 5m 和 1m。存檔後，由 dpctl 將訊息送回去 Pub / Sub，最後由 IDP Libraries 訂閱收到事件，直接更改記憶體的資訊，IDP Libraries 修改的方式則可以透過程式語言框架的 DI（依賴注入）機制動態調整。

## 10.1.5 卸載

「卸載」指的是應用程式的運算資源要被回收時，應用程式本身最後可以做的任務。最常見的應用就是**正常關機程序**（Graceful Shutdown），也就是關機前會回收資源，並釋放記憶體、關閉 Process 所要求的資源，像是資料庫連線、任務狀態回寫等。這段時間應用程式會攔截作業系統送出來的訊號 SIGTERM※5，然後讓應用程式可以在一段時間之內執行回收任務。

IDP Lib 做的事情是預設包含這段任務的 Callback，留給開發團隊去實作回收任務應該做什麼，但是有些任務則是 IDP 自己會預先處理的，例如：資料庫連線。這裡的設計都保留彈性讓使用者可以調整，像是完全由使用者自行處理，或者使用 IDP 預設的流程，概念如圖 10-6 所示。



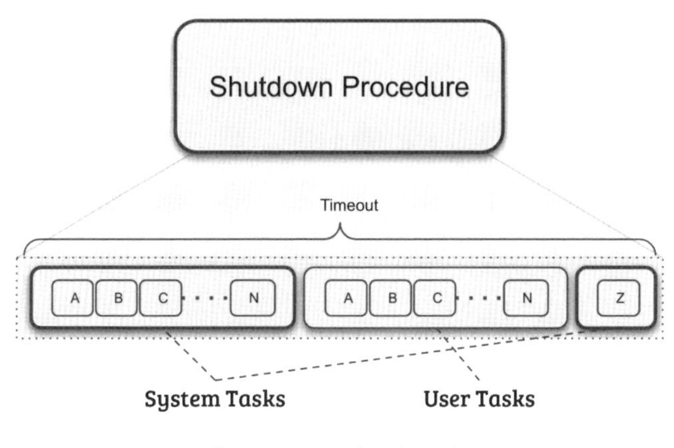


▌圖 10-6　正常關機程序

圖 10-6 描述關機程序包含了 System Tasks 與 User Tasks，其中頭尾預設都是 IDP Lib 會自動處理，A、B、C 程序會直接處理 Config 裡面必要回收的動作，最後的 Z 則是最後收尾。中間的 User Tasks 預設不會執行任務，由產品團隊的開發者決定要做的任務。和一般 Web 應用程式的 Middleware 一樣，IDP Lib 一樣允許使用者自己決定是否要執行 System Tasks、User Tasks，或者調整它們執行的次序。

## 10.1.6 小結

這裡開始直接透過 IDP Lib 進到應用程式內部，透過標準化生命週期的方式，規範應用程式如果要高效率的維運及好的可靠性，那麼就要從標準化開始。然後透過物件導向設計很重要的概念：**依賴反轉**（Dependency Inversion，DI）與**控制反轉**

※5 URL https://www.man7.org/linux/man-pages/man7/signal.7.html。

（Inversion of Control，IoC），讓生命週期過程的標準行為都有介面可以往外丟，配合外部架構的服務，提高服務本身的可控性，隨之而來的效益就是「可靠度」。

本小節定義的標準化，無論是 Deamon 還是 Console 應用，屬於應用程式內部標準化，可以說是由內而外。每個部分對應到外面都需要一個配套措施，讓往外丟的資訊可以後續繼續處理，而這些配套措施就是下一個小節的內容，將探討的「由外而內」的標準化定義範圍。



## 10.2 由外往內的標準化

上一小節討論的是應用程式本身的標準化行為，主要以「生命週期」為核心概念來貫穿，以方向性來看是以應用程式為主角、「由內往外」的標準化。

「由外往內」指的是應用程式自己之外的標準化，包含 Build、Deploy、Pipeline 等常見任務。本質上和「7.4 交付流水線」提及的 Task 是一樣的，同時與「10.1 應用程式標準化：生命週期」和「7.3 應用程式配置：軟體的內部介面與依賴反轉」相呼應。

筆者用宣告式（Declaration）設計的概念，定義出「由外而內」的標準化介面，類似的概念在微軟主導的開源專案 Dapr 也有同樣的設計。

### 10.2.1 宣告式設計

圖 9-1 描述 IDP 的 High Level View，透過 dpctl 作為主要的使用介面，後面則封裝了很多 Infra-Orenited Services。對於應用程式而言，透過 dpctl 下指令的同時，雖然可以透過參數化的方式傳遞資訊，但如果有很多資訊要處理的時候，透過 CLI 就顯得不容易使用，而且有更複雜的參數及事件需要被處理，要怎麼把這些資訊做更具體的連結呢？

K8s 透過宣告式設計提供了很好的想法與範例，利用 YAML 定義了大部分任務必要的執行參數，這個檔案內容可以由 IDP 提供最佳化實踐、最常使用慣例為原則，來簡化使用者及 IDP 管理者配置上的需求，同時也保留特定企業額外需求，甚至是客製化。

底下是整個設計的最基本結構：



```
01 apiVersion: idp/v1alpha
02 kind: Task
03 metadata:
04   # 事件名稱，IDP 開頭為保留字，大寫名稱為 IDP 預設的 Task
05   ## 為其他 Task 的參照之用
06   ## @value: string
07   name: IDP_XXX
08
09   # IDP Task 類型，IDP 開頭為保留字，可擴充
10   type: idp.task.xxx
11 spec:
12   # 系統預設參數，有哪些可用的類型，由系統管理員配置與管理
13   ## 如果 cliArgs 也有定義，代表可以被複寫
14   ## @value: map
15   sysParams: { key1: value1, key2: value2, key3: value3 }
16
17   # 使用者參數，可以讓使用者指定的參數
18   ## 為開放給 dpctl 的參數
19   ## 參數名稱如果與 sysParams 重複，代表可以複寫，或者有預設值
20   ## @value: map
21   cliArgs: { key1: value1, key2: value2, key3: value3 }
22
23   # -------------------------------------------------------
24   # 實作 Task 的執行部分
25   # -------------------------------------------------------
26   # 提供自行開發、轉接(Adapter)第三方等串接方法
27   implementation:
28     provider: IDP::GeneralBuilder
29     processInvoke:
30       type: async | sync
```

```
31      cmd: ["./launch.sh", "-d", "test"]
32    apiInvoke:
33      type: async | sync
34      protocol: REST | gRPC | rpc | TCP
35      endpoint: string
36      args: {}
37
38  # 例外處理，預設最後一個是 IDP_ABNORMAL
39  ## @value: array
40  exceptions: [EVENT_A, EVENT_B, EVENT_C, EVENT_N]
41
42  # ------------------------------------------------------------
43  # 事件的生命週期
44  # ------------------------------------------------------------
45  # 前置觸發事件名稱
46  ## @value: array
47  preEvents: [EVENT_A, EVENT_B, EVENT_C, EVENT_N]
48
49  # 後置觸發事件
50  ## @value: array
51  postEvents: [EVENT_A, EVENT_B, EVENT_C, EVENT_N]
```



這個宣告核心分成「metadata」與「spec」兩個部分，整理如下：

## metadata 宣告 Task 的基本資訊

1. **名稱**：名稱是 Task 會被拿去參考的資訊。
   - IDP 自己宣告的 Task 以「IDP_」作開頭。
   - 企業可以依照需求，擴充自己的 Task 類型，或者拿 IDP 預設來改。
2. **類型**：分成「使用者層級」和「系統層級」兩大類，這兩類又分成「Task」與「Exception」兩種，命名規則如下：
   - idp.task：使用者層級 Tasks，開放給使用者開發自訂 Task 使用。
   - idp.exception：使用者層級的例外處理。
   - idp.sys.task：系統層的 Task，不開放使用者呼叫，只能透過參數調整。

- idp.sys.exception：系統層的例外處理，不開放使用者呼叫，只能透過參數調整。

## 規格部分

1. **系統預設參數（sysParams）**：IDP 管理者控制的預設參數，相對的則是使用者參數。
   - 如果使用者參數也有宣告一樣的參數，那麼系統參數就代表預設值。
   - 如果使用者參數有輸入值，則會複寫系統參數。
2. **使用者參數（cliArgs）**：代表會直接暴露給 IDP 使用者（dpctl）輸入的參數，參數透過 dpctl 帶入。
   - 如果參數名稱與系統預設一樣，當使用者沒輸入的時候，使用系統定義的值；反之，則由使用者輸入的值複寫之。
   - 參數自動帶給實作的程式，如果是行程（process）則透過環境變數的方式，REST API 則透過 HTTP Headers 帶過去。
3. **實作（implementation）**：這個 Task 的實作方式可以是自己開發的程式或外部的 API 服務呼叫，同時支援同步與非同步模式。但只能跑一個 Process 或一個外部的 API 呼叫。
4. **例外處理（exceptions）**：每個 Task 都可以定義例外處理。例外處理的最上層是 IDP_ABNORMAL 這個事件，如果發生使用者沒有處理的例外，則由最上層處理。
5. **前置事件（preEvents）**：Task 執行前觸發的事件。
   - 事件次序有「循序事件」（Sequence Events）與「平行事件」（Parallel Events）兩種。
   - 預設為「循序事件」；當第一個事件為 IDP_PARALLEL，則表示「平行事件」。
6. **後置事件（postEvents）**：Task 順利執行完畢後觸發的事件。觸發次序概念同前置事件。

除了 Metadata 與 Spec 之外，另外也遵循 API 版本的定義，代表這份規格結構是可以持續迭代的。

有了這份宣告式的規格，接下來用它套用前面章節討論的任務。首先是 Build 這個很基本的任務，套用結果如下：



```
01 apiVersion: idp/v1
02 kind: Task
03 metadata:
04  name: IDP_BUILD
05  type: idp.sys.task
06  description: 針對 Source Code 編譯、打包，並將結果放到 Artifact Repository
07 spec:
08  sysParams:
09    channel: dev | rel ## 依照「7.1」定義
10    type: raw | docker | lib ## 依照實際的 Artifact Service 支援
11    kind: ["zip", "tar.gz", "nuget", "npm", "pip"]
12    repository: repos.abc.com
13
14  # 使用者參數，可以讓使用者指定的參數
15  ## 為開放給 dpctl 的參數
16  ## 繼承 sysParams 的參數 channel、type、kind 篇幅關係省略不寫
17  arguments:
18    serviceId: ninja
19    version: 1.0.0 | [lastest]
20
21  implementation:
22    processInvoke:
23      type: sync
24      cmd: ["./build.sh"] ## 與 Artifact Service 介接的實作
25
26  # 前置觸發事件
27  preEvents:
28    #- CODE_REVIEW@idp.sys.task
29    #- CODE_SCAN@idp.sys.task
30    - IDP_NOTIFICATION@idp.sys.task
31
```

```
32  # 後置觸發事件
33  postEvents:
34    - IDP_NOTIFICATION@idp.sys.task
35
36  # 例外處理攔截
37  exceptions:
38    - IDP_ABNORMAL@idp.sys.exception
```



對於使用者而言，不需要自己去定義或實作，但是如果要改寫，則可以這份宣告當作起點來重新改寫，例如：把 Artifact Service 的實作從 Nexus OSS 換成 JForg。

另一個常見的例子則是 Provisioning，底下是透過這個結構介接 Terraform 的設計：

```
01 apiVersion: idp/v1
02 kind: Task
03 metadata:
04  name: IDP_ENVIRONMENT
05  type: idp.sys.task
06  description: 建立環境(Provisioning)
07 spec:
08  sysParams:
09    dc: [ "TPE1", "TPE2", "AWS::ap-northeast-1", "GCP::ap-east1" ]
10    region: [ "TW", "NorthAmerica", "Japan", "AsiaEast" ]
11
12  # 使用者參數，可以讓使用者指定的參數
13  arguments:
14    dc: "TPE1"
15    region: "TW"
16
17  implementation:
18    processInvoke:
19      type: async
20      cmd: ["terraform", "apply"] ## 與 IaC 工具實際的介接
21
22  # 前置觸發事件
23  preEvents:
24    - IDP_NOTIFICATION@idp.sys.task
25
```

```
26  # 後置觸發事件
27  postEvents:
28    - IDP_NOTIFICATION@idp.sys.task
29
30  # 例外處理攔截
31  exceptions:
32    - IDP_ABNORMAL@idp.sys.exception
```



Provisioning 的實作與定義都由 SRE 團隊決定，並且把已經實作的 Terraform 或者 AWS CloudFormation、CDK 介接起來就可以。其他如 Code Review、Code Scan 都可以透過同樣的設計想法把外部的服務串接起來。

從這個的前置與後製觸發事件來看，會發現 IDP 系統層級定義的其他任務，這些筆者稱為「預設任務」，每個組織與團隊會需要不同的慣例，這裡都可以自行調整其實際的設計，接下來整理這些屬於系統層級的預設任務。

## 10.2.2 預設任務

系統層級的任務是不開放給使用者更動的，它就像作業系統的 Kernel Space 一樣，會在 IDP 執行過程中擔任協調使用者任務的關鍵要角。雖然不開放給使用者自行更改，但可以透過擴充的方式滿足新的需求。以下是幾個必要的任務清單：

| 類型 | 任務名稱 | 說明 |
| --- | --- | --- |
| idp.sys.task | IDP_PARALLEL_EVENT | 平行任務的控制任務，與循序任務是相對的。 |
| idp.sys.task | IDP_SEQUENCE_EVENT | 循序任務控制任務。 |
| idp.sys.task | IDP_NOTIFICATION | 通知實作，預設支援 Email、SMS 兩種。 |
| idp.sys.task | IDP_BREAKPOINT | 流程中斷點，用於等待觸發用途，像是設計 approve 流程。 |
| idp.sys.task | IDP_MAIN_FLOW | IDP 主要的流程控制器，也就是規格上定義的生命週期管理，這個功能會是最主要的控制單元。 |
| idp.sys.exception | IDP_ABNORMAL | IDP 全域的例外處理，只要沒有被攔截到的例外，都會走到這裡來。 |

這些系統預設的任務提供了整個工作流程背後運作的基礎功能，由 IDP 開發團隊負責設計與開發。

### 10.2.3 小結

有更多標準化可以標準化，例如：環境建置標準化、問題追蹤標準化（OpenTracing）、通訊協定標準化、異常通報標準化等都可以利用這個概念，重新封裝成單一任務。原本 SRE 或者 Infra 團隊已經在使用的各種工具（GitlabCI、Terraform、Code Scan 等），都可以用類似的概念封裝，讓開發團隊變得更自助式，而已經開發的程式也可以重複再利用。



## 10.3 開發樣板

前面章節描述了 IDP 由內而外、由外而內的標準化，這些標準化對於產品開發團隊而言，只要知道會用就好，但是怎麼具體使用呢？除了 CLI 與 Libraries 之外，接下來讓整個建構起來的就是「開發樣板」（Template）了。

### 10.3.1 Repository 的專案結構

「開發樣板」（Template）是由 dpctl new 指令產生出來的專案結構，整個專案結構透過樣板、參數化的方式產生。以 Java 生態系為例，已經有很多類似的工具，像是 srping CLI 產生專案，如下：

```
❯ spring init --dependencies=web,data-jpa my-project
Using service at https://start.spring.io
Project extracted to '/Users/rickhwang/Temp/my-project'

❯ tree -d my-project
my-project
├── gradle
```

```
|   └── wrapper
└── src
    ├── main
    |   ├── java
    |   |   └── com
    |   |       └── example
    |   |           └── myproject
    |   └── resources
    |       ├── static
    |       └── templates
    └── test
        └── java
            └── com
                └── example
                    └── myproject
```



同樣的工具在 .NET 生態系也不少，透過 dotnet CLI 一樣可以做到類似的，下面是產生一個 webapi project：

```
❯ mkdir dotnet-project
❯ cd dotnet-project
❯ dotnet new webapi
The template "ASP.NET Core Web API" was created successfully.

❯ tree -d
.
├── Controllers
├── Properties
└── obj

❯ ls -l
-rw-r--r-- staff 127 Apr  3 09:17:44  appsettings.Development.json
-rw-r--r-- staff 151 Apr  3 09:17:44  appsettings.json
drwxr-xr-x staff 96  Apr  3 09:17:44  Controllers/
-rw-r--r-- staff 378 Apr  3 09:17:44  dotnet-project.csproj
drwxr-xr-x staff 224 Apr  3 09:17:45  obj/
-rw-r--r-- staff 557 Apr  3 09:17:44  Program.cs
```

```
drwxr-xr-x staff 96  Apr  3 09:17:44  Properties/
-rw-r--r-- staff 263 Apr  3 09:17:44  WeatherForecast.cs
```

其他語言如 GoLang、Python、PHP 也都有類似的工具。

專案結構看似跟 IDP 沒什麼關係，但其實標準化的過程中，不管是 Build、Provisioning、Deployment，會間接發現與目錄結構有關係，接下來分析幾個常見的結構以及背後的問題。

前面舉了 Java 與 .NET 的專案結構最基本的樣子為例，不過實際專案進行一段時間之後，經常會出現以 Module-Based（或稱 Component）為主的結構，以 dotnet 為例，這是一個服務的目錄結構：

```
❯ tree -d
.
├── GTCafe.Cart.Core/
│   ├── config/
│   ├── data/
│   ├── docs/
│   └── src/
├── GTCafe.Cart.WebAPI/
│   ├── config/
│   ├── data/
│   ├── docs/
│   ├── ops/
│   ├── src/
│   │   ├── Controllers/
│   │   └── Properties/
│   └── test/
├── GTCafe.Cart.UI.Web/
└── GTCafe.Cart.UI.Terminal/
```

Module-Based 以「模組」為單位，模組會放在 Repository（以下簡稱「Repos」）第一層，這樣分工的時候，每個團隊角色只要進入對應的目錄，裡面會有 src、config、docs 等目錄，就可以專注在裡面做自己的任務即可。以這個例子而言，負責 Web 前端開發的成員，會直接進去 GTCafe.Cart.UI.Web/ 目錄，這裡有他熟悉的目錄結構，包含 webpack 及 ReactJS 相關結構；後端成員則到 GTCafe.Cart.WebAPI/ 目錄，同樣會看到他熟悉的結構；負責架構或者核心函式庫的成員，則到 GTCafe.Cart.Core/ 目錄等。

有些團隊會直接把 Module 層級直接改成 Repos 層級，上述的結構會變成四個 Repos，然後各自獨立運作，不管是 Single Repos 還是 Multiple Repos，都是可以的。

除了上述 Module-Based 結構，還有另一個也會出現結構，稱為「Functional-Based」，範例如下：

```
❯ tree -d
.
├── config/
│   ├── GTCafe.Cart.Core/
│   ├── GTCafe.Cart.WebAPI/
│   ├── GTCafe.Cart.UI.Web/
│   └── GTCafe.Cart.UI.Terminal/
├── data/
├── docs/
├── ops/
│   ├── GTCafe.Cart.WebAPI/
│   └── GTCafe.Cart.UI.Web/
├── src/
│   ├── GTCafe.Cart.Core/
│   ├── GTCafe.Cart.WebAPI/
│   ├── GTCafe.Cart.UI.Web/
│   └── GTCafe.Cart.UI.Terminal/
└── test/
```

這個結構的第一層是「功能」，也就是其中看到的 config、src、docs 這些功能導向的目錄，而各個 Module 都在功能目錄裡面，需要的時候再去建立。

Module、Functional 這兩種結構，對於產品開發團隊而言，只要內部大家有共識即可。

但是把多個 Module 放在一個 Repos，其實對於產品開發者而言，要解決的關鍵問題是**模組參照（Reference）**的問題，也就是開發時需要 Debug Module A，但是 A 參照 B，為了讓 IDE 好處理就乾脆放在一起。模組參照背後也隱含一些共用的資料結構，像是 REST API 或者 gRPC 的 ProtoBuf、文件等都可以有一致的參照。

從管理角度來看，則是讓 Repos 裡的 Module 都可以有一致性的版本、Branch、Tag，一個 Repos 裡面包含了產品服務的所有東西，這也代表產品團隊在開發過程中，大家的步伐可以一致，維運時也可以有一致的資訊。

這樣單一個 Repos 裡面包含多個 Module 的概念，稱為**「單一儲存庫，多個模組」（Single Repos、Multiple Modules，簡稱「SRMM 結構」）**。

SRMM 雖然可以解決參照與管理的問題，但衍生了新的問題，首當其衝的就是「交付流水線的複雜度提高了」。因為在同一個 Repos 裡的每個 Module 都要進行交付，理所當然的，裡面的前端後端的部署就可以整合到同一個部署流程裡：「一鍵部署」，這時候「3.3 介面：SRE 需要負責部署？」提到的現象與問題，就會全部浮上檯面。同理，Config 的管理也會有同樣的問題。

有衍生的缺點，也有衍生的好處，像是：

1. 維運有關的程式碼可以重複使用。
2. 環境建置的程式碼可以重複使用。
3. 文件更一致。

有 SRMM 這樣的結構，相對的結構則是 Single Repos、Single Module（**以下簡稱「SRSM」**），以下是兩個 Repos 各自的結構：

```
❯ tree -d GTCafe.Cart.Core/
GTCafe.Cart.Core/
├── config/
├── docs/
├── src/
└── test/

❯ tree -d GTCafe.Cart.WebAPI/
```

```
GTCafe.Cart.Core/
├── config/
├── data/
├── docs/
├── ops/
├── src/
└── test/
```



SRSM 就相對單純，單一 Repos 裡面完成所有的任務。

綜合上述的討論，以 Repos 與 Module 兩個角度，整理出如圖 10-7 所示的矩陣。

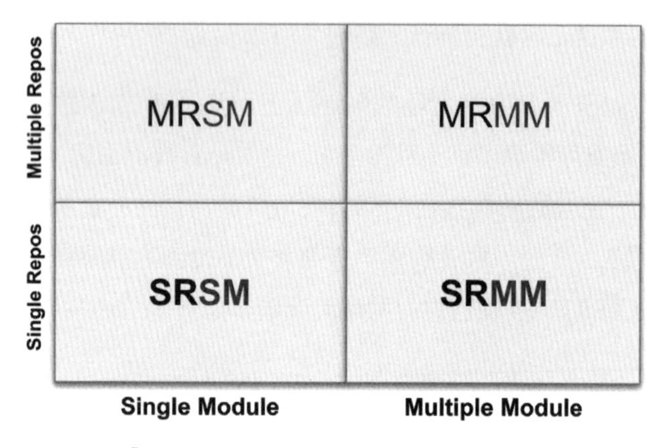


圖 10-7　Repos 與 Modules 組合矩陣

這個矩陣背後代表 Repos 與 Module 的關係，更深層的意涵是：

「一個 Repos 應該代表怎樣的意思？一個 Module 代表怎樣的意涵？」

從 IDP 的角度思考，以終為始是 Design for Operation，換言之：

「以最後交付的角度切入。」

不管是 Repos 還是 Module，最後應該都是以「交付原則」為主。同時考慮單一簡單的 KISS 原則 ※6，在如此的狀況下，定義以下 Repos 與 Module 原則：

※6　Keep It Simple, Stupid.

「每一個 Repos 應當產出一個 Artifact 以及獨立的交付流水線。」

以這個設計原則出發，背後動機是高內聚、低耦合的最小單位單一原則，一個 Artifact 對應到多個環境及多個 Configuration，這樣的概念也就是 SRSM 結構，接下來其他考慮都圍繞這個原則發展。

依照 SRSM 結構為主要核心，其他問題的解決方案整理如下表：

| 問題 | 解決方案 |
|---|---|
| 跨模組的參照，例如：ORM 的 Data Model 參照共用模組。 | 使用 git submodule 的方式參照，這也是 OSS 常用的策略。 |
| • 一個服務，有多個 Repos 版本管理問題。<br>• 衍生的 Branch / Tag 管理。 | • 透過另一個 Repos 聚合管理，概念類似 Gitlab 的 Group。<br>• 允許每個 Module 有自己的版號，最後整個服務是一個版號。基於這個原則，Branch / Tag 也是一樣，由 Module Owner 管理。 |

最後定義出每個 Repos 的參考結構如下：

```
❯ tree -d GTCafe.Cart.Core/
<REPOS_NAME>/            // Repos 名稱
├── config/              // Config Sample，不包含 Go Live 的
├── docs/                // 給使用者看的文件，通常是 User's Guide、QuickStart
├── data/                // 初始資料
├── ref/                 // Git SubModule 的參照
├── ops/                 // 維運 Task 程式碼
├── src/                 // Module 原始碼
└── test/                // 測試原始碼
```

這是每個 Module 的參考結構，對應到「5.2 描述架構的具體方法」提及的角色，而整個 Service 的 Repos 也可以有一個樣板結構，透過這個樣板結構，把角色串起來，參考結構如下：

```
❯ tree -d GTCafe.Cart/
<REPOS_NAME>/            // Group Repos 名稱
├── docs/                // 給使用者看的文件，通常是 User's Guide, QuickStart
├── ref/                 // Git SubModule 的參照
├── ops/                 // 維運 Task 程式碼，包含整體的 CI/CD
└── test/                // 測試原始碼
```



## 10.3.2 命名規則

上一小節討論了 Repos 目錄結構背後設計的原則，並提供最基本的結構，但實際上這個結構深入之後，除了目錄、檔案之外，還有程式碼內容各式各樣的命名規則、使用的樣板範例，又因為每個程式語言慣例不一樣，所以會有非常複雜的結構。

樣板引擎需要支援以下範圍的命名規則：

1. 檔案名稱、目錄名稱。
2. 程式碼內容：
   - Namespace
   - Class Name
3. 配置檔內容：
   - Config
   - 部署配置

樣板引擎本身要支援常見的命名規則轉換，這樣 Repos 樣板才能夠支援各種不同的語言。以下用 psudo code 描述常見的命名規則轉換規則：

```
// @description: 輸入名稱，要求輸入的為 snake_case，預設會轉成 lowercase 處理
// @param origin_name 輸入的原始名稱 cart_service
// @param case=lowercase
//     uppercase: 全部轉成大寫處理，ex: CART_SERVICE
//     lowercase: 全部轉成小寫處理，ex: cart_service（預設）
input.origin_name {
```

```
  snake_case(origin_name, "lowercase")
}

// @description: 駝峰式命名，像是 CamelCase
// @param origin_name 輸入的原始名稱
// @param case=uppercase
//     uppercase: 每個單字第一個字大寫，ex: CamelCase（預設）
//     lowercase: 第一個單字小寫，其他第一個字大寫，ex: camelCase
function camel_case(
  origin_name:string,
  case:string,
);

// @description: 使用 hyphon 連結單字的結構，像是 kebab-case
// @param case=lowercase
//      lowercase: 全部轉小寫
//      uppercase: 第一個字轉小寫，其他不變，ex: kebab-Case（預設）
function kebab_case(
  origin_name:string,
  case:string,
)

// @description: 使用 underline 連結單字的結構，像是 snake_case
// @param case=lowercase
//      lowercase: 每個字都轉小寫（預設）
//      uppercase: 第一個字轉小寫，其他不變，ex: snake_Case
function snake_case(
  origin_name:string,
  case:string,
)
```

這裡提供三種程式語言很常見的命名規則：Camel Case、Kebab Case、Snake Case，透過這三種名稱轉換函式，可以轉換大部分程式語言的慣例，這些規則可以找到很多第三方的函式庫實踐。

讀者心裡一定會想程式語言那麼多，各家的習慣慣例都不一樣，這樣是否需要支援的種類也會非常多？要支援到怎樣的程度？實際上，開發樣板的內容是迭代更新的，可以先以組織裡最大宗的程式語言為優先，然後其他語言再依序迭代新增即可。

標準化命名規則的背後動機只有一個，即使用者只要輸入一個名稱（origin_name），剩下的會透過這個名稱套用到整個程式樣板，來組成其他必要的程式碼、目錄結構，包含 K8sYAML、MVC 結構、REST API 名稱、Configuration 內容等。



### 10.3.3 小結

本小節討論專案結構背後規劃要注意的關鍵點，提出 SRSM 的結論，並且循此脈絡往下展開實作樣板過程會遇到的關鍵問題：「命名規則」。掌握這兩個主要核心問題，前面章節提到的各種標準化，才能有機會且紮實地落實。

## 10.4 本章回顧

有了 IDP 的概念之後，SRE 除了維運工作之外，那開發工作是什麼？經過這一章的設計與思路，SRE 開發工作會有以下：

1. 專注介接 PaaS 到 IDP，例如：評估 AWS 與 CloudAMQP 兩家供應商的 RabbitMQ 哪個適合團隊、標準化介面設計、設計轉接的介面。
2. 與架構師規劃好的架構實踐、開發 IaC、IDP 介接。
3. SRE 本質上需要做架構設計，只是設計的不是產品，是以產品化的方式設計 IDP 給產品團隊使用。

SRE 透過開發 IDP 過程來引導架構設計，平台化整個過程。

# 結語

## ChatGPT 之後的產品思維

2022 年第四季，筆者正在寫作的過程中，剛好是 ChatGPT 如火如荼洗版的時候，特別是有人用 ChatGPT 很快就寫出一本書。然後筆者就在想：「還要需要繼續寫下去嗎？」、「用 ChatGPT 寫就好了？」，寫書是一回事，但筆者馬上就聯想到：「有 ChatGPT 之後，AIOps 應該就成真，那麼未來還需要 SRE ？ SRE is Dead ？」

「Ruby、PHP、Java」在網路上被戲稱「死亡三兄弟」，每年都有類似文章以「XXX is Dead」為標題，在媒體亂象的時代做到恐嚇和情緒勒索兼具。這十年（2013~2023 年）來，DevOps 極度熱門，但每年也都會出現「DevOps is Dead」的文章。後來，大家發現這個標題已經被炒作到麻痺了，漸漸改成：「DevOps is Dead，long live DevOps（DevOps 已死，DevOps 萬歲）」，算是一種自我反嘲的寫法，避免鄉民和輿論的反噬。除了程式語言，軟體開發角色別其實也有死亡三兄弟：「QA is Dead、Ops is Dead、PM[※1] is Dead」，也是常被拿來做文章。

SRE 以這二十年的歷史來看，算是一個新興概念的角色，但以資訊產業和計算機科學發展的整體趨勢來看，算是發展過程中的必經角色，「用程式解決維運任務」這樣的概念，上一個類似概念的角色就是「軟體測試」，背後方法都是用軟體工程（程式碼）、計算機來幫人類完成各式各樣的任務，本質則是透過軟體工程，精煉領域知識，然後將之規模化，做出經濟效應。電商巨擘 Amazon 發展公有雲 AWS 就是這樣的過程。

所以，「複雜問題→精煉→規模化」是人類文明發展的歷程，SRE 的下一個是什麼？本書提及的概念 IDP、Platform Engineering 則是歷史的必然趨勢，其實背後核心想法是「產品化思維」，也是個商業思維，也就是把維運的專業知識，用軟體工

※1 Project Manager（PjM）或 Product Manager（PdM）。

程的方法精煉，變成可以規模化的產品。產品化背後的脈絡是找到價值主張（Value Proposition），思考客戶要完成的任務（Task）、痛點（Pains）、獲益（Gains），IDP 整個則是產品的解決方案。

## 專注點

隨著分散式系統的趨勢，談系統跟組織關係的康威定律也越來越被人重視，這兩者關係代表著溝通路徑，衍生的問題就是溝通成本，進而導致開發效率低落。順著這個定律，回到本書一開始提到的 XYZT 模型，可以做以下的定論：

1. 產品 × 系統 × 組織這三者，有著密不可分的關係。
2. 三角關係要解套，專注點應該要在「系統」。

關於第一點，在本書開始了基本的分析整理，描述的是「軟體開發」這個集體行動的行為與現象。第二點則要以系統為主，解套軟體工程的三體問題。

產品的定義是個抽象概念，今天可以是 Office 2021，明天換個名字為 Office 365，換言之，產品屬於標籤（Tag），是容易變動的。軟體很容易有這樣的特性，硬體不會，Tesla M3 就是一台車，產品就是那台車，不會是別台車、車裡的貓或兩者都是。產品架構的顆粒度、邊界是最常看到問題的。

組織呢？其實就是一群人貼上標籤，不管是職能別（Function Team），還是任務別（Feature Team），都只是貼標的行為。所謂的「組織調整」，指是把這群人標籤拿掉，或者重新弄一個新標籤，整個過程就是軟體工程裡的重構※2 概念。

系統（架構）就不一樣了，部署、上線之後，不管是在雲端還是地端，只要開發流程或者技術沒到位，往往就跟釘子戶一樣，動也動不了。稍微有經驗的人都會遇到這樣狀況，不管是新就職的公司，還是在職中的公司，系統裡一定都有萬年動不了、沒人敢碰的東西，這些東西往往也是現在獲利的來源，或者只有幾個資深的人知道那個東西是怎麼回事，但重點是他們也不敢動或動了可能會翻車的。筆者給這些系統一個很體面的名字：Legacy（遺留）或者 Classic（經典）。

---

※2 相關內容請參閱筆者部落格文章「重構與組織重整」。

回到三角關係，為什麼筆者說應該以系統為主：

「因爲它動不了！」

如果要改變動不了的系統，組織就應該配合那系統調整，而不是去調整組織架構，然後過了四、五年，那個系統還是原封不動。不管產品名稱改成什麼名稱、組織架構調整、換名字，系統就是在那裡靜靜地看著你。

因為微服務（Microservice）概念的興起，康威定律（Conway's Law）被大家又看到了。很多公司的經常作法就是「動組織」，每年調整組織佈局，不管是 Spotify 的部落模式、還是敏捷的大型框架（LeSS），通常組織都會不斷地調整，然後平均一年一次大型更動、半年一小調。

如同筆者前面描述的，組織架構本質上就是一群人，貼貼標籤，做個關係管理、重新責任分配。如果沒有對系統現況有掌握度以及未來樣子有想法，不管組織如何改動、產品重新包裝改口號，系統架構就是在那裡。

康威定律描述「系統（架構）與組織有著密不可分的關係」，它背後隱含著溝通路徑，帶來的是「溝通複雜度」的問題。

「有 n 個組織，最糟的狀況就有 n（n-1）/ 2 個溝通路徑。」

這單純是組織和組織的溝通路徑，但是並沒有描述組織和系統的關係，換言之，組織和組織的複雜度是虛的、沒意義的，因為組織要處理的問題是系統的問題。實際上溝通過程的內容是系統，所以**組織的溝通路徑概念是對的，但是邏輯是錯的，因為組織怎麼改，系統沒有改的話，其實是隔靴搔癢，事情不會有任何改變。**

而系統架構只是個通稱，一家公司的系統和組織一樣，會切很多不同的區塊，先不討論大或小這種顆粒度問題，這些區塊彼此之間的關係，在系統裡是實實在在的，子系統 A、B、C、D 等有多少依賴關係，都是實實在在的。

這些關係不像產品或組織只是標籤的概念，它都是實體的概念，不是說搬就搬，關係改變就改變。系統和系統之間的關係，會被前述的資料溫度、通訊模式直接綁著，要動通常就是傷筋動骨，扁鵲出來開刀，葉克膜做體外循環。

組織要專注的是產品，產品的標的是系統，以終為始，最後產出的是系統，專注點也應該在系統與產品，而不是組織。

## 預防甚於治療

扁鵲是春秋戰國時期名醫，由於他的醫術高超，被認為是神醫，所以當時的人們借用了上古神話中黃帝時神醫「扁鵲」的名號來稱呼他。扁鵲是古代歷史上非常著名的故事，故事出於《鶡冠子 卷下 世賢第十六》中卓襄王與龐暖的問答。原文翻譯如下：

> 魏文王問名醫扁鵲說：「你們家兄弟三人，都精於醫術，到底哪一位最好呢？」
>
> 扁鵲答：「長兄最好，中兄次之，我最差。」
>
> 文王再問：「那麼爲什麼你最出名呢？」
>
> 扁鵲答：
>
> 「因爲長兄治病於發作之前，中兄治病於情嚴重之時，我是治病於病情嚴重之時。
>
> 長兄治病，是治病於病情發作之前。
>
> 由於一般人不知道他事先能剷除病因，所以他的名氣無法傳出去；
>
> 中兄治病，是治病於病情初起時。
>
> 一般人以爲他只能治輕微的小病，所以他的名氣只及本鄉里；
>
> 而我是治病於病情嚴重之時。
>
> 一般人都看到我在經脈上穿針管放血、在皮膚上敷藥等大手術，所以以爲我的醫術高明，名氣因此響遍全國。」

事後控制不如事中控制，事中控制不如事前控制，也就是預防甚於治療。筆者在2018 年 DevOpsDays 演講時，以此為核心想法，整理成下圖的概念：

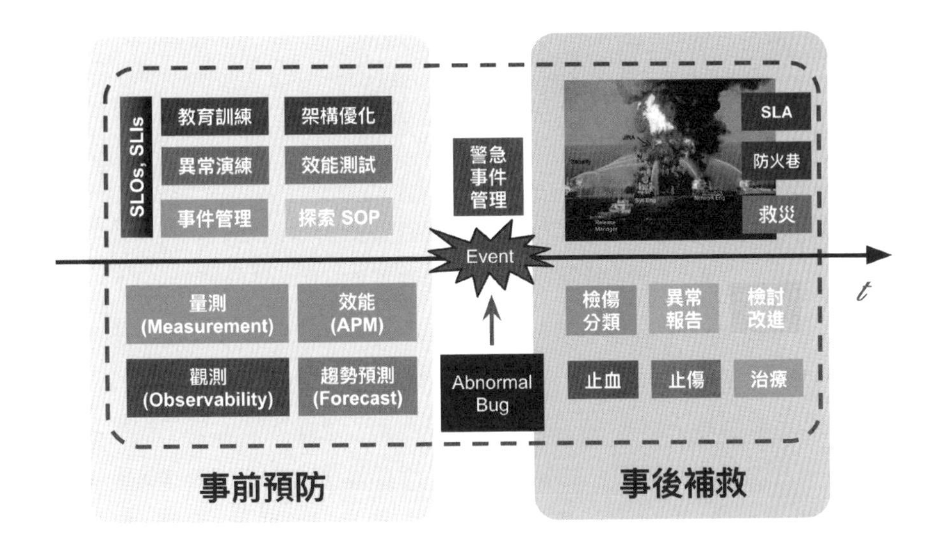


右邊區塊是「事後補救」，左邊區塊則是「事前預防」。「事後補救」都是很痛的，通常已經見血，所以要處理止血、檢傷分類、檢討改進之類的行動，正向看待這件事情可以學到很多，但實際上往往很多企業文化無法這樣正向面對，更多的是指責、推諉、甚至直接與 KPI 掛鉤。

「事前預防」則是本書從頭到尾貫穿的概念，也就是把眼光與焦點放遠一點，放在「重要不緊急」[※3] 的任務上。IDP 的概念背後要處理的都是事前預防，透過事前的準備、演練，讓整個任務天生具備「複利效應」的基因，進而產生飛輪效應。雖然在很多企業裡，進行預防性任務的規劃與執行，往往要搭配產品化概念的論述，才有辦法獲得資源，進而真的立案，卻也是讓企業未來站得更穩、跑得更快的不二法門。

※3 艾森豪矩陣又稱為「時間管理矩陣」，把「重要、緊急」分成四個象限。

# 寫在尾聲

村上春樹是日本著名的文學作家，他的生活有幾個大眾熟知的元素：跑步、貓、爵士樂、寫作。我年輕的時候讀過他的一些經典著作，像是《聽風的歌》、《世界末日與冷酷異境》、《挪威的森林》、《遇見100％的女孩》等，還有兩本非文學類的書：《爵士群像1、2》。村上迷大概都知道，除了小說、爵士樂、搖滾樂，村上還喜歡長跑，他寫過一本書叫《當我說起長跑》。這些元素堆疊出屬於村上春樹的生活風格。這也是我心裡嚮往的生活方式，每日規律的生活、固定運動、持續寫作、創作音樂。

2022年年底，我辭掉任職快八年的工作，從一個知名公司光環於一身的身分，變成了無業遊民，開啟計畫很久的休耕期，也是畢業退伍後第一次的長假。在此之前，我就一直在思考這件事情：「沒有經濟與時間的壓力下，想怎樣過生活？」

我一直想嘗試村上春樹的生活方式，嘗試在這種狀態下，把過去工作的想法、概念、經驗作總結，為自己的人生留下足跡，幫助需要幫助的人。但真的要實踐之前，也在思考我真的可以像村上那樣長久地過這樣的生活模式？為了確保這真的是我想要的生活方式，2023年Q1休耕期開啟了這樣的實踐與實驗，每天以冥想、跑步、寫作為主軸，生活一切儘量從簡。

不過實際上，休耕日那一刻開始之後的行程幾乎天天排滿，除了本來預定的村上生活風格，更多的是跟很久沒見的老朋友見面吃飯、跟朋友分享職涯想法、解惑人生規劃。

同一時間，除了這本書的寫作，另一本2022年6月開始的共同著作《軟體測試實務》，也同步在審閱、校稿的過程，加上中間又卡一個春節，所以2023年Q1轉眼就在飯局及村上生活方式中，與「測試、維運」這兩個領域中交織中充實的度過，算是意外的收穫吧！看似很忙的一季，但也從過程中驗證村上的生活方式，同時也留下足跡。

黃冠元 2023/06/19 台北文山

# 附錄

## 專有名詞對照表

| 英文 - 縮寫 | 中文與說明 | 章節 |
|---|---|---|
| Abnormal Delivery | 非常規性交付。 | 2.2 |
| Access Control List，ACL | 存取控制清單。 | 5.1 |
| Accountability | 當責。 | 2.2 |
| Application | 應用程式。 | 7.3 |
| Application Interface Spec | 應用程式介面規格。 | 7.3 |
| Artifact Management | 產出物管理。 | 7, 7.1 |
| Artifact Metadata | 產出物描述資訊。 | 6.2, 7.1 |
| Asynchronized Workflow | 非同步工作流程。 | 7.4 |
| Attributed-Based Access Control，ABAC | 屬性基礎存取控制。 | 9.3 |
| Authentication、Authorization、Accounting / Auditing，AAA | 認證、授權、稽核。 | 6.3 |
| Build Procedure | 建置程序。 | 7.1 |
| Business Process Management，BPM | 公單流程系統。 | 1.2 |
| Business Thinking | 商業思維。 | 1.3 |
| Characteristic | （外在）特徵。 | 8.1 |
| Circuit Breaker | 斷路器。 | 4.3 |
| Compiled Language | 編譯語言。 | 7.1 |
| Configuration | 配置。 | 7.3 |
| Configuration Management | 應用程式配置管理。 | 7, 7.3 |
| Continuous Delivery | 持續交付。 | 7.4 |
| Continuous Deployment，CD | 持續部署。 | 7.4 |

| 英文 - 縮寫 | 中文與說明 | 章節 |
| --- | --- | --- |
| Continuous Integration，CI | 持續整合。 | 7.4 |
| Corporate Governance | 公司治理。 | 6 |
| Daily Standup Meeting | 每日站立會議。 | 2.3 |
| Data Center，DC | 資料中心。 | 6.1 |
| DCUT | Design、Coding、Unit Test 的合稱。 | 7.2, 7.4 |
| Declarative | 宣告式。 | 1.2, 7.2, P3 |
| Deep Health Check | 深度檢測。 | 8.3 |
| Definition of Done，DoD | 「怎樣才是好了」的定義。 | 4.2 |
| Definition of Success，DoS | 成功定義。 | 4.2 |
| Dependency Injection | 依賴注入。 | 7.3 |
| Dependency Inversion | 依賴反轉。 | 7.3 |
| Developer Experience，DX | 開發體驗。 | 7.4, 9.1 |
| Disaster Recovery Plan，DRP | 災難還原計畫。 | 7.2 |
| Distributed Architecture | 分散式架構。 | 7.4 |
| Distributed Cached | 分散式快取。 | 1.4 |
| Distributed Computing | 分散式運算。 | 7.4 |
| Divide and Conquer | 分而治之。 | 5.2 |
| Domain Key Metrics，DKM | 業務關鍵指標。 | 2.2 |
| Domain-Oriented Services，DS | 業務領域導向。 | 6.3 |
| Empowerment | 賦能。 | 2.2 |
| Enterprise Information Service | 企業內資訊服務。 | 1.1 |
| Feature Toggle | 功能開關。 | 4.3 |
| Finite-State Machine，FSM | 有限狀態機 | 1.2, 7.4 |
| Functional Requirement | 功能需求。 | 2.1 |
| Functional Verification Test，FVT | 功能驗證測試，參閱筆者的共同著作《軟體測試實務：業界成功案例與高效實踐 [1]》中「第 5 章 從零開始，軟體測試團隊建立實戰」。 | 3.2, 5.2 |

| 英文 - 縮寫 | 中文與說明 | 章節 |
|---|---|---|
| Functional-Oriented Services，FS | 功能導向服務。 | 6.3 |
| Geolocation Services | 地理範圍服務。 | 6.4 |
| Global Service | 全域範圍服務。 | 6.4 |
| Governance | 治理。 | 6 |
| Happy Paths | 快樂路徑。 | 3.2 |
| Health Check，HC | 健康檢測。 | 8.3 |
| Health Hub | 健康檢測接收器。 | 8.3 |
| Heart Beat | 心跳封包。 | 8.3 |
| Incident Management | 事件管理。 | 1.1 |
| Individual Contributor | 獨立貢獻者。 | 2.2 |
| Infra-Oriented Services，IS | 基礎架構導向。 | 6 |
| Infrastructure as Code (IaC)<br>Infra as Code | 基礎架構即程式。 | 1.1, 4.2, 5.2, 9.1, 9.2, 9.3 |
| Integration Test | 整合驗證測試。 | 3.2 |
| Internal Developer Platform，IDP | 內部開發者平台。 | 1.1, 6.4, P3, 9, 9.1, 10 |
| Interpreted language | 直譯語言。 | 7.1 |
| Issue Tracking System | 任務追蹤系統。 | 1.2 |
| Job Description，JD | 職務需求。 | 1.4 |
| Kanban | 看板。 | 2.3 |
| Long Term Support，LTS | 長期維護版本。 | 3.4 |
| Measurement | 量測。 | 8.1 |
| Namespace | 名稱空間。 | 6.4 |
| Non-Functional Requirement，NFR | 非功能需求。 | 2.1, P2, P3 |
| Normal Delivery | 常規性交付。 | 2.2 |
| Observability | 觀測。 | 8, 8.1 |
| On Call | 待命。 | 2.4 |
| On Duty | 值班。 | 2.4 |

| 英文 - 縮寫 | 中文與說明 | 章節 |
| --- | --- | --- |
| Open Source Software，OSS | 開放原始碼軟體。 | 7.1 |
| Pipeline | 交付流水線。 | 7, 7.4 |
| Platform Engineering | 平台工程。 | 1.1, P3 |
| Platform-Oriented Services，PS | 平台導向架構。 | 6 |
| Pre-Production | 預生產環境、準正式環境，同 Staging 意思。 | 3.2 |
| Producer-Consumer Pattern | 生產消費模式。 | 2.3 |
| Producer-consumer problem | 生產者消費者問題。 | 3.1 |
| Product Development and Operations | 產品開發與維運。 | 1.1 |
| Production | 正式環境、生產環境，相對應的是測試環境。 | 1.4, 3.2, 3.3, 5.2, 6.1, 7.1, 7.3, 9.1, 9.2 |
| Programmatric | 可程式化。 | 7.2 |
| Qualifications and Skills | 條件技能 | 1.4 |
| Readiness | 準備就緒。 | 8.3 |
| Refinement | 精煉會議。 | 2.3 |
| Region | 市場區域。 | 6.1 |
| Regional Servicies | 業務範圍服務 | 6.4 |
| Regression Test | 迴歸測試。 | 3.2 |
| Requirement Analysis，RA | 需求分析。 | P3 |
| Resource Identifier | 資源識別。 | 6.4 |
| Resource Provisioning | 環境建置。 | 7, 7.2 |
| Resource Set，RS | 資源集合。 | 6.2 |
| Responsibilities and Duties | 責任義務。 | 1.4 |
| Retrospective Meeting | 回顧會議。 | 2.3 |
| Role-Based Access Control，RBAC | 角色基礎存取控制。 | 9.3 |
| Rollback | 回滾、還原系統。 | 4.2 |
| Rubust Control | 強韌控制。 | 1.2 |
| Runbook | 執行劇本、執行腳本。 | 4.2 |

| 英文 - 縮寫 | 中文與說明 | 章節 |
|---|---|---|
| Sale Thinking | 業務思維。 | 1.3 |
| Sampling Rate | 取樣率。 | 8.1 |
| Sandbox | 沙盒環境、沙箱環境，給客戶的測試環境。 | 5.2 |
| Semantic Versioning | 語意化版本。 | 3.4 |
| Service Catalog | 服務目錄。 | 6.1 |
| Service Definition Metadata，SDM | 服務定義。 | 6.2 |
| Service Governance | 服務治理。 | 6 |
| Service Instance Metadata，SIM | 服務實例定義。 | 6.2 |
| Settings | 設定。 | 7.3 |
| Shift-Left Operating | 維運左移。 | 9.1 |
| Shift-Left Testing | 測試左移。 | P3 |
| Software Development Lifecycle，SDLC | 軟體開發流程。 | 7.2 |
| Staging | 預備生產環境、準正式環境。上線前的測試，完成測試後，就會轉成正式環境。 | 5.2 |
| Standard Output | 標準輸出。 | 7.4 |
| Symptom | （內在）症狀。 | 8.1 |
| System Analysis，SA | 系統分析。 | P3 |
| System Design，SD | 系統設計。 | P3 |
| System Key Metrics，SKM | 系統關鍵指標。 | 2.2 |
| System Verification Test，SVT | 系統驗證測試，參閱筆者的共同著作《軟體測試實務》。 | 3.2, 5.2 |
| The Question Behind The Question，QBQ | 問題背後的問題。 | P1 |
| Users & Stories Matrix | 使用者與故事矩陣。 | 9.1 |
| Visible | 可視性。物件導向類別屬性的存取描述。 | 5.2 |

## 技術部落格《Complete Think》相關文章

1. 2020-10-18：「星期五要不要部署？」
2. 2020-02-02：「事件管理的維度」
3. 2019-10-17：「軟體交付的三體問題」
4. 2019-10-04：「系統發生異常時，第一時間如何快速止血？」
5. 2019-09-13：「Infra 團隊適合 Scrum ？」
6. 2019-04-05：「一個人的 Working Backwards」
7. 2019-04-04：「軟體交付的四大支柱（Four Pillars of Software Delivery）」
8. 2019-03-28：「聊聊軟體交付的濫觴談產出物管理（Artifacts Management）」
9. 2018-12-16：「需要專職的 Release Engineer ？」
10. 2018-09-12：「演講：從緊急事件談 SRE 應變能力的培養」
11. 2018-07-08：「Artifacts Management」
12. 2018-05-12：「Designing Test Architecture and Framework」
13. 2018-03-29：「演講：Serverless All-Star - Ops as Code using Serverless」
14. 2017-12-22：「What is Monitoring? 」
15. 2017-12-21：「看板導入 - 軟體開發與維運」
16. 2017-12-21：「What is Automation? 」
17. 2017-11-27：「What is Ops?」
18. 2017-11-14：「Go Live」
19. 2017-11-04：「重構與組織重整」
20. 2017-10-07：「Monitoring vs Observability」
21. 2017-08-30：「自動化 XXX 的陷阱」
22. 2017-02-11：「Resource Provisioning and DevOps」
23. 2017-01-23：「Cost in Context Switch」

## 參考書籍


1. 《作業系統概念》（Operating System Concepts），俗稱恐龍書。
2. 《領域驅動設計》（Domain-Driven Design，DDD）。
3. 《Linux and the Unix Philosophy》，Mike Gancarz。
4. 《軟體測試實務》，李信杰教授主編，筆者共同著作。
5. 《Effective DevOps》。
6. 《天龍八部》，金庸。
7. 《心態致勝》，Carol S. Dweck。
8. 《原則》，橋水基金創辦人 Ray Dalio。
9. 《A 到 A+》，James Collins。
10. 《問題背後的問題》（The Question Behind the Question)，John G. Miller。
11. 《系統思考》（Thinking in Systems）， Donella H. Meadows。
12. 《刻意練習》，Anders Ericsson、Robert Pool。
13. 《反脆弱》，Nassim Nicholas Taleb 。

M·E·M·O